高 等 职 业 教 育 规 划 教 材

物理化学

许新芳　杨芙丽　主编

U0301464

化学工业出版社

·北京·

内容简介

　　《物理化学》系统阐述了物理化学的基本原理，以提高学生学习兴趣为主旨，结合物理化学在生活和化工单元操作中的应用，阐述简明扼要，通俗易懂。本书共有八章，内容包括：气体、热力学定律、化学平衡、电化学、分离提纯基础、化学动力学、表面现象与胶体及物理化学实验。

　　本书可作为高等职业院校化工类、制药及药学类、分析检验等专业学生的学习教材，也可供相关专业人员参考。

图书在版编目（CIP）数据

　　物理化学/许新芳，杨芙丽主编．—北京：化学工业出版社，2020.11（2025.2重印）
　　ISBN 978-7-122-37727-2

　　Ⅰ.①物…　Ⅱ.①许…②杨…　Ⅲ.①物理化学-高等学校-教材　Ⅳ.①O64

　　中国版本图书馆 CIP 数据核字（2020）第 173132 号

责任编辑：张双进　刘心怡	
责任校对：李雨晴	装帧设计：韩　飞

出版发行：化学工业出版社（北京市东城区青年湖南街 13 号　邮政编码 100011）
印　　装：北京天宇星印刷厂
787mm×1092mm　1/16　印张 16¼　字数 397 千字　2025 年 2 月北京第 1 版第 2 次印刷

购书咨询：010-64518888　　　　　　　售后服务：010-64518899
网　　址：http://www.cip.com.cn
凡购买本书，如有缺损质量问题，本社销售中心负责调换。

定　价：42.00 元

前言

物理化学运用物理学的理论方法，揭示化学变化普适规律，构建化工过程理论基础，指导化工生产安全运行。生活中仔细观察会发现，木条的燃烧能发热、发光；爆炸反应会伴随着巨大的声响和威力；化工生产中，温度、压力的数值能帮助你判断产品是否合格，生产是否正常进行。总之，物理化学不仅是一门有趣的学科，它还是现代化工生产的科学理论基础，保障化工生产顺利进行，避免化工生产事故和危险的发生。

本书在保留物理化学基本原理基础上，精简了一些抽象难解的内容，避免了繁杂的公式推导和相关计算，理论阐述简单明了，把学习重点放在日常生活的现象与化工单元的实际操作上。如民俗中燃放的孔明灯是怎么回事，第一章讲解的气体帮你解开其中之谜；水滴为什么呈球形，第七章讲解的表面现象会为你解惑；生产中精馏和吸收等单元操作的控制要素，在第五章的分离提纯基础有详尽的阐述。本书中注※的为选学内容。

本书由河北化工医药职业技术学院许新芳副教授和杨芙丽副教授主编。其中，第一、第二章由杨芙丽执笔，第三至第七章由许新芳执笔。第八章第一节及实验一至实验四由河北化工医药职业技术学院李莉教授执笔，实验五和实验六及附录由河北化工医药职业技术学院张贺执笔。全书由许新芳统稿。

本书得到了河北化工医药职业技术学院王萍副教授和化学工业出版社相关编辑的大力支持，在此一并致谢！

由于编者水平有限，不妥之处在所难免，恳请读者批评指正。

编者
2020 年 8 月

目录

第一章

理想气体与真实气体

学习目标

1. 掌握压强、体积、温度的概念，熟练掌握单位换算。
2. 理解理想气体概念及特点，掌握理想气体状态方程及有关计算。
3. 掌握混合气体的性质，掌握分压定律及其应用。
4. 理解实际气体与理想气体的差别，理解范德华方程的两个修正项，掌握范德华方程的应用。
5. 掌握气体液化的条件及其临界特征。
6. 了解对应状态原理和对比参数。
7. 会用压缩因子图计算实际气体的物质的量和体积。

第一节　理想气体

一、气体分子运动论的基本假定

为了从理论上阐明气体的压强、温度和体积间的关系，需要对气体分子运动的情况进行探索。人们根据对宏观现象的认识提出了分子运动的微观模型，又从微观模型推导出分子运动的规律，其结论与实验事实很符合。微观模型能很好地阐释相关宏观现象，从而使人们对宏观现象的本质理解得更为深刻，并发展为气体分子运动论。这一微观模型的基本假定如下。

① 气体是大量分子聚集在一起的状态。相对于分子与分子间的距离以及整个容器的体积来说，气体分子本身的体积是很小的，分子间的相互作用力也是很小的，都可以忽略不计，因此可将气体分子视作独立运动的质点来处理。

② 气体分子不断地做无规则的运动，当气体处于一定的状态时，其宏观性质：温度、压强及气体的密度等均具有一确定的数值，这说明做无规则运动的大量分子沿各个方向运动的机会都是相等的，在容器中单位体积空间内的气体分子的数目都是相同的，因而均匀地分布在整个容器中。

③ 气体分子间彼此相互碰撞以及分子与器壁的碰撞，没有动量损失（即为完全弹性碰撞）。也就是说，分子间的相互碰撞倘若不是这样，碰撞时能量以热的形式散失，气体的压强和温度就会随时间变化发生改变而不能保持稳定的状态。

二、压强、体积和温度

通常用气体物质的量 n、气体体积 V、气体压强 p 和温度 T 四个物理量来描述其宏观性质。这些宏观性质可以直接测定，常作为控制反应过程的指标。

1. 压强

（1）固体产生的压强　压强是指物体所受的压力与受力面积之比，压强用来比较压力产生的效果，压强越大，压力的作用效果越明显。

压强的计算公式是：

$$p = F/S$$

增大压强的方法有：在受力面积不变的情况下增加压力或在压力不变的情况下减小受力面积。反之减小压强。

（2）液体产生的压强　液体对容器内部的侧壁和底部都有压强，压强随液体深度增加而增大。

液体内部压强的特点是：液体由内部向各个方向都有压强；压强随深度的增加而增加；在同一深度，液体向各个方向的压强相等；液体压强还跟液体的密度有关，液体密度越大，压强也越大。液体内部压强的大小可以用压强计来测量。

液体压强计算公式为

$$p = \rho g h$$

（3）气体产生的压强　在一个密闭容器中，放置一定量的气体。由分子运动论可以说明：

① 一切物质都是由大量分子构成的，分子之间有空隙。

② 分子处于不停息地、无规则运动的状态，这种运动称为热运动。

气体是由大量的做无规则运动的分子组成的，而这些分子必然要对器壁不断地发生碰撞。每次碰撞，气体分子都要给予器壁一个冲击力，大量气体分子持续碰撞的结果就体现为气体对物体表面的压力，从而形成压强。相同温度下，单位体积内含有的分子数越多，则相同时间内气体分子对器壁单位面积上碰撞的次数越多，因而产生的压强也就越大；单位体积含有相同分子数的情况下，若温度越高，则分子热运动越剧烈，即相同时间内气体分子对器壁的碰撞次数越多，压强也越大。所以压强是大量分子集合所产生的总效应，讨论个别分子所产生的压强是没有意义的。

压强用符号 p 表示。在国际单位制中，压强的单位是 Pa（帕斯卡，简称帕），$1\text{Pa} = 1\text{N/m}^2$。以前习惯用 atm（大气压）和 mmHg（毫米汞柱）表示压强。三者之间的换算关系式为：

$$1\text{atm} = 760\text{mmHg} = 101325\text{Pa} \approx 100\text{kPa}$$

那我们所处的环境压强是多少呢？通常所说的常压，为一个标准大气压，用 $p^{\ominus}$ 表示，即 100kPa 左右。

知识拓展

托里拆利实验

1. 一只手握住玻璃管中部，在管内灌满水银，排出空气，用另一只手指紧紧堵住玻璃管开口端。把玻璃管小心地倒插在盛有水银的槽里，待开口端全部浸入水银槽内时放开手指，将管子竖直固定。当管内外汞液液面的高度差约为760mm 时，它就停止下降。

2. 逐渐倾斜玻璃管，发现管内水银柱的竖直高度不变。

3. 继续倾斜玻璃管，当倾斜到一定程度，管内充满水银，说明管内确实没有空气，而管外液面上受到的压力为大气压强。正是大气压强支持着管内760mm 高的汞柱，也就是说，大气压与760mm 高的汞柱产生的压强相等（图1-1）。

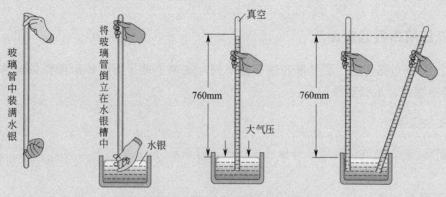

图 1-1 托里拆利实验示意图

4. 用内径不同的玻璃管和长短不同的玻璃管重做这个实验，可以发现水银柱的竖直高度不变。说明大气压强与玻璃管的粗细、长短无关。

2. 体积

物质所占据的空间即为体积，用符号 V 表示。由于气体的扩散性，气体能充满整个容器，所以气体的体积就是容器的体积。

在国际单位制中，体积的单位是 m^3（立方米）。此外，人们也习惯用 L（升）和 mL（毫升）表示体积。三者之间的换算关系为：

$$1m^3 = 10^3 L = 10^6 mL$$

3. 温度

温度是分子平均动能的度量，对于单个分子来说，它的速度瞬息万变，它的动能起伏不定，它的温度没有定值。但对于大量分子来说，动能的统计结果是一个定值。温度越高分子运动越激烈。温度也是一个宏观的可测量，是分子平均动能的宏观表现。

微观上，分子运动论说明分子无时无刻不在做无规则的热运动，并且这些分子沿各个方向运动的机会是均等的，这种运动不消耗能量，不随时间变化。

国际单位制中使用的温度称为热力学温度，也可称为开尔文温度，用符号 T 表示，单位为 K（开尔文）。此外，摄氏温度也是一种常用的温度，符号为 t，单位是℃。热力学温度与摄氏温度的关系为：

$$T = t + 273.15$$

宏观物理量压强和温度都是大量分子热运动的综合表现。

这里需要注意：$\Delta T = \Delta t$。

4. 物质的量

物质的量用符号 n 表示。在相同温度下，气体处于体积相同的密闭容器中，物质的量越多，单位体积内分子数越多，碰撞器壁产生的压强就越大。

在国际单位制中，物质的量的单位是 mol。

三、低压气体经验定律

17 世纪至 19 世纪初期，科学家经过实验研究，发现了低压下气体所遵循的基本规律，称为气体基本定律。这些定律如下。

1. 波义尔定律

在恒温下，一定量气体的体积与压强成反比。可表示为：

$$pV = C \tag{1-1}$$

式中　　p——气体压强；

V——气体体积；

C——常数，其大小取决于温度、气体种类及其质量。

如以 V_1 和 V_2 表示某气体在两种压强 p_1 和 p_2 时的体积，则上式可写作：

$$p_1 V_1 = p_2 V_2 \tag{1-2}$$

2. 盖·吕萨克定律

在恒压下，一定量气体的体积与绝对温度成正比。可表示为：

$$\frac{V}{T} = C \tag{1-3}$$

式中　　T——热力学温度；

V——气体体积；

C——常数，其大小与压强、气体种类和质量有关。

如以 V_1 和 V_2 表示某气体在两个温度下 T_1 和 T_2 时的体积，则上式可写作：

$$\frac{V_1}{T_1} = \frac{V_2}{T_2} \tag{1-4}$$

3. 阿伏伽德罗定律

同温、同压下，各种气体当体积相同时，其中含有的分子数目相同，故物质的量相同。或同温、同压下，分子数目相同的气体，其体积相等。经测定，在 273.15K、100kPa 下，22.414dm^3 体积中，任何气体均为 1mol，所含的分子数目都相等，即都等于 $6.02×10^{23}$ 个分子，称为阿伏伽德罗常数。阿伏伽德罗常数大得惊人，可以想象一下，1mol 水即 18g 水中含有 $6.02×10^{23}$ 个分子，所以单个分子通过显微镜或超高倍显微镜是观察不到的。

1mol 气体所占有的体积，称为摩尔体积，用 V_m 表示。根据阿伏伽德罗定律，在一定的温度、压力下任何气体的 V_m 均相同。

$$V_m = V/n = C \tag{1-5}$$

四、理想气体概念

波义尔定律和盖·吕萨克定律表明低压下各种实际气体的 p、V、T 关系有一定的共同规律。人们随着认识的逐渐深化和实验技术的不断改进，进一步了解到实际气体的行为与这两个定律有偏差，温度越低和压力越高，偏差越大，温度越高和压力越低，偏差越小。但是，当压力趋于零时，所有气体尽管其化学成分不同，却均能严格服从这两个定律。这是因为压力趋近于零时，体积就趋近于无穷大，分子间距离无限远，分子本身占有的体积相对于整个气体的体积可以忽略不计，分子间的作用力也可以忽略不计，不同气体的差别消失了。在此基础上，人们提出了理想气体的概念：在任何温度和压力下均能严格服从波义尔和盖·吕萨克定律的气体称为理想气体。理想气体是一种理想模型，从微观上看是一种分子本身没有体积、分子间没有作用力的气体。

理想气体只是实际气体的一种极限，在客观上是不存在的，但是它代表了一切气体在低压下行为的共性，对人们研究实际气体的基本规律有指导性意义。

所以理想气体在微观上具有两个特征：一是分子间无相互作用力；二是分子本身不占有体积。

五、理想气体状态方程

研究表明：微观的分子运动与物质的宏观表现密切相关。能定量表示物质的 p、V、T、n 等宏观性质间关系的方程为状态方程。理想气体状态方程为：

$$pV = nRT \quad 或 \quad pV_m = RT \tag{1-6}$$

式中　p——气体压强，Pa；

　　　V——气体体积，m^3；

　　　T——热力学温度，K；

　　　n——气体物质的量，mol；

　　　R——摩尔气体常数，其值等于 8.314J/(K·mol)，且与气体种类无关。

【例 1-1】　计算 8.00mol 理想气体在 35℃和压力为 13025Pa 时所占有的体积。

解： 根据式(1-6)　　　　　　　$pV = nRT$

　　　　　　　　　　　　　　　$V = nRT/p$

　　　　　　　　　　　　　　　$V = 8×8.314×(35+273.15)/13025$

　　　　　　　　　　　　　　　$V = 1.57m^3$

【例 1-2】　求在 293.15K、压力为 260kPa 时，某钢瓶中所装 CH_4 气体的密度。

解： 根据式(1-6)　　　$pV = nRT$

$$p = \frac{mRT}{VM} = \rho \frac{RT}{M}$$

$$\rho = \frac{pM}{RT} = \frac{260 \times 10^3 \times 0.016}{8.314 \times 293.15} = 1.71 (\text{kg/m}^3)$$

六、理想气体混合物定律

人们在生产和生活中遇到的大多数气体都是混合气体，如空气、天然气、煤气等。混合气体在低压条件下同样符合理想气体状态方程。混合气体所表现出的压力、体积、质量是由其中各气体组分贡献的，贡献的大小与该组分在混合气体中所占的比例有关。

那么各气体在整体中所占的比例如何表示呢？一般用摩尔分数来表示气体组成。

1. 摩尔分数 y_B（B 代表混合气体中任意一种气体）

混合气体中 B 组分的摩尔分数，指 B 的物质的量与混合气体总的物质的量之比。用公式表示为：

$$y_B = \frac{n_B}{\sum\limits_B n_B} = \frac{n_B}{n} \tag{1-7}$$

式中　y_B——混合气体中任一组分 B 的摩尔分数，无量纲；

n_B——混合气体中任一组分 B 的物质的量，mol；

n——混合气体总的物质的量，mol。

显然，所有组分的摩尔分数之和等于 1，即

$$y_1 + y_2 + y_3 + \cdots = \sum\limits_B y_B = 1 \tag{1-8}$$

【例 1-3】 在 298K、845.5kPa 下，某气柜中有氮气 0.140kg、氧气 0.480kg，求 N_2 和 O_2 的摩尔分数。

解：$n(N_2) = \dfrac{0.140}{0.028} = 5.0 (\text{mol})$

$n(O_2) = \dfrac{0.480}{0.032} = 15.0 (\text{mol})$

$y(N_2) = \dfrac{n(N_2)}{n(N_2) + n(O_2)} = \dfrac{5.0}{5.0 + 15.0} = 0.25$

$y(O_2) = 1 - 0.25 = 0.75$

2. 混合气体的平均摩尔质量

混合气体的平均摩尔质量是 1mol 混合气体所具有的质量。

混合气体没有固定的摩尔质量，其摩尔质量随着气体组成即组分的变化而变化，因此称为平均摩尔质量或平均分子量。

$$\overline{M} = \frac{m_{总}}{n_{总}} = \frac{m_1 + m_2 + \cdots + m_B + \cdots + m_n}{n_{总}}$$

$$= \frac{n_1 M_1 + n_2 M_2 + \cdots + n_B M_B + \cdots + m_n M_n}{n_{总}}$$

$$= y_1M_1 + y_2M_2 + \cdots + y_BM_B + \cdots + y_nM_n$$

用通式表示为：
$$\overline{M} = \sum_B y_BM_B \tag{1-9}$$

式(1-9)表明混合气体的平均摩尔质量等于混合气体中的每个组分的摩尔分数与它们的摩尔质量乘积的总和。

对于混合气体，理想气体状态方程可写成：

$$pV = \frac{mRT}{\overline{M}} \quad 或 \quad \rho = \frac{p\overline{M}}{RT} \tag{1-10}$$

3. 分压力

通常情况下，各种气体都能以任何比例完全混合，成为均匀的混合气体。在混合气体中，任一组分都对器壁施以压力，那么单位面积器壁上，某种气体所施加的力就是该气体的分压力。也就是说，在同一温度下，个别气体单独存在且占有与混合气体相同体积时所具有的压强，称为分压力。因此 B 组分的分压力为：

$$p_B = \frac{n_B}{V}RT \tag{1-11}$$

而混合气体中所有组分共同作用于器壁单位面积上的压力，称为总压强。实验证明：在一定温度下，将 1、2 两种气体分别放入体积相同的两个容器中，在保持两种气体的温度和体积相同的情况下，测得它们的压力分别为 p_1 和 p_2。保持温度不变，将其中一个容器中的气体全部抽出并充入另一个容器中，如图 1-2 所示。混合后混合气体的总压力约为 $p = p_1 + p_2$。

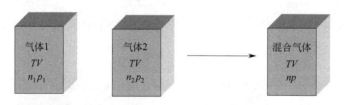

图 1-2　混合气体的分压与总压示意图

混合气体的总压等于组成混合气体的各组分分压之和，这个经验定律称为道尔顿分压定律。通式为

$$p = \sum_B p_B \tag{1-12}$$

式中　p_B——组分 B 的分压。

对于任一组分 B，据分压力定义和理想气体状态方程有

$$p_B = \frac{n_B}{V}RT$$

$$\frac{p_B}{p_{总}} = \frac{n_B}{n_{总}} = y_B$$

即
$$p_B = y_Bp_{总} \tag{1-13}$$

上式表明混合气体中气体的压力分数等于摩尔分数，某组分的分压是该组分的摩尔分数与混合气体总压的乘积。理想气体在任何条件下都能适用该定律，而实际气体只有在低压下

才能适用。在温度、体积恒定的情况下，某气体组分在混合前后的压力保持不变。

【例1-4】　在300K时，将101.3kPa、$2.00 \times 10^{-3} m^3$ 的氧气与50.65kPa、$2.00 \times 10^{-3} m^3$ 的氮气混合，混合后温度为300K，总体积为 $4.00 \times 10^{-3} m^3$，求总压力为多少？

解： $p_1 V_1 = p_2 V_2$　　　$p_2 = p_1 V_1 / V_2$

$$p(O_2) = \frac{101.3 \times 10^3 \times 2.00 \times 10^{-3}}{4.00 \times 10^{-3}} = 50.65 \times 10^3 (Pa)$$

$$p(N_2) = \frac{50.65 \times 10^3 \times 2.00 \times 10^{-3}}{4.00 \times 10^{-3}} = 25.325 \times 10^3 (Pa)$$

根据分压定律

$$p = p(O_2) + p(N_2) = 50.65 \times 10^3 + 25.325 \times 10^3 = 75.975 \times 10^3 (Pa)$$

【例1-5】　某烟道气中各组分的压力分数分别为 CO_2 0.131，O_2 0.077，N_2 0.792。求此烟道气在273.15K，101.325kPa下的密度。

解： $\overline{M} = \sum_B y_B M_B = y(CO_2)M(CO_2) + y(O_2)M(O_2) + y(N_2)M(N_2)$

$$= 0.131 \times 44 + 0.077 \times 32 + 0.792 \times 28$$

$$= 30.4 (g/mol)$$

将烟道气视为理想气体

$$\rho = \frac{p\overline{M}}{RT} = \frac{101.325 \times 10^3 \times 30.4 \times 10^{-3}}{8.314 \times 273.15} = 1.356 (kg/m^3)$$

4. 分体积定律※

如图1-3所示，在恒温、恒压条件下，将体积分别为 V_1 和 V_2 的两种气体混合，在压力很低的条件下，可得 $V = V_1 + V_2$，即混合气体的总体积等于所有组分的分体积之和，称为阿马格分体积定律。通式为

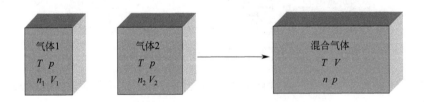

图1-3　混合气体的分体积与总体积示意图

$$V = \sum_B V_B \tag{1-14}$$

式中　V_B——组分B的分体积。

根据理想气体状态方程有 $V_B = \dfrac{n_B RT}{p}$　　　$V_总 = \dfrac{n_总 RT}{p}$

$$\frac{V_B}{V_总} = \frac{n_B}{n_总} = y_B$$

即

$$V_B = y_B V_总 \tag{1-15}$$

第二节　真实气体

一、真实气体对理想气体的偏差

在化工生产中，许多过程都是在较高的压力下进行的，例如石油气体的深度冷冻分离、氨和甲醇的合成等都是在较高压力下完成的。在比较高的压力条件下，前面讲述的理想气体状态方程、分压定律和分体积定律对实际气体已经不能使用，需要进一步研究比较高的压力条件下，真实气体的 p、V、T 关系。

对于理想气体 $pV_{理想}=nRT$，则 $pV_{m理想}=RT$，即 $\dfrac{pV_{m理想}}{RT}=1$，而相同 p、T 下 $\dfrac{pV_{m真实}}{RT}$ 并不等于 1，现设它等于 Z。

$$Z=\frac{pV_{真实}}{nRT}=\frac{pV_{m真实}}{RT} \tag{1-16}$$

$$Z=\frac{V_{m真实}}{RT/p}=\frac{V_{m真实}}{V_{m理想}} \tag{1-17}$$

由此可见，Z 为同温、同压下，相同物质的量的真实气体与理想气体的体积之比。

理想气体 $Z=1$。Z 值与 1 相差越大，说明在该温度、压力下，实际气体对理想气体的偏差越大。

对于真实气体，若 $Z>1$，则 $V_{m真实}>V_{m理想}$，即真实气体的体积大于理想气体的体积，说明真实气体比理想气体难压缩；若 $Z<1$，则 $V_{m真实}<V_{m理想}$，即真实气体的体积小于理想气体的体积，说明真实气体比理想气体易压缩。由此可见，Z 反映了实际气体与理想气体在压缩性上的偏差，因此称为压缩因子。

图 1-4 列举出几种气体在 0℃时压缩因子随压力变化的关系。从图中可以看出：

① 如果是理想气体，应如图中水平虚线所示。

② 不同的气体在同一温度时，具有不同的曲线，表明实际气体对理想气体产生的偏差程度不同。

一般来说，曲线具有如下特征：一种类型压缩因子 Z 始终随压力增加而增大，如 H_2；另一种是压缩因子 Z 在低压时先随压力增加而变小，到达一最低点之后开始转折，随着压力的增加而增大，如 C_2H_4、CH_4 和 NH_3 等。

偏离程度除了与气体的种类、压力有关外，还与温度有关。图 1-5 描述了 N_2 在不同温度下的 Z-p 等温线。由图可以看出，N_2 在较低温度下也会出现像 C_2H_4、CH_4 和 NH_3 那样形式的 Z-p 等温线，而在高温下曲线形状与 H_2 的 Z-p 等温线相似。

不同程度偏差的产生，是由实际气体分子间存在相互作用力和分子本身占有体积所引起的。分子间引力的存在，使真实气体比理想气体易压缩；而分子体积的存在，使气体可压缩的空间减小，且当气体压缩到一定程度时，分子间距离很小，将产生相互的排斥力，此时真实气体又比理想气体难压缩。这两种因素同时存在且相互作用。在低温下，低、中压时，分子本身的体积可以忽略，引力因素起主导作用，$Z < 1$；当压力足够高、分子间距离足够小时，分子本身所具有的体积不容忽视，分子间斥力占主导因素，$Z > 1$；在高温下，分子热运动加剧，分子间作用力被大大削弱，甚至可以忽略，体积因素成为主导因素，Z 总是大于 1。而各种气体在相同温度、压力下，Z 值偏离 1 的程度不同，则反映出不同气体在微观结构和性质上的个性差异。

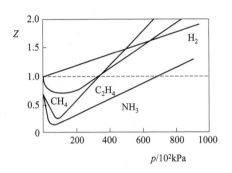

图 1-4　0℃ 几种气体的 $Z\text{-}p$ 曲线

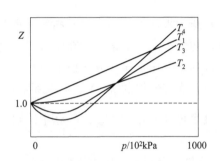

图 1-5　N_2 在不同温度下的 $Z\text{-}p$ 等温线
$T_1 > T_2 > T_3 > T_4$

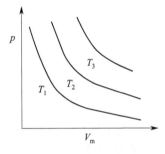

图 1-6　理想气体等温线

二、真实气体的液化

1. 气体的 $p\text{-}V_m$ 等温线

理想气体由于分子间无相互作用力，分子本身不占有体积，故不能液化，并且可以无限压缩，任何条件下都服从理想气体状态方程。由 $pV_m = RT$ 可知，若温度恒定，则有 pV_m 值恒定。若以压力为纵坐标、体积为横坐标作图，为图 1-6 所示的一系列双曲线。由于同一条曲线上的温度相等，因此每一条曲线称为 $p\text{-}V_m$ 等温线。

真实气体与理想气体的不同之处除了分子本身占有体积之外，还有真实气体分子间存在作用力，这种作用力随着温度的降低和压力的升高而加强。当达到一定程度时，聚集状态将发生变化——液化。同一种物质的气态和液态之间的相互转变是相变。液态转化为气态的过程称为蒸发或汽化，气态转化为液态的过程称为凝结或液化。蒸发和凝结是化工生产中的重要操作。生产上气体液化的途径有两条，一是降温，二是加压。但实践表明，降温可以使气体液化，但单凭加压不一定能使气体液化，要视加压时的温度而定。气体液化是有条件的。

气体液化的条件，可以根据实验数据绘制的 $p\text{-}V_m$ 图上清楚地看出来。

图 1-7 为不同温度下 CO_2 的 $p\text{-}V_m$ 等温线。等温线以 T_c 为界，分为 T_c 以上的等温线、T_c 以下的等温线和 T_c 等温线三种情况，T_c 所对应的温度为 304.2K。

（1）$T > T_c$ 的等温线　温度高于 304.2K 的 $p\text{-}V_m$ 等温线为一连续的光滑曲线。$p\text{-}V_m$ 的连续变化说明气体无论在多大压力下均不出现液化现象。这表明此时的气体与理想气体类同，但是 $p\text{-}V_m$ 等温线还不是真正的双曲线，只是在温度高、压力低时才近似为双曲线。

（2）$T < T_c$ 的等温线　温度小于 304.2K 的等温线都有一个共同的规律。曲线是非连续变化的，在曲线中都有一个水平段。

① 水平线段是气体能液化的特征。现以温度为 $T_2 = 286.15K$ 的等温线为例进行讨论。设想一个浸于温度为 286.15K 的恒温槽的汽缸中充满 CO_2 气体 [见图 1-8(a)]，在压力较小时，体积较大，位于图中的 k 点。如果将气体的压力逐渐增加，则系统的状态将沿着曲线 kg_2 移动而减少体积。当到达图中的 g_2 点时，即达到饱和蒸气压时，气体开始凝结为液体 [见图 1-8(b)]。此时再压缩汽缸，气体的压力并不发生变化，只是系统中气体的量不断减少，液体的量不断增加 [见图 1-8(c)(d)]，从而使得系统的体积沿着 g_2l_2 线减少。若到达 l_2 点后，气体凝结完毕，汽缸中全是 CO_2 液体 [见图 1-8(d)]。如果再增加较大的压力，体积也只有微小的变化 [见图 1-8(e)]，如曲线中陡峭上升段 l_2h 所示。

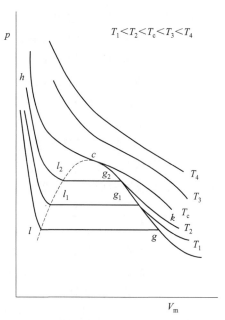

图 1-7　不同温度下 CO_2 的 p-V_m 等温线

$T_c = 304.2K$　$T_2 = 286.15K$

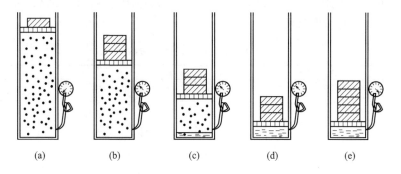

图 1-8　恒温下 $CO_2(g)$ 的液化过程

由此可知，水平线段 g_2l_2 表示了气体的液化过程。在端点 g_2，系统中全部为气体，在端点 l_2，系统中全部为液体，而线段中的任何一点，均同时存在着气、液两相，每一点的温度和压力都一样，只是由于气、液两相的量不同，而具有不同的体积。在这种状态下气体的凝结趋势与液体的挥发趋势正好相当。故这种平衡态的气体称为饱和蒸气，液体称为饱和液体，此时的压力称为该温度时液体的饱和蒸气压。在图中的 k 点压力小于饱和蒸气压，液体不能稳定存在，系统中只有气体；而在 h 点压力大于饱和蒸气压，气体不能稳定存在，系统中只有液体。

② 水平线段随温度的升高而缩短，说明随温度的上升，饱和液体与饱和气体的摩尔体积互相趋近。

由图 1-7 中可以看出，随着温度的升高，在 p-V_m 等温线中作为气体液化特征的水平线段逐渐缩短，而使得两个端点逐渐趋近。这说明温度高时，饱和气体的摩尔体积与饱和液体的摩尔体积差别小，而温度低时，两者的差别要大。换句话说，随着温度的升高，气体和液体的差别越来越小。可以这样解释，温度升高时气体分子的热运动增强了，要使气体液化就需要更高的压力。压力的增加使气体的摩尔体积减小，故饱和气体的摩尔体积随温度升高而减小。对于液体来说，温度的升高，由于热膨胀使得饱和液体的摩尔体积随温度的升高而上升。从而使得气体和液体的摩尔体积随温度的升高而靠近，水平线段缩短。

③ 临界点是由代表气体液化特征的水平线段缩短而成。当温度升高到某一值后，饱和液体与饱和气体的摩尔体积完全相同，水平线段缩短成为一点，此点称为临界点。CO_2 的临界温度为 304.2K。

（3）T_c 等温线 当温度为临界温度时，$p\text{-}V_m$ 等温线不再出现水平线段，但是气体又可以液化。实际上，此时 $p\text{-}V_m$ 等温线中存在一个拐点，它是由 $T < 304.2K$ 的 $p\text{-}V_m$ 恒温线中的水平线段缩短而成，此点叫做临界点。

2. 临界状态与临界参数

气体在临界点时所处的状态即为临界状态。临界状态时的温度、压力和摩尔体积分别称为临界温度（T_c）、临界压力（p_c）和临界体积（V_c）。

临界温度：使气体能够液化的最高温度。

临界压力：在临界温度下，使气体液化所需的最低压力。

临界体积：在临界温度和临界压力下，气体的摩尔体积。

临界温度、临界压力和临界体积统称为临界参数。临界参数是物质的重要属性，其数值由实验确定。如 CO_2 气体的 $T_c = 304.2K$、$p_c = 7.383MPa$、$V_c = 0.0944dm^3/mol$。表 1-1 给出了一些常见气体的临界参数。

表 1-1 常见气体的临界参数

物质	p_c/MPa	$V_c/10^{-6}(m^3/mol)$	T_c/K	Z_c
Ar	4.86	73.3	150.7	0.284
H_2	1.30	65.0	33.2	0.306
O_2	5.08	78.0	154.8	0.308
N_2	3.39	90.1	126.3	0.291
Cl_2	7.71	124	417.2	0.276
CO_2	7.37	94	304.2	0.274
H_2O	22.09	55.3	647.4	0.227
NH_3	11.25	72.5	405.5	0.242
CH_4	4.64	99	191.1	0.289

物质处于临界点时的特点：

① 物质气-液相间的差别消失，两相的摩尔体积、密度等物理性质相同，处于气液不分的混沌状态。

② 临界点的数学特征是一阶导数和二阶导数均为零，即

$$\left(\frac{\partial p}{\partial V_m}\right) = 0 \qquad \left(\frac{\partial^2 p}{\partial V_m^2}\right)_{T_c} = 0$$

在图 1-7 中，若将每个温度下饱和气体的状态点连接成一条曲线，将各温度的饱和液体的状态点连接成一条曲线，则两曲线交于临界点，并形成一个帽形区域。这样将 $p\text{-}V_m$ 平面分成三个区域，分别为气相区、液相区和气液两相区。

3. 气体液化的条件

由以上分析可知，气体的温度高于其临界温度时，无论施加多大的压力，都不能使气体

液化。因此气体液化的必要条件是气体的温度低于临界温度，充分条件是压力大于该温度下的饱和蒸气压。而且气体的液化过程是一个恒温恒压过程。

4. 液体的饱和蒸气压

气体在一定温度、压力下可以液化，同样液体在一定温度、压力下也可以汽化。当物质处于气液平衡共存时，液体蒸发成气体的速率与气体凝聚成液体的速率相等。此时，若不改变外界条件，气体和液体可以长期稳定地共存，其状态和组成均不发生改变。在某一温度下，液体与其自身蒸气达到平衡状态时，平衡蒸气的压力称为这种液体在该温度下的饱和蒸气压，简称蒸气压。

饱和蒸气压是液体物质的一种重要属性，可以用来量度液体分子的逸出能力，即液体的蒸发能力。饱和蒸气压值的大小与物质分子间作用力和温度有关。

① 温度升高，分子热运动加剧，单位时间内能够摆脱分子间引力而逸出进入气相的分子数增加，饱和蒸气压增大。

② 相同温度下，分子间作用力越小，分子越易逸出，饱和蒸气压越大。

③ 随温度升高，液体的饱和蒸气压逐渐增大，当饱和蒸气压等于外压时，液体便沸腾，此时所对应的温度称为该液体的沸点。显然液体的沸点的高低也是由物质分子间作用力决定的，还与液体所受的外压有关，外压越大，沸点越高。通常在 101.3kPa 下的沸点称为正常沸点。

④ 相同外压下，饱和蒸气压越大的液体，沸点越低，挥发性越强。

⑤ 值得强调的是，不但液体有饱和蒸气压，固体同样也有饱和蒸气压，其数值也是由固体的本质和温度决定。

三、真实气体状态方程

1. 中压气体——范德华方程

为了能够比较准确地描述真实气体的 p、V、T 关系，人们在大量实验基础上，提出了许多种真实气体状态方程，各方程所适用的气体种类、压力范围、计算结果与实际测定的值之间的偏差等也各不相同。这里重点介绍范德华方程。

范德华在修正理想气体状态方程时分别提出了两个具有物理意义的修正因子 a 和 b，是对理想气体中的 p、V 两项进行修正得到的。具体形式如下：

$$\left(p+\frac{n^2 a}{V^2}\right)(V-nb)=nRT \qquad (1\text{-}18)$$

或

$$\left(p+\frac{a}{V_m^2}\right)(V_m-b)=RT \qquad (1\text{-}19)$$

式中　$\dfrac{a}{V_m^2}$——压力修正项，由于分子间引力造成的压力减小值，称为内压力，Pa；

$\quad nb$——体积修正项，由于分子本身体积造成的分子运动空间减小值，m^3；

$\quad b$——范德华常数，体积修正因子，由于真实气体具有体积对 V_m 的修正项，也称为已占体积或排除体积，m^3/mol；

a——范德华常数，是 1mol 气体由于分子间的引力存在而对压力的校正，$m^6 \cdot Pa/mol$。

范德华认为 a 和 b 的值不随温度而变，是只与气体种类有关的常数。表 1-2 给出了由实验测得的部分气体的范德华常数值。从表中的数值可以看出，对于较易液化的气体，如 Cl_2、SO_2 等，这些气体分子间的引力较强，对应的 a 值也较大；而对于 H_2、He 等不易液化的气体，分子间的引力很弱，对应的 a 值也较小。

表 1-2 一些气体的范德华常数

气体	$a/(Pa \cdot m^6/mol^2)$	$b/(10^{-5} m^3/mol)$	气体	$a/(Pa \cdot m^6/mol^2)$	$b/(10^{-5} m^3/mol)$
He	0.003457	2.370	CO	0.151	3.99
Ne	0.02135	1.709	CO_2	0.3640	4.267
Ar	0.1363	3.219	H_2O	0.5536	3.049
Kr	0.2349	3.978	NH_3	0.4225	3.707
Xe	0.4250	5.105	SO_2	0.680	5.64
H_2	0.02476	2.661	CH_4	0.2283	4.278
O_2	0.1378	3.183	C_2H_4	0.4530	5.714
N_2	0.1408	3.913	C_2H_6	0.5562	6.380
Cl_2	0.6579	5.622	C_6H_6	1.824	11.54

【**例 1-6**】 分别应用范德华方程和理想气体状态方程计算甲烷 CH_4 在 203K、摩尔体积为 $0.7232dm^3/mol$ 时的压力，并与实验值 2.027MPa 对比。已知 CH_4 的范德华常数 $a=0.2283Pa \cdot m^6/mol^2$，$b=4.278 \times 10^{-5} m^3/mol$。

解：按范德华方程计算

$$\left(p + \frac{a}{V_m^2}\right)(V_m - b) = RT$$

$$\left[p + \frac{0.2283}{(0.7232 \times 10^{-3})^2}\right](0.7232 \times 10^{-3} - 4.278 \times 10^{-5}) = 8.314 \times 203$$

$$p = 2.044 \times 10^6 Pa = 2.044 MPa$$

与实验值的相对误差为 $\dfrac{\Delta p}{p} = \dfrac{2.044 - 2.027}{2.027} \times 100\% = 0.8\%$

若按理想气体状态方程计算

$$p = \frac{RT}{V_m} = \frac{8.314 \times 203}{0.7232 \times 10^{-3}} = 2.334 \times 10^6 (Pa) = 2.334 (MPa)$$

与实验值的相对误差为

$$\frac{\Delta p}{p} = \frac{2.344 - 2.027}{2.027} \times 100\% = 15.6\%$$

计算结果表明，在低压和中压范围内（10MPa 以下），用范德华方程计算真实气体的 pVT，得到的结果优于理想气体状态方程计算的结果。但对于更高的压力，用范德华方程计算也会产生较大的偏差，要用压缩因子来计算。

2. 对应状态原理及压缩因子图

理想气体状态方程是一个与气体性质无关的普遍化规律，而真实气体状态方程含有与气体性质有关的常数——范德华常数，这样应用起来很不方便。因而需要寻求一种既简单而且针对不同气体具有普遍性规律。

各种真实气体虽然性质不同，但在临界点时却有着共同的性质，即临界点处的饱和蒸气

压与液体无区别，而且 $p_c V_c / RT_c$ 值非常接近。以临界参数为基准，引入对比参数

$$p_r = \frac{p}{p_c}; \quad V_r = \frac{V}{V_c}; \quad T_r = \frac{T}{T_c} \tag{1-20}$$

式中，p_r、V_r、T_r 分别称为对比压力、对比体积和对比温度，统称为气体的对比参数。范德华指出，各种真实气体只要两个对比参数相同，则第三个对比参数必定（大致）相同，此时气体处于同一对应状态，这一原理称为对应状态原理。

把对比参数的表达式(1-20)引入定义式(1-16)，可得

$$Z = \frac{p V_m}{RT} = \frac{p_c V_c}{RT_c} \times \frac{p_r V_r}{T_r}$$

令

$$Z_c = \frac{p_c V_c}{RT_c}$$

则

$$Z = Z_c \frac{p_r V_r}{T_r}$$

式中，Z_c 称为临界压缩因子，为一近似常数。上式说明无论气体的性质如何，处在相同对应状态的气体，具有形同的压缩因子。根据这一结论以及某些气体的实验数据，得出适用于各种不同气体的双参数普遍化压缩因子图（图1-9）。

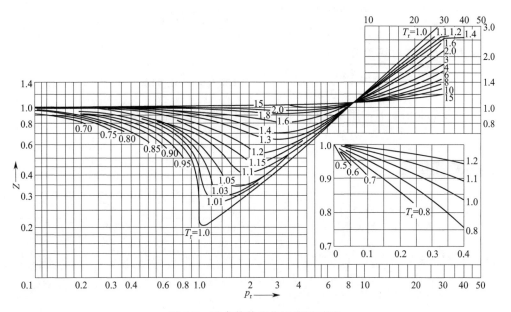

图 1-9 双参数普遍化压缩因子图

由于普遍化压缩因子图适用于各种真实气体，故由图中查到的压缩因子的准确性并不高，但可满足工业上的应用，有很大的实用价值。对于氢气（H_2）、氦气（He）、氖气（Ne）三种气体误差较大，可采用下式计算对比压力和对比温度：

$$p_r = \frac{p}{p_c + 8 \times 10^5 \, \text{Pa}}$$

$$T_r = \frac{T}{T_c + 8\text{K}}$$

【例 1-7】 40℃和6060kPa下1000mol CO_2 气体的体积是多少？分别用（1）理想气体

状态方程，（2）压缩因子图计算。已知实验值为 $0.304m^3$，试比较两种方法的计算误差。

解：（1）按理想气体状态方程计算，得

$$V=\frac{nRT}{p}=\frac{1000\times8.314\times(273.15+40)}{6060\times10^3}=0.429(m^3)$$

（2）用压缩因子图计算

查表 1-1 可得 CO_2 的 $p_c=7.37\times10^6Pa$

$$T_c=304.2K$$

按式（1-20）得

$$p_r=\frac{p}{p_c}=\frac{6060\times10^3}{7.37\times10^6}=0.82$$

$$T_r=\frac{T}{T_c}=\frac{313.5}{304.2}=1.03$$

由图 1-9 查得 $\qquad\qquad Z=0.66$

由式（1-16）得 $V_{真实}=\dfrac{ZnRT}{p}=ZV_{理想}=0.66\times0.429=0.283$（$m^3$）

若实验值为 $0.304m^3$，第一种方法的相对误差为

$$\frac{0.429m^3-0.304m^3}{0.304m^3}\times100\%=41.12\%$$

第二种方法的相对误差为

$$\frac{0.283m^3-0.304m^3}{0.304m^3}\times100\%=-6.91\%$$

可见，在 6060kPa 下，用压缩因子图比理想气体状态方程要精准得多。

本章小结

1. 理想气体状态方程：$pV=nRT$

2. 理想气体模型：分子间无作用力，分子本身无体积

3. 摩尔分数：$y_B=\dfrac{n_B}{\sum\limits_B n_B}=\dfrac{n_B}{n}$

4. 混合气体的平均摩尔质量：$\overline{M}=\sum\limits_B y_B M_B$

5. 分压力：$p_B=\dfrac{n_B}{V}RT$

6. 分压定律：混合气体的总压等于组成混合气体的各组分分压之和

$$p=\sum_B p_B\qquad\frac{p_B}{p_总}=\frac{n_B}{n_总}=y_B\qquad p_B=y_B p_总$$

7. 压缩因子及气体的压缩性：$Z=\dfrac{pV_{m真实}}{RT}$，$Z=\dfrac{V_{m真实}}{V_{m理想}}$

8. 真实气体状态方程：$\left(p+\dfrac{n^2a}{V^2}\right)(V-nb)=nRT$

$$\left(p+\frac{a}{V_m^2}\right)(V_m-b)=RT$$

思考题

1. 凡是符合理想气体状态方程的气体就是理想气体吗？
2. 什么是理想气体，为什么真实气体在低压下可近似看作理想气体？
3. 应用分压定律的条件是什么？
4. 真实气体与理想气体产生偏差的原因何在？
5. 什么是液体的饱和蒸气压，它与哪些因素有关？
6. 气体的液化有几种途径，为什么液化温度不能高于临界温度？

习题

一、选择题

1. 对于实际气体，处于下列哪种情况时，其行为与理想气体相近？（　　）

(a) 高温高压　　　　(b) 高温低压　　　　(c) 低温高压　　　　(d) 低温低压

2. 当用压缩因子 $Z = \dfrac{pV}{nRT}$ 来讨论实际气体时，若 $Z > 1$，则表示该气体（　　）。

(a) 易于压缩　　　(b) 不易压缩　　　(c) 易于液化　　　(d) 不易液化

3. 某实际气体的体积小于同温同压同量的理想气体的体积，则其压缩因子（　　）。

(a) 等于零　　　(b) 等于 1　　　(c) 小于 1　　　(d) 大于 1

4. 物质能以液态形式存在的最高温度是（　　）。

(a) 沸腾温度　　　(b) 凝固温度　　　(c) 任何温度　　　(d) 临界温度

5. 在恒定温度下向一个容积为 $2dm^3$ 的抽空容器中依次充入初始状态为 100kPa、$2dm^3$ 的气体 A 和 200kPa、$1dm^3$ 的气体 B，A、B 均可当作理想气体且 A、B 间不发生化学反应，则容器中混合气体总压力为（　　）。

(a) 300kPa　　　(b) 200kPa　　　(c) 150kPa　　　(d) 100kPa

6. 50℃时，10g 水的饱和蒸气压为 p_1，100g 水的饱和蒸气压为 p_2，则 p_1 与 p_2 的关系是（　　）。

(a) $p_1 > p_2$　　　(b) $p_1 = p_2$　　　(c) $p_1 < p_2$　　　(d) 不能确定

二、判断题

1. 在任何温度及压力下都严格服从 $pV = nRT$ 的气体叫理想气体。　　　　（　　）
2. 分压定律只适用于理想气体。　　　　（　　）
3. 理想气体混合物的平均摩尔质量不随组成的变化而变化。　　　　（　　）
4. 范德华参数 a 与气体分子间作用力大小有关；b 与分子本身的体积大小有关。

　　　　（　　）

5. 液体的饱和蒸气压与温度无关。　　　　（　　）
6. 液体的饱和蒸气压越大说明其挥发性越强。　　　　（　　）
7. 临界温度是气体可被液化的最高温度，高于此温度无论施加多大的压力都不能使气体液化。　　　　（　　）

三、计算题

1. 求在 273.2K、压力为 230kPa 时某钢瓶中所装 CO_2 气体的密度。

2. 用管道输送天然气（天然气可看作是纯的甲烷），当输送压力为 200kPa、温度为 25℃时，管道内天然气的密度为多少？

3. 某厂氢气柜的设计容积为 2.00×10^3 kPa。设氢气为理想气体，问气柜在 300K 时最多可装多少千克氢气？

4. 某反应器操作压力为 106.4kPa，温度为 723K，每小时送入该反应器的气体为 4.00×10^4 m³（STP●），试计算每小时实际通过反应器的气体体积。

5. 有一气柜容积为 2000m³，气柜中压力保持在 104.0kPa，内装氢气。设夏季最高温度为 315.5K，冬季最低温度为 235.15K，问气柜在冬季最低温度时比夏季最高温度时多装多少氢气？

6. 在 300K、748.3kPa 下，某气柜中有 0.140kg 一氧化碳、0.020kg 氢气，求 CO 和 H_2 的摩尔分数。

7. 设有一混合气体，压强为 101.325kPa，取样气体体积为 0.100dm³，用气体分析仪进行分析。首先用 NaOH 溶液吸收 CO_2，吸收后剩余气体体积为 0.097dm³；接着用焦性没食子酸溶液吸收 O_2，吸收后余下气体体积为 0.096dm³；再用浓硫酸吸收乙烯，最后剩余气体的体积为 0.063dm³，已知混合气体有 CO_2、O_2、C_2H_4、H_2 四个组分，试求（1）各组分的摩尔分数；（2）各组分的分压。

8. 已知某混合气体的体积分数为：C_2H_3Cl 90%，HCl 8.0% 及 C_2H_4 2.0%。在始终保持压力为 101.3kPa 不变的条件下，经水洗除去 HCl 气体，求剩余干气体（不考虑所含水蒸气）中各组分的分压力。

9. 10.0mol C_2H_6 在 300K 充入 4.86×10^{-3} m³ 的容器中，测得其压力为 3.445MPa。试用（1）理想气体状态方程、（2）范德华方程计算容器内气体的压力。

10. 有一台 CO_2 压缩机，出口压力为 15.15MPa，出口温度为 423K，压缩因子 Z 为 0.75。（1）试用压缩因子法计算该状态下 1000molCO_2 的体积；（2）此实际气体比理想气体易压缩还是难压缩，为什么？

11. 试用压缩因子图法求温度为 291.2K、压力为 15.0MPa 时甲烷的密度。

12. 1mol N_2 在 273.15K 时体积为 7.03×10^{-5} m³，试分别用范德华方程和压缩因子图计算 N_2 的压力。将所得结果与实验值 40530kPa 进行比较。

● 工程上有时为了方便，将体积换算为 273.15K、101.3kPa 下的体积，称为标准状态体积，简称标准体积。标准状态用"STP"表示。

第二章

热力学定律

 **学习目标**

1. 掌握热力学的一些基本概念，如系统、环境、状态、热力学平衡状态、过程、功、热量等。

2. 理解热力学能和焓的定义及其状态函数的特性，理解热力学能变与恒容热、焓变与恒压热之间的关系。

3. 理解热力学第一定律的文字表述，掌握其数学表达式。掌握恒压热与恒容热的计算。

4. 理解反应进度、标准摩尔生成焓、标准摩尔燃烧焓等概念，能熟练地应用标准摩尔生成焓和标准摩尔燃烧焓求标准摩尔反应焓，能用基尔霍夫公式计算不同温度下反应的焓变。

5. 理解自发过程的共同性质，理解热力学第二定律的文字表述。

6. 理解熵的物理意义，会判断一些简单过程是熵增还是熵减。

7. 了解吉布斯函数 G 的定义，了解 ΔG 在特殊条件下的物理意义。

8. 了解偏摩尔量和化学势的定义及相平衡条件。

9. 了解理想气体及其混合物化学势表达式。

第一节　基本概念

一、系统和环境

在热力学中，把要研究的对象称为系统（又称物系或体系），而把系统之外与系统密切相关的部分称为环境。

系统与环境之间通过界面隔开。这种界面可以是真实的界面，也可以是虚拟的界面。例如，当研究整个房间内的空气时，四周墙壁是这个系统的真实界面。若研究房间内空气中的氧气，这时所研究的系统与其环境（空气中除氧以外的气体）之间的界面是虚拟的。

根据系统和环境之间的相互关系，可将系统分为三类。

① 敞开系统。敞开系统（也称开放系统）与环境之间有能量和物质交换。

② 封闭系统。封闭系统（也称密闭系统）与环境之间有能量交换但没有物质交换。封闭系统的质量恒定。

③ 隔离系统。隔离系统（也称孤立系统）与环境之间没有能量和物质交换。所以，隔离系统的质量和能量都恒定。环境对隔离系统不会有任何影响。

例如一个保温瓶中装有热水，以水作为系统。如果保温瓶敞口，水既可以蒸发又可以通过空气传热，这时保温瓶中的水是一个敞开系统；如果保温瓶的保温性能较差但盖子密闭性很好，则水不能从保温瓶中逸出但可通过瓶壁向外传热，这时保温瓶中的水是一个封闭系统；如果保温瓶完全隔热且盖子密闭性很好，这时保温瓶中的水可以看作一个隔离系统。

宇宙中一切事物间都存在着相互作用，因此没有绝对不受环境影响的隔离系统。在热力学研究中，有时把系统和环境作为一个整体来对待，把这个整体当成隔离系统。

热力学中主要讨论封闭系统，其次是隔离系统，一般不讨论敞开系统。今后如不特别指明，所言系统均指封闭系统。

二、系统的性质

热力学系统有许多宏观性质，如温度、压力、体积、密度、组成、热容、质量、能量等，都称为系统的热力学性质，简称性质。它们都是可以改变的量。在热力学性质中，有些性质如温度、压力、体积、密度等可以通过实验直接测定；另一些性质不能由实验直接测定，如热力学能、焓、熵等。系统的热力学性质按其特性可分为两大类。

1. 广延性质

广延性质（也称容量性质）的数值与物质的量有关，如体积、质量等。当系统分割成若干部分时，它们具有加和性。如果系统内部性质均匀，广延性质与物质的量成正比。

2. 强度性质

强度性质的数值与物质的量无关，如温度、压力、密度等。它们没有加和性。往往两个广延性质相除成为系统的强度性质。例如密度，它等于质量除以体积。

广延性质的摩尔量，等于广延性质除以物质的量，其符号以相应的物理量加下标"m"表示。例如摩尔体积，$V_m = V/n$，单位为 m^3/mol。各种广延性质的摩尔量均是强度性质。

三、状态和状态函数

系统所处的状态是系统一切宏观性质的综合表现。当各种宏观性质均为定值时，系统的状态也就确定了；反之，当系统处于某一状态下，系统的各种宏观性质也都有确定的数值。各种与状态有单值对应关系的宏观性质称为状态函数。

系统的各种状态函数之间是相互关联的。例如，$pV = nRT$ 描述了理想气体 p、V、T、n 四个宏观性质之间的关系。经验表明：对于纯物质单相封闭系统，只要指定任意两种性质

（通常指定 T 和 p）后，系统中其他各种性质也就随之而定了，系统的状态也就确定了。因此，纯物质单相封闭系统中任意一状态函数 X 可以表示成温度和压力的函数，即：

$$X = f(T, p)$$

状态函数具有以下两个重要特性。

① 状态函数是状态的单值函数。当系统的状态确定后，所有状态函数都有唯一确定的数值。例如，在 101.325kPa 下，纯水的沸点一定是 100℃，不会是其他数值。在 0℃ 和 101.325kPa 下，1mol 理想气体的体积一定是 0.0224m³，不会是其他数值。

② 状态变化时，状态函数的变化值仅决定于系统的始、终态，而与变化所经历的具体途径无关。例如一杯水由 0℃ 加热到 50℃，则水温的变化量 $\Delta T = T_{终} - T_{始} = 50℃ - 0℃ = 50℃$。$\Delta T$ 只与 $T_{始}$ 和 $T_{终}$ 有关，与水如何由 0℃ 变到 50℃ 无关，也就是说，不论是用酒精灯加热还是用电炉加热，还是将 0℃ 的水加热到 100℃ 再冷却到 50℃ 等都对温度变化量没有影响。

用数学方法来表示这两个特征，则可以说，状态函数的微小变化量是全微分，即偏微分之和。例如，纯理想气体封闭系统的体积是温度、压力的函数，即

$$V = f(T, p)$$

体积的微小变化 dV 是全微分，它是两项偏微分之和：

$$\mathrm{d}V = \left(\frac{\partial V}{\partial T}\right)_p \mathrm{d}T + \left(\frac{\partial V}{\partial p}\right)_V \mathrm{d}p$$

当系统的体积从 V_1 变到 V_2，则体积的变化量为：

$$\Delta V = \int_{V_1}^{V_2} \mathrm{d}V = V_2 - V_1$$

凡是状态函数一定具有此二特性。反过来说，如果体系的某宏观性质具有此二特性，那它一定是状态函数。

四、热力学平衡态

在没有外界条件影响下，如果系统中所有状态函数均不随时间而变化，就说系统处于热力学平衡态（简称平衡态）。真正的热力学平衡应包括下列四个平衡。

① 热平衡：如果系统内部没有绝热壁分隔时，则系统内部各部分温度相等。若系统不是绝热的，则系统与环境的温度也应相等。

② 力平衡：如果系统内部没有刚性壁分隔时，则系统内部各部分压力相等。

③ 相平衡：系统中各相的组成及数量不随时间而改变。

④ 化学平衡：系统中各组分间的化学反应达到平衡，系统的组成不再改变。

仅当系统处于热力学平衡态时，各状态函数才具有唯一的值。在以后的讨论中，如不特别提出，系统均处于热力学平衡态。

五、过程和途径

在一定环境条件下，系统状态所发生的任何变化均称为热力学过程，简称过程。

按照变化的性质，可将过程分为三类：化学反应过程、相变过程和单纯 pVT 变化过程（又称简单变化过程）。所谓单纯 pVT 变化过程是指过程中没有化学反应和相变，只涉及系统 p、V 和 T 的变化。相变过程和单纯 pVT 变化过程统称为物理变化过程。

根据过程进行的条件，可将过程分为以下几种。

（1）恒温过程（也称等温过程）　系统与环境的温度相等且恒定不变的过程，即 $T=T_环=$ 常数，$T_环$ 表示环境的温度。

（2）恒外压过程　环境的压力（也称为外压）保持不变的过程，即 $p_环=$ 常数。在此过程中，系统的压力可以变化。典型的气体恒外压膨胀过程和恒外压压缩过程见图 2-1、图 2-2。

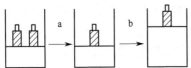

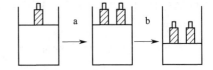

图 2-1　气体恒外压膨胀过程　　　　　　图 2-2　气体恒外压压缩过程

图 2-1 表明有一个汽缸，当温度、压力、体积、物质的量确定时，汽缸的活塞上有两个砝码，当突然拿走一个砝码，也就是 a 过程，在拿走的瞬间气体体积还来不及膨胀，从此时开始，经历 b 过程，就是气体的恒外压膨胀过程，此过程内压改变，但是外压不变。同理，图 2-2 中，一个温度、压力、体积、物质的量确定的汽缸，当给它突然加上一个砝码，加上砝码的瞬间到体积压缩结束即 b 过程，外压不变，内压改变，这是气体的恒外压压缩过程。

（3）恒压过程（也称等压过程）　系统与环境的压力相等且恒定不变的过程，即 $p=p_环=$ 常数。

（4）恒容过程（也称等容过程）　系统的体积始终不变的过程，即 $V=$ 常数。

（5）绝热过程　体系和环境之间没有热交换的过程。由于绝对绝热的材料还不能找到，所以绝对的绝热过程尚不存在。如果过程（如燃烧反应、中和反应、核反应等）进行得极为迅速，使得系统来不及与环境进行热交换，则可近似视为绝热过程。

（6）循环过程　体系由某一状态出发，经过一系列变化又回到原来状态的过程。在循环过程中，所有状态函数的改变量均为零，如 $\Delta p=0$，$\Delta V=0$ 等。

系统由同一始态变到同一终态的不同方式，称为不同的途径。例如，1mol 理想气体由始态（101325Pa，0.0224m³，273.15K）变到终态（101325Pa，0.0448m³，546.3K），可通过两条不同的途径来实现（如图 2-3 所示）。

途径Ⅰ仅由恒压过程组成；途径Ⅱ由恒温和恒容两个过程组合而成。在这两个变化途径中，系统的状态函数变化值是相同的（$\Delta p=0$，$\Delta V=0.0224m^3$，$\Delta T=273.15K$）。状态函数的这一特点，在热力学中有广泛的应用。例如，不管实际过程如何，可以根据始态和终态选择理想的过程建立状态函数间的关系；可以选择较简便的途径来计算状态函数的变化等等。这套处理方法是热力学中的重要方法，通常称为状态函数法。

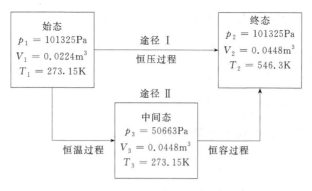

图 2-3　过程与途径

六、途径函数热和功

1. 热

系统与环境之间由于存在温度差而交换的能量称为热，以符号 Q 表示，其单位为 J（焦，焦耳）或 kJ（千焦，千焦耳）。热力学规定：系统从环境吸热，$Q>0$；系统向环境放热，$Q<0$。例如，在一过程中系统放热 10J，则该过程 $Q=-10$J。

因为热是系统在其状态发生变化的过程中与环境交换的能量，因而热总是与系统所进行的具体过程相联系，没有过程就没有热。因此，热不是系统本身的属性，不是状态函数，是过程函数。不能说"系统在某一状态有多少热"，也不能说"某物体处在高温时具有的热量比它在低温时的热量多"。无限小热以 δQ 表示。由于热不是状态函数，故 δQ 不是全微分。

在热力学中，主要讨论三种热：系统发生化学反应时吸收或放出的热，称为化学反应热；系统发生相变化时吸收或放出的热，称为相变热或相变潜热；系统不发生化学反应和相变，仅仅发生因温度变化吸收或放出的热，称为显热，也称为 pVT 变化过程的热。

2. 功

系统与环境之间以除热以外的其他形式交换的能量统称为功，以符号 W 表示，其单位为 J 或 kJ。热力学规定：系统从环境得功（即环境对系统做功），$W>0$；系统对环境做功，$W<0$。功与热一样，也是与过程相关的量，不是状态函数，是过程函数。因此，不能说"系统在某一状态有多少功"。无限小功以 δW 表示，不是全微分。热力学将功分为两大类：体积功和非体积功。

（1）体积功　由于系统体积变化而与环境交换的功，称为体积功。其计算公式为

$$\delta W=-p_{环}\,\mathrm{d}V \tag{2-1}$$

式中，$p_{环}$ 是环境的压力。若系统体积从 V_1 变化到 V_2，则所做的功为

$$W=-\int_{V_1}^{V_2}p_{环}\,\mathrm{d}V \tag{2-2}$$

上式是计算体积功的通式，它可用于任何过程体积功的计算。

对于恒容过程，由于 $\mathrm{d}V=0$，所以

$$W=-\int_{V_1}^{V_2}p_{环}\,\mathrm{d}V=0$$

这说明恒容过程无体积功。

对于自由膨胀过程（即系统向真空膨胀的过程），由于 $p_{环}=0$，所以

$$W=-\int_{V_1}^{V_2} p_{环}\ dV=0$$

对于恒外压过程，由于 $p_{环}=$ 常数，所以

$$W=-\int_{V_1}^{V_2} p_{环}\ dV=-p_{环}(V_2-V_1)=-p_{环}\ \Delta V \tag{2-3}$$

对于恒压过程，由于 $p=p_{环}=$ 常数，则上式可写成

$$W=-p(V_2-V_1)=-p\Delta V \tag{2-4}$$

（2）非体积功　除体积功外，其他各种形式的功统称为其他功或非体积功，用符号 W' 表示。例如电功、磁功及表面功等都是非体积功。

如果系统发生变化，既做体积功又做其他功，则这两部分功之和就是系统所做的总功，即

$$W=-\int_{V_1}^{V_2} p_{环}\ dV+W' \tag{2-5}$$

在化学热力学中，系统发生变化时，通常不做其他功。今后如不特别指明，提到的功均指体积功。

【例 2-1】　在 100kPa 下，5mol 理想气体由 300K 升温到 800K。求此过程的功。

解：始态（300K，100kPa）$\xrightarrow{p_{环}=100kPa}$ 终态（800K，100kPa）

这是理想气体恒压升温过程。根据式（2-4）

$$W=-p_{环}(V_2-V_1)=-p_{环}\left(\frac{nRT_2}{p}-\frac{nRT_1}{p}\right)=-nR(T_2-T_1)$$
$$=-5\times8.314\times(800-300)=-20785(J)$$

功为负值表明理想气体膨胀对环境做功。

【例 2-2】　在 100℃、100kPa 下，5mol 水变成水蒸气。求此过程的功。设水蒸气可视为理想气体，水的体积可以忽略。

解：H_2O（l，373.15K，100kPa）$\xrightarrow{p_{环}=100kPa}$ H_2O（g，373.15K，100kPa）

这是恒温恒压相变过程。根据式（2-4）

$$W=-p_{环}(V_g-V_1)=-p_{环}V_g\approx-nRT=-5\times8.314\times373.15=-15512(J)$$

第二节　热力学第一定律

一、热力学能

1. 热力学能

一个热力学系统的总能量由三部分组成：系统的整体运动的动能，系统在外力场中的势能和系统的热力学能。在化学热力学中，通常研究宏观静止的体系，无整体运动，并且不考虑外力场的存在（如电磁场、重力场等），因此只关注系统的热力学能。今后所说系统的能

量都是指系统的热力学能。

系统内部所有微观粒子的能量总和称为热力学能（以前称为内能），用符号 U 表示，单位为 J 或 kJ。

纯物质单相封闭系统（如纯真实气体）的热力学能可认为由以下三部分组成。

（1）分子的动能　包括分子的平动能、转动能和振动能。分子的动能是系统温度的函数。

（2）分子间相互作用的势能　其数值的大小取决于分子间力和分子间的距离，分子间力可表示成分子间距离的函数，而分子间的距离与系统的体积有关。因此，分子间相互作用的势能是系统体积的函数。

（3）分子内部的能量　分子内部的能量是分子内部各种微粒（如原子核、电子等）的能量之和。在不发生化学反应的条件下，此部分能量为定值。

由此可知，纯物质单相封闭系统的热力学能是温度和体积的函数，即

$$U = f(T, V)$$

则热力学能的无限小变化量 dU 是全微分，可写为

$$dU = \left(\frac{\partial U}{\partial T}\right)_V dT + \left(\frac{\partial U}{\partial V}\right)_T dV$$

热力学能是系统内部储存的能量，与物质的量成正比，具有加和性。因此，热力学能是系统的状态函数，是广延性质。也就是说，当系统处于一定状态时，系统的热力学能有唯一确定的值。系统状态改变时，系统的热力学能变化量仅取决于始、终态而与变化途径无关。即

$$\Delta U = U_2 - U_1$$

式中，下标 1、2 分别表示始态和终态。当 $\Delta U > 0$ 时，表示系统的热力学能增加，当 $\Delta U < 0$，表示系统的热力学能减少。热力学能的绝对值尚无法确定，但系统进行某一过程时的热力学能变化量 ΔU 是可以通过实验测量的。

2. 理想气体的热力学能

理想气体分子之间没有相互作用力，因而没有分子间相互作用的势能，所以理想气体的热力学能仅由两部分组成：分子的动能和分子内部的能量。因为分子的动能仅是温度的函数，而分子内部的能量在不发生化学反应的情况下为定值，所以理想气体的热力学能只是温度的函数，与压力、体积无关，即

$$U = f(T)$$

则有

$$\left(\frac{\partial U}{\partial V}\right)_T = \left(\frac{\partial U}{\partial p}\right)_T = 0$$

二、热力学第一定律概述

1. 热力学第一定律的表述

能量守恒与转化定律是最重要的自然规律之一。它的内容可表述为："自然界的一切物质都具有能量。能量有各种不同形式，在一定条件下能够从一种形式转化为另一种形式。在

转化过程中，能量的总量不变。"能量守恒与转化定律是人们长期经验的总结，是经验规律，尚无法从理论上证明，但是由它推导出来的结论都与实验事实相符，这就最有力地证明了这个定律的正确性。

能量守恒与转化定律应用于宏观热力学系统，就形成了热力学第一定律。热力学第一定律有多种表述方式，但都是说明一个问题——能量守恒。现列举常用的两种说法如下：

① 隔离系统中能量的形式可以互相转化，但是能量的总量不变。

② 第一类永动机不可能制造成功。所谓第一类永动机，就是一种无需消耗任何燃料或能量而能不断循环做功的机器。

2. 热力学第一定律的数学表达式

根据能量守恒与转化定律，在任何过程中，封闭系统热力学能的增加值 ΔU 一定等于系统从环境吸收的热 Q 与从环境得到的功 W 的和，即

$$\Delta U = Q + W \tag{2-6}$$

式中，W 是总功，是体积功与其他功的和。

将式（2-5）代入上式，得

$$\Delta U = Q - \int_{V_1}^{V_2} p_{环} \, dV + W' \tag{2-7}$$

若系统发生无限小变化时，则上式变为

$$dU = \delta Q + \delta W \tag{2-8}$$

展开为

$$dU = \delta Q - p_{环} \, dV + \delta W' \tag{2-9}$$

以上都是热力学第一定律的数学表达式。它们适用于封闭系统和隔离系统的任何过程。

【例 2-3】　某干电池做电功 100J，同时放热 20J，求其热力学能变。

解： 根据式（2-6）

$$\Delta U = Q + W = -20 - 100 = -120 \text{(J)}$$

即在这个过程中，电池的能量减少了 120J。

三、焦耳实验

焦耳在 1843 年做了如下实验，将两个中间以旋塞相连的容器浸入水浴中，右侧容器抽成真空，左边容器内充满低压气体，如图 2-4 所示。

打开旋塞，气体由左边容器膨胀到右边直到两边压力相同。实验测得气体膨胀前后，水浴的温度没有变化。以气体为体系，由于是向真空膨胀又无非体积功，根据热力学第一定律，一定量气体的热力学能，

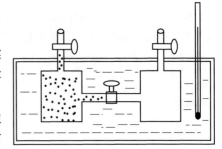

图 2-4　焦耳实验示意图

可表示为温度 T 和体积 V 的函数，即 $U = f(T, V)$，所以：

$$dU = (\partial U/\partial T)_V \, dT + (\partial U/\partial V)_T \, dV$$

根据焦耳实验，$dT = 0$，$dU = 0$ 而 $dV \neq 0$，所以：

$$(\partial U/\partial V)_T = 0$$

因此可得出以下结论：焦耳实验中气体的热力学能仅为温度的函数，与体积和压力无关。

但是这一结论是不准确的。因为焦耳实验所用气体的压力较低，水的热容又较大，气体自由膨胀后，即使与环境水交换了少量的热，也无法用温度计测出水温的变化。

然而，由于实验气体的压力较低，可近似看作理想气体，故焦耳实验的结论对于理想气体仍是适用的，即一定量理想气体的热力学能只是温度的函数，与气体的体积和压力无关，即：

$$U = f(T)$$

与前面热力学能的分析是一致的。

四、恒容热和恒压热

在实验室和化工生产中，最常遇到的是没有其他功的恒容或恒压过程。因此，将在本节中讨论这两种过程热的特点，并介绍一个新的状态函数——焓。

1. 恒容热

（1）定义　系统进行没有其他功的恒容过程时，与环境交换的热，称为恒容热，用符号 Q_V 表示，下标 V 表示过程恒容且没有其他功。

（2）恒容热与热力学能的关系　热力学第一定律微分式如下 [式(2-9)]：

$$dU = \delta Q - p_{环} \, dV + \delta W'$$

因为在没有其他功的恒容过程中，$dV = 0$，$\delta W' = 0$，故由上式得

$$\delta Q_V = dU \qquad\qquad (2\text{-}10)$$

积分上式得

$$Q_V = \Delta U \qquad\qquad (2\text{-}11)$$

上式表明，恒容热等于系统热力学能的变化量。也就是说，在没有其他功的恒容过程中，系统所吸收的热量全部用于增加热力学能；系统所减少的热力学能全部以热的形式传给环境。由于热力学能是状态函数，它的变化量只决定于系统的始、终态，而与所经历的途径无关。所以恒容热也只取决定于系统的始、终态，而与具体途径无关。这是恒容热的特点。

2. 恒压热

（1）定义　系统进行没有其他功的恒压过程时，与环境交换的热，称为恒压热，用符号 Q_p 表示，下标 p 表示过程恒压且没有其他功。

因为在没有其他功的恒压过程中，$\delta W' = 0$，$p = p_{环} = $ 常数，代入式(2-9) 得

$$\delta Q_p = dU + p_{环} \, dV = dU + dpV = d(U + pV)$$

（2）焓　令 $H = U + pV$，代入上式得

$$\delta Q_p = dH \qquad\qquad (2\text{-}12)$$

对上式积分得

$$Q_p = \Delta H \qquad\qquad (2\text{-}13)$$

H 称为焓，具有如下一些基本性质。

① 因为 U、p、V 都是状态函数，所以焓是状态函数。也就是说，当系统状态一定时，

系统的焓具有唯一确定的值。当状态变化时，系统的焓变仅取决于始、终态而与变化途径无关。

② 因为 U 和 V 都是广延性质，所以焓也是广延性质。由于系统热力学能的绝对值无法知道，所以焓的绝对值也无法知道。

③ 没有明确的物理意义，虽然焓具有能量单位（J 或 kJ），但不是能量。

④ 理想气体的焓。对于一定量理想气体，热力学能只是温度的函数，即 $U = f(T)$，且 $pV = nRT$。将这些关系代入焓的定义式，因此理想气体的焓：

$$H = U + pV = f(T) + nRT = g(T)$$

这说明，一定量理想气体的焓也只是温度的函数，与体积或压力无关，即

$$\left(\frac{\partial H}{\partial V}\right)_T = \left(\frac{\partial H}{\partial p}\right)_T = 0$$

（3）恒压热与焓变的关系　式（2-12）、式（2-13）表明，恒压热等于系统的焓变。也就是说，在没有其他功的恒压过程中，系统所吸收的热量全部用于增加焓，系统所减少的焓全部以热的形式传给环境。由于焓是状态函数，它的变化量只决定于系统的始、终态，而与所经历的途径无关，所以恒压热也只取决于系统的始、终态，而与具体途径无关。这是恒压热的特点。

五、热的计算

（一）pVT 变化过程热的计算

1. 热容

在没有相变化、没有化学变化和没有非体积功的条件下，封闭系统变温过程与环境交换的热称为显热。计算显热时需要物质的热容数据。本节主要讨论恒容摩尔热容、恒压摩尔热容及恒容显热和恒压显热的计算。

（1）平均热容、热容和摩尔热容　在没有相变化、没有化学变化和没有非体积功的条件下，一定量的物质温度由 T_1 升高到 T_2 时吸收热量 Q 即显热，则在此温度范围内，每升高 1K 平均所吸收的显热，称为平均热容，用符号 $\overline{C}$ 表示，其定义式为：

$$\overline{C} = \frac{Q}{T_2 - T_1} = \frac{Q}{\Delta T} \tag{2-14}$$

温差趋于零时的平均热容称为真热容，简称热容，用符号 C 表示。即

$$C = \lim_{\Delta T \to 0} \frac{Q}{\Delta T} = \frac{\delta Q}{dT} \tag{2-15}$$

$\overline{C}$ 和 C 的单位均为 J/K。1kg 物质所具有的热容，称为比热容（或称质量热容），用符号 c 表示。它等于热容除以质量，即

$$c = \frac{C}{m} \tag{2-16}$$

比热容主要用在工程上，其单位为 J/(K·kg)。

1mol 物质所具有的热容，称为摩尔热容，用符号 c_m 表示。它等于热容除以物质的量，即

$$c_m = \frac{C}{n} = \frac{1}{n}\frac{\delta Q}{dT} = \frac{\delta Q_m}{dT} \tag{2-17}$$

式中，Q_m 表示 1mol 物质所吸收的显热。摩尔热容主要用在化学热力学上，其单位为 J/(K·mol)。

由于热不是状态函数，与具体过程有关，故热容也与过程有关。常用的摩尔热容有两种：恒容摩尔热容和恒压摩尔热容。

（2）恒容摩尔热容　在没有相变化、没有化学变化和没有非体积功的恒容条件下，1mol 物质的温度升高 1K 所吸收的显热，称为恒容摩尔热容，用符号 $c_{V,m}$ 表示，其定义式为：

$$c_{V,m} = \frac{\delta Q_{V,m}}{dT} \tag{2-18}$$

因为 $\delta Q_{V,m} = dU_m$，故 $c_{V,m}$ 的定义式也可写为

$$c_{V,m} = \left(\frac{\partial U_m}{\partial T}\right)_V \tag{2-19}$$

由 $c_{V,m}$ 的定义式可得，在没有相变化、没有化学变化和没有非体积功的恒容条件下，含物质的量为 n 的系统的温度发生微小变化时，有

$$\delta Q_V = dU = nc_{V,m}dT$$

当系统的温度由 T_1 变至 T_2 时，对上式积分得

$$Q_V = \Delta U = \int_{T_1}^{T_2} nc_{V,m}dT \tag{2-20}$$

上式可用于没有相变化、没有化学变化和没有非体积功的封闭系统恒容变温过程的显热 Q_V 和 ΔU 的计算。若 $c_{V,m}$ 可视为常数，则上式可简化为

$$Q_V = \Delta U = nc_{V,m}(T_2 - T_1) \tag{2-21}$$

（3）恒压摩尔热容　在没有相变化、没有化学变化和没有非体积功的恒压条件下，1mol 物质的温度升高 1K 所需的显热，称为恒压摩尔热容，用符号 $c_{p,m}$ 表示，其定义式为：

$$c_{p,m} = \frac{\delta Q_{p,m}}{dT} \tag{2-22}$$

因为 $\delta Q_{p,m} = dH_m$，故 $c_{p,m}$ 的定义式也可写为

$$c_{p,m} = \left(\frac{\partial H_m}{\partial T}\right)_p \tag{2-23}$$

由 $c_{p,m}$ 的定义式可得，在没有相变化、没有化学变化和没有非体积功的恒压条件下，含物质的量为 n 的系统的温度发生微小变化时，有

$$\delta Q_p = dH = nc_{p,m}dT$$

当系统的温度由 T_1 变至 T_2 时，对上式积分得

$$Q_p = \Delta H = \int_{T_1}^{T_2} nc_{p,m}dT \tag{2-24}$$

上式可用于没有相变、没有反应和没有其他功的封闭系统恒压变温过程的显热 Q_p 和 ΔH 的计算。若 $c_{p,m}$ 可视为常数，则上式可简化为

$$Q_p = \Delta H = nc_{p,m}(T_2 - T_1) \tag{2-25}$$

（4）$c_{p,m}$ 与 $c_{V,m}$ 的关系　可以导出，理想气体的 $c_{p,m}$ 与 $c_{V,m}$ 的关系为

$$c_{p,m} - c_{V,m} = R \tag{2-26}$$

上式说明理想气体的 $c_{p,\mathrm{m}}$ 与 $c_{V,\mathrm{m}}$ 的差与温度无关。上式可近似用于低压下的真实气体。

统计热力学可以证明，在通常温度下，若温度变化不很大，理想气体的 $c_{p,\mathrm{m}}$ 和 $c_{V,\mathrm{m}}$ 可视为常数。对于单原子分子理想气体（如 He，Ar）：

$$c_{V,\mathrm{m}}=\frac{3}{2}R \qquad c_{p,\mathrm{m}}=\frac{5}{2}R$$

对于双原子分子理想气体（如 H_2，O_2）：

$$c_{V,\mathrm{m}}=\frac{5}{2}R \qquad c_{p,\mathrm{m}}=\frac{7}{2}R$$

今后除非特别说明外，凡遇到单原子和双原子理想气体时，一般不再给出其摩尔热容数值。

理想气体混合物的恒压热容 C_p 等于形成该混合物各气体的恒压摩尔热容 $c_{p,\mathrm{m}}(i)$ 与其在混合物中物质的量 n_i 的乘积之和，即

$$C_p=\sum_i n_i c_{p,\mathrm{m}}(i) \tag{2-27}$$

上式可近似用于低压下的真实气体混合物。

（5）热容与温度的关系　真实气体、液体和固体的热容与压力的关系不大，但都与温度有关，且随温度升高而增大。可从物理化学手册和教材附录中查到各种物质的 $c_{p,\mathrm{m}}$ 与温度的经验关系式。最常用的 $c_{p,\mathrm{m}}$ 与温度的经验关系式有下列两种形式：

$$c_{p,\mathrm{m}}=a+bT+cT^2 \tag{2-28}$$

$$c_{p,\mathrm{m}}=a+bT+c'/T^2 \tag{2-29}$$

式中，a、b、c、c' 是经验常数，与物质、物态及适用温度范围有关。

平均恒压摩尔热容可由下式计算

$$\overline{c}_{p,\mathrm{m}}=\frac{\int_{T_1}^{T_2} c_{p,\mathrm{m}}\mathrm{d}T}{(T_2-T_1)} \tag{2-30}$$

上式表明 $\overline{c}_{p,\mathrm{m}}$ 与涉及温度的起止范围有关，例如常压下 CO 气体在 $0\sim100℃$ 范围内的 $\overline{c}_{p,\mathrm{m}}$ 为 29.5J/（K·mol），而在 $0\sim1000℃$ 范围内的 $\overline{c}_{p,\mathrm{m}}$ 为 31.6J/（K·mol）。但实际计算中，在温差不太大或要求精度不十分高时，平均恒压摩尔热容也常用下式结果代替：

$$\overline{c}_{p,\mathrm{m}}\approx\frac{1}{2}[c_{p,\mathrm{m}}(T_1)+c_{p,\mathrm{m}}(T_2)]$$

或

$$\overline{c}_{p,\mathrm{m}}\approx c_{p,\mathrm{m}}[(T_1+T_2)/2]$$

【例 2-4】 试计算在常压下，2molCO$_2$ 从 300K 升温到 573K 所吸收的热量。已知 CO_2 的恒压摩尔热容为 $c_{p,\mathrm{m}}=[26.8+42.7\times10^{-3}\ (T/\mathrm{K})\ -14.6\times10^{-6}\ (T/\mathrm{K})^2]$ J/（mol·K）。

解：这是没有其他功的恒压升温过程，故 Q_p 可用式（2-24）计算。

$$Q_p=\Delta H=\int_{T_1}^{T_2} n c_{p,\mathrm{m}}\mathrm{d}T=2\times\int_{300\mathrm{K}}^{573\mathrm{K}}(26.8+42.7\times10^{-3}T-14.6\times10^{-6}T^2)\mathrm{d}T$$

$$=2\times[26.8\times(573-300)+\frac{1}{2}\times42.7\times10^{-3}\times(573^2-300^2)$$

$$-\frac{1}{3}\times14.6\times10^{-6}\times(573^3-300^3)]=23241(\mathrm{J})$$

2. pVT 过程热的计算

因为理想气体的热力学能和焓仅是温度的函数，与压力和体积无关，所以理想气体封闭系统没有其他功的任何单纯 pVT 变化过程（如恒容、恒压、恒温及绝热等）均有

$$dU = nc_{V,m}dT \tag{2-31}$$

$$dH = nc_{p,m}dT \tag{2-32}$$

在通常温度下，若温度变化不大，理想气体的 $c_{V,m}$ 和 $c_{p,m}$ 可视为常量，对上式积分得

$$\Delta U = nc_{V,m}(T_2 - T_1) \tag{2-33}$$

$$\Delta H = nc_{p,m}(T_2 - T_1) \tag{2-34}$$

而变化过程的 W 和 Q 则与变化的途径有关。

（1）恒容过程（$V=$ 常数）

$$Q_V = \Delta U = nc_{V,m}(T_2 - T_1)$$

$$W = 0$$

（2）恒压过程（$p_1 = p_2 = p = p_环 =$ 常数）

$$Q_p = \Delta H = nc_{p,m}(T_2 - T_1)$$

$$W = -p(V_2 - V_1)$$

将 $V_2 = nRT_2/p$ 和 $V_1 = nRT_1/p$ 代入上式得：

$$W = -nR(T_2 - T_1) = -nR\Delta T \tag{2-35}$$

（3）恒温过程（$T_1 = T_2 = T = T_环 =$ 常数）

$$\Delta H = \Delta U = 0$$

则由热力学第一定律数学表达式得

$$Q = -W$$

① 对于理想气体恒温恒外压不可逆过程（$p_环 =$ 常数）

$$W = -p_环(V_2 - V_1)$$

② 对于理想气体恒温可逆过程，即可逆过程中系统的压力与环境的压力相差无限小（$p_环 = p \pm dp$），有

$$\delta W_r = -p_环\, dV = -(p \pm dp)dV$$

二级无限小量相对一级无限小量可以略去，所以无限小可逆体积功为：

$$\delta W_r = -p\, dV$$

对于一定量理想气体恒温可逆过程，n 和 T 均为定值，将 $p = \dfrac{nRT}{V}$ 代入上式积分得

$$W_r = -nRT\ln\frac{V_2}{V_1} = -nRT\ln\frac{p_1}{p_2} \tag{2-36}$$

（4）绝热过程

① 绝热过程基本公式。对于封闭系统绝热过程，因 $Q=0$，则由热力学第一定律数学表达式得

$$\Delta U = W \tag{2-37}$$

无论绝热过程是否可逆，上式均成立。对于理想气体封闭系统的绝热过程，则由上式得

$$W = \Delta U = nc_{V,m}(T_2 - T_1) \tag{2-38}$$

② 理想气体绝热可逆过程方程。用热力学可以导出，理想气体绝热可逆过程方程为

$$T_1 V_1^{\gamma-1} = T_2 V_2^{\gamma-1} \tag{2-39}$$

式中 $\gamma = \dfrac{c_{p,\mathrm{m}}}{c_{V,\mathrm{m}}}$，称为热容比或绝热指数。

将 $T_1 = \dfrac{p_1 V_1}{nR}$ 和 $T_2 = \dfrac{p_2 V_2}{nR}$ 代入上式得

$$p_1 V_1^{\gamma} = p_2 V_2^{\gamma} \tag{2-40}$$

将 $V_1 = \dfrac{nRT_1}{p_1}$ 和 $V_2 = \dfrac{nRT_2}{p_2}$ 代入上式得

$$p_1^{1-\gamma} T_1^{\gamma} = p_2^{1-\gamma} T_2^{\gamma} \tag{2-41}$$

式(2-39)～式(2-41)都称为理想气体绝热可逆过程方程。应用条件是：温度变化范围不大的理想气体封闭系统，没有非体积功的绝热可逆过程。利用这三个方程，可以进行理想气体绝热可逆过程的 p、V、T 计算，然后再计算 W、ΔU 和 ΔH。

【例 2-5】 4mol 理想气体从 27℃ 等压加热到 327℃，求此过程的 Q、W、ΔU、ΔH。已知气体的 $c_{p,\mathrm{m}} = 30\mathrm{J/(mol \cdot K)}$。

解： 这是没有其他功的恒压升温过程。

$$Q_p = \Delta H = nc_{p,\mathrm{m}}(T_2 - T_1) = 4 \times 30 \times (600.15 - 300.15) = 36000(\mathrm{J})$$

根据式(2-35)

$$W = -nR(T_2 - T_1) = -4 \times 8.314 \times (600.15 - 300.15) = -9977(\mathrm{J})$$

$$\Delta U = Q_p + W = 36000 - 9977 = 26023(\mathrm{J})$$

或

$$\Delta U = nc_{V,\mathrm{m}}(T_2 - T_1) = n(c_{p,\mathrm{m}} - R)(T_2 - T_1)$$
$$= 4 \times (30 - 8.314) \times (600.15 - 300.15) = 26023(\mathrm{J})$$

【例 2-6】 10mol 理想气体由 25℃、$10^6\mathrm{Pa}$ 膨胀到 25℃、$10^5\mathrm{Pa}$，设过程为 （1）自由膨胀；（2）反抗恒外压 $10^5\mathrm{Pa}$ 膨胀；（3）恒温可逆膨胀。分别计算以上各过程的 Q、W、ΔU 和 ΔH。

解： 三个不同的恒温膨胀途径如下所示：

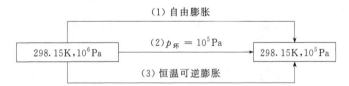

由于这三个不同的恒温膨胀途径具有相同的始态和终态，具有相同的状态函数变化量，即

$$\Delta H = \Delta U = 0$$

但功和热与途径有关。

（1）自由膨胀（$p_{环} = 0$）

$$W = 0 \quad Q = -W = 0$$

（2）反抗恒外压膨胀（$p_{环} = p_2$）

$$W = -p_{环}(V_2 - V_1) = -p_2 \left(\frac{nRT}{p_2} - \frac{nRT}{p_1}\right) = -nRT\left(1 - \frac{p_2}{p_1}\right)$$

$$=-10\times8.314\times298.15\times10^{-3}\times\left(1-\frac{10^5}{10^6}\right)=-22.31(\text{kJ})$$

$$Q=-W=22.31\text{kJ}$$

（3）恒温可逆膨胀

$$W=-nRT\ln\frac{p_1}{p_2}=-10\times8.314\times298.15\times10^{-3}\ln\frac{10^6}{10^5}=-57.08(\text{kJ})$$

$$Q=-W=57.08\text{kJ}$$

【例 2-7】 273K、500kPa、10dm³ 的 He 绝热可逆膨胀到 100kPa。求终态的温度和体积及此过程的 Q、W、ΔU 和 ΔH。（假设 He 为理想气体。）

解： 此绝热可逆过程为

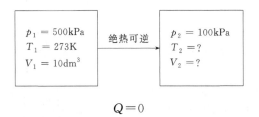

$$Q=0$$

He 的物质的量

$$n=\frac{p_1V_1}{RT_1}=\frac{500\times10^3\times10\times10^{-3}}{8.314\times273}=2.203(\text{mol})$$

He 为单原子分子理想气体，故

$$\gamma=\frac{c_{p,\text{m}}}{c_{V,\text{m}}}=\frac{2.5R}{1.5R}=\frac{5}{3}$$

根据式（2-41）

$$T_2=T_1\left(\frac{p_1}{p_2}\right)^{\frac{1-\gamma}{\gamma}}=273\times\left(\frac{500\times10^3}{100\times10^3}\right)^{-0.4}=143.4(\text{K})$$

$$V_2=\frac{nRT_2}{p_2}=\frac{2.203\times8.314\times143.4}{100\times10^3}=0.02626(\text{m}^3)=26.26(\text{dm}^3)$$

根据式（2-38）

$$W=\Delta U=nc_{V,\text{m}}(T_2-T_1)$$
$$=2.203\times1.5\times8.314\times(143.4-273)=-3561(\text{J})$$

$$\Delta H=nc_{p,\text{m}}(T_2-T_1)$$
$$=2.203\times2.5\times8.314\times(143.4-273)=-5934(\text{J})$$

【例 2-8】 273K、500kPa、10dm³ 的 He 反抗恒定外压 100kPa 绝热不可逆地膨胀到 100kPa。求终态的温度和体积及此过程的 Q、W、ΔU 和 ΔH。（假设 He 为理想气体）。

解： 此绝热恒外压不可逆过程为

$$Q = 0$$

He 的物质的量

$$n = \frac{p_1 V_1}{RT_1} = \frac{500 \times 10^3 \times 10 \times 10^{-3}}{8.314 \times 273} = 2.203 (\text{mol})$$

因为是绝热恒外压不可逆过程，故绝热可逆过程方程不能用。为了求 T_2，需用下式

$$\Delta U = W$$

即

$$nc_{V,\text{m}}(T_2 - T_1) = -p_{\text{环}}(V_2 - V_1)$$

将 $p_{\text{环}} = p_2$、$c_{V,\text{m}} = 1.5R$、$V_1 = \dfrac{nRT_1}{p_1}$ 和 $V_2 = \dfrac{nRT_2}{p_2}$ 代入上式得

$$1.5nR(T_2 - T_1) = -p_2\left(\frac{nRT_2}{p_2} - \frac{nRT_1}{p_1}\right)$$

化简得

$$1.5 \times (T_2 - T_1) = -T_2 + T_1\frac{p_2}{p_1}$$

代入已知数据

$$1.5 \times (T_2 - T_1) = -T_2 + 273 \times \frac{100 \times 10^3}{500 \times 10^3}$$

解得

$$T_2 = 185.64\text{K}$$

$$V_2 = \frac{nRT_2}{p_2} = \frac{2.203 \times 8.314 \times 185.64}{100 \times 10^3} = 0.034(\text{m}^3) = 34(\text{dm}^3)$$

$$W = \Delta U = nc_{V,\text{m}}(T_2 - T_1)$$
$$= 2.203 \times 1.5 \times 8.314 \times (185.64 - 273) = -2400(\text{J})$$

$$\Delta H = nc_{p,\text{m}}(T_2 - T_1) = 2.203 \times 2.5 \times 8.314 \times (185.64 - 273) = -4000(\text{J})$$

比较此题和上题的结果可以看出：从同一始态出发，经过绝热可逆过程与经过绝热不可逆过程，不能达到相同的终态。若达到相同的终态压力，则终态体积和终态温度不同；若达到相同的终态体积，则终态压力和终态温度不同。

凝聚态（固态或液态）物质的体积受压力、温度的影响很小，且其热力学能和焓受压力的影响很小，所以对于纯凝聚态物质封闭系统的 pVT 变化过程，若压力变化不大，则有

$$W \approx 0$$

$$Q \approx \Delta U \approx \Delta H \approx \int_{T_1}^{T_2} nc_{p,\text{m}}\mathrm{d}T \qquad (2\text{-}42)$$

（二）相变热及其计算

1. 相和相变

相是系统中物理性质和化学性质完全相同的均匀部分。例如，在 0℃、101.325kPa 下，某系统中水与冰平衡共存，虽然水和冰化学组成相同，但物理性质（如密度、$c_{p,\text{m}}$）不同。水和冰各自为性质完全相同的均匀部分。所以水是一个相，即液相；冰是另一个相，即固相。

物质从一个相变成另一个相的过程称为相变化，简称相变。纯物质的相变有以下四种类型：

$$\text{固相} \underset{\text{凝固(sol)}}{\overset{\text{熔化(fus)}}{\rightleftharpoons}} \text{液相} \qquad\qquad \text{液相} \underset{\text{冷凝(con)}}{\overset{\text{蒸发(vap)}}{\rightleftharpoons}} \text{气相}$$

$$\text{固相} \underset{\text{凝华(sgt)}}{\overset{\text{升华(sub)}}{\rightleftharpoons}} \text{气相} \qquad\qquad \text{固相(I)} \underset{\text{晶型转变(trs)}}{\overset{\text{晶型转变(trs)}}{\rightleftharpoons}} \text{固相(II)}$$

在相平衡温度、压力下进行的相变为可逆相变，否则为不可逆相变。例如，在100℃、101.325kPa下水和水蒸气之间的相变，在0℃、101.325kPa下水和冰之间的相变，均为可逆相变；而在100℃下水向真空中蒸发，在101.325kPa下−10℃的过冷水结冰均为不可逆相变。

2. 摩尔相变焓和相变热

1mol物质由α相变为β相时的焓变，称为摩尔相变焓，用符号$\Delta_\alpha^\beta H_m$表示，下标α表示相变的始态，上标β表示相变的终态。其单位为J/mol或kJ/mol。物质蒸发、熔化、升华等过程的摩尔相变焓分别用$\Delta_l^g H_m$、$\Delta_s^l H_m$、$\Delta_s^g H_m$等表示，也可以用符号$\Delta_{vap} H_m$、$\Delta_{fus} H_m$、$\Delta_{sub} H_m$等表示，其下标指明具体相变过程的性质。

因为焓是状态函数，所以在相同的温度和压力下，同一物质有

$$\Delta_l^g H_m = -\Delta_g^l H_m \qquad \Delta_s^l H_m = -\Delta_l^s H_m \qquad \Delta_s^g H_m = -\Delta_g^s H_m$$

固体的升华过程可看作是熔化和蒸发两过程的加和，故有

$$\Delta_s^g H_m = \Delta_s^l H_m + \Delta_l^g H_m$$

物质发生相变时吸收或放出的热，称为相变热。相变通常在恒温恒压且没有其他功的条件下进行，此时相变热等于相变过程的焓变（简称相变焓），即

$$Q_p = \Delta_\alpha^\beta H = n \Delta_\alpha^\beta H_m \tag{2-43}$$

常用物质在某些条件下的摩尔相变焓的实测数据可以从化学、化工手册中查到。在使用这些数据时要注意条件（温度、压力）及单位。

3. 相变过程的热力学能变、焓变、功和热的计算

（1）可逆相变 可逆相变（α→β）是恒温恒压且没有其他功的可逆过程，所以

$$Q_p = \Delta_\alpha^\beta H = n \Delta_\alpha^\beta H_m$$

$$W = -p\Delta V = -p(V_\beta - V_\alpha)$$

$$\Delta_\alpha^\beta U = Q_p + W$$

或

$$\Delta_\alpha^\beta U = \Delta_\alpha^\beta H - p\Delta V = \Delta_\alpha^\beta H - p(V_\beta - V_\alpha)$$

对于凝聚相之间的相变，由于相变过程的体积变化很小，则有

$$W \approx 0$$

$$\Delta_\alpha^\beta U \approx \Delta_\alpha^\beta H$$

对于气液或气固之间的相变，若β为气相，α为液相或固相，因为$V_\beta \gg V_\alpha$，所以

$$W \approx -pV_g$$

若气相可视为理想气体，则有

$$W \approx -pV_g \approx -nRT$$

（2）不可逆相变 在实际工作或化工生产过程中遇到的不可逆相变，大多在恒温恒压或恒温恒外压下进行。这类不可逆相变的功可直接用式(2-3)或式(2-4)计算。

不可逆相变的热力学能变和焓变的计算，通常需要设计可逆途径。在所设计的途径中应

含有已知的可逆相变和单纯的 pVT 变化，而不再含有不可逆相变。W、ΔU 和 ΔH 求出之后，就可利用热力学第一定律或恒压热与焓变的关系求得相变热。

【例 2-9】　在 101.325kPa 恒定压力下逐渐加热 2mol、0℃的冰，使之成为 100℃的水蒸气。求该过程的 Q、W 及 ΔU、ΔH。已知水的 $\Delta_{\mathrm{fus}}H_{\mathrm{m}}$（0℃）$=6.02\mathrm{kJ/mol}$，$\Delta_{\mathrm{vap}}H_{\mathrm{m}}$（100℃）$=40.6\mathrm{kJ/mol}$，液态水的恒压摩尔热容 $c_{p,\mathrm{m}}=75.3\mathrm{J/(k \cdot mol)}$。设水蒸气为理想气体，冰和水的体积可忽略。

解：　因为此过程涉及熔化、蒸发和升温，故可认为此过程分三步进行（如下框图所示）。

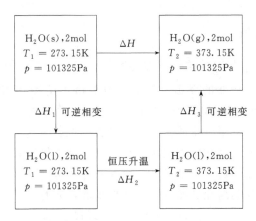

$$\Delta H_1 = n\Delta_{\mathrm{fus}}H_{\mathrm{m}} = 2 \times 6.02 = 12.04(\mathrm{kJ})$$

$$\Delta H_2 = nc_{p,\mathrm{m}}(T_2 - T_1) = 2 \times 75.3 \times (373.15 - 273.15) \times 10^{-3} = 15.06(\mathrm{kJ})$$

$$\Delta H_3 = n\Delta_{\mathrm{vap}}H_{\mathrm{m}} = 2 \times 40.6 = 81.2(\mathrm{kJ})$$

$$\Delta H = \Delta H_1 + \Delta H_2 + \Delta H_3 = 12.04 + 15.06 + 81.2 = 108.3(\mathrm{kJ})$$

由于整个过程是一个恒压过程，所以：

$$Q_p = \Delta H = 108.3\mathrm{kJ}$$

$$W = -p(V_{\mathrm{g}} - V_{\mathrm{s}}) \approx -pV_{\mathrm{g}} \approx -nRT_2 = -2 \times 8.314 \times 373.15 \times 10^{-3} = -6.2(\mathrm{kJ})$$

$$\Delta U = Q_p + W = 108.3 - 6.2 = 102.1(\mathrm{kJ})$$

【例 2-10】　已知甲醇的正常沸点为 64.9℃，在该温度下的摩尔蒸发焓 $\Delta_{\mathrm{vap}}H_{\mathrm{m}} = 35.27\mathrm{kJ/mol}$。在 64.9℃、1mol、101.325kPa 的液态甲醇反抗恒定外压 50.663kPa 蒸发为 50.663kPa 的甲醇蒸气。计算该过程的 W、Q 及 ΔU、ΔH。

解：　因为 $p_1 \neq p_2 = p_{环}$，所以这是恒温恒外压不可逆相变。设计如下可逆途径求 ΔH。

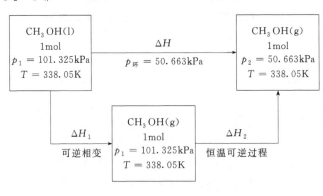

$$\Delta H_1 = \Delta_{\mathrm{vap}}H_{\mathrm{m}} = 35.27\mathrm{kJ}$$

在低压条件下，甲醇气体可视为理想气体，则

$$\Delta H_2 = 0$$
$$\Delta H = \Delta H_1 + \Delta H_2 = 35.27 kJ$$

因液体体积相对气体体积可以忽略，则

$$\Delta U = \Delta H - \Delta(pV) \approx \Delta H - p_2 V_g \approx \Delta H - nRT$$
$$= 35.27 - 8.314 \times 338.05 \times 10^{-3} = 32.46 (kJ)$$

计算功要用实际的恒外压过程

$$W = -p_{环}(V_g - V_1) \approx -p_2 V_g = -nRT = -8.314 \times 338.05 \times 10^{-3} = -2.81 (kJ)$$
$$Q = \Delta U - W = 32.46 + 2.81 = 35.27 (kJ)$$

(三) 化学反应热的计算

在化学反应过程中，由于分子、原子间化学键的重新组合，常伴有热效应的发生。但是化学反应可以在各式各样的情况下发生，于是热效应也就各不相同。为了在处理反应热效应上有一致的基准，通常规定在恒温且无非体积功时系统发生化学反应与环境交换的热称为化学反应热效应，简称反应热。反应热一般分为两种，即恒容热效应和恒压热效应，而后者更为常见。要进行化学反应热的计算，必须先从化学反应进度、物质的标准状态、标准摩尔反应焓等基本概念入手。

1. 基本概念

(1) 化学计量数　任意反应，如

$$a A + b B \Longrightarrow y Y + z Z$$

按照热力学表述状态函数变化量的习惯，用（终态−始态）的方式，上述化学计量方程式可改写成

$$0 = y Y + z Z - a A - b B$$

上式可简写成

$$0 = \sum_B \nu_B B \tag{2-44}$$

式中，B 表示参加反应的任一物质，ν_B 为 B 的化学计量数。ν_B 对反应物为负，对产物为正，即 $\nu_A = -a$，$\nu_B = -b$，$\nu_Y = y$，$\nu_Z = z$。

对于同一反应，化学计量数 ν_B 的数值与反应方程式的写法有关。例如合成氨反应，若反应方程式写成

$$N_2(g) + 3H_2(g) \Longrightarrow 2NH_3(g)$$

则 $\nu(N_2) = -1$，$\nu(H_2) = -3$，$\nu(NH_3) = 2$。

若反应计量方程式写成

$$\frac{1}{2}N_2(g) + \frac{3}{2}H_2(g) \Longrightarrow NH_3(g)$$

则 $\nu(N_2) = -0.5$，$\nu(H_2) = -1.5$，$\nu(NH_3) = 1$。

(2) 反应进度　为了从数量上统一表达化学反应进行的程度，需要引入一个重要的物理量——反应进度，用符号 ξ 表示。对于式(2-44) 表示的任意反应，反应进度按下式定义：

$$n_B(\xi) = n_B(0) + \nu_B \xi \tag{2-45}$$

即
$$\xi = \frac{n_B(\xi) - n_B(0)}{\nu_B} = \frac{\Delta n_B}{\nu_B} \qquad (2\text{-}46)$$

式中，$n(0)$、$n(\xi)$ 分别是反应开始时（$\xi=0$）和反应进行到 ξ 时系统中物质 B 的物质的量。由上式可知，ξ 的单位为 mol。若反应在某时刻的反应进度为 ξ_1，而另一时刻为 ξ_2，则由式(2-45) 得

$$n_B(\xi_2) - n_B(\xi_1) = \nu_B(\xi_2 - \xi_1)$$

即
$$\Delta\xi = \frac{\Delta n_B}{\nu_B} \qquad (2\text{-}47)$$

当系统中进行微量反应时，微分式(2-46) 得

$$d\xi = \frac{dn_B}{\nu_B} \qquad (2\text{-}48)$$

由式(2-46) 可知，反应开始前，$\Delta n_B=0$，$\xi=0$；随着反应进行，Δn_B 的绝对值不断增大，ξ 也逐渐增大，所以反应进度是表示反应进行程度的度量。由式(2-46) 和式(2-47) 可知，当反应进行到 $\Delta n_B = \nu_B$ mol 时，ξ 或 $\Delta\xi$ 等于 1，称系统中发生了 1mol 反应进度的反应（简称 1mol 反应）。因此，发生 1mol 反应进度的反应时，各物质的量的变化恰好是 ν_B mol。

在同一时刻，同一反应中任一物质的 $\Delta n_B/\nu_B$ 的数值都相同，所以 ξ 的数值与选用何种物质来进行计算无关。

由于化学计量数 ν_B 与反应方程式的写法有关，因此 ξ 的数值还与反应方程式的写法有关。例如，在甲醇合成反应中，消耗了 0.5mol CO，即 $\Delta n(CO) = -0.5$mol。

若反应方程式写成 $CO + 2H_2 \xrightarrow{\quad} CH_3OH$，则

$$\Delta\xi = \frac{\Delta n(CO)}{\nu(CO)} = \frac{-0.5}{-1} = 0.5(mol)$$

若化学方程式写成 $\frac{1}{2}CO + H_2 \xrightarrow{\quad} \frac{1}{2}CH_3OH$，则 $\Delta\xi = 1$mol。所以，提到反应进度时，必须指明反应方程式。

（3）摩尔反应焓　化学反应的焓变以 $\Delta_r H$ 表示，下标"r"表示化学反应。由于 H 是广延性质，因此 $\Delta_r H$ 的数值大小取决于反应进度，不同的反应进度，有不同的 $\Delta_r H$。

发生 1mol 反应进度的反应时的焓变，称为摩尔反应焓，用符号 $\Delta_r H_m$ 表示。在恒温下，如果反应系统中反应进度从 ξ_1 变化到 ξ_2 时焓变为 $\Delta_r H$，则

$$\Delta_r H_m = \frac{\Delta_r H}{\Delta\xi} \qquad (2\text{-}49)$$

由上式可知，$\Delta_r H_m$ 的单位为 kJ/mol。由于反应进度 ξ 的定义与反应计量方程式的写法有关，因此 $\Delta_r H_m$ 与反应计量方程式的写法有关。

（4）物质的标准状态　许多热力学量如 U、H 等的绝对值无法测定，只能测得由于温度、压力和组成等发生变化时这些热力学量的改变值，即只能测得相对值。为了使同一物质在不同的化学反应中能够有一个公共的参考状态，就要规定标准状态，以便作为建立基础数据的严格基准，热力学对物质的标准状态（简称标准态）作如下规定。

① 气体的标准态是在标准压力 $p^\ominus$（100kPa）下表现出理想气体性质的纯气体物质 B 的状态，这是一种假想状态。

② 纯液态（或固态）的标准态是标准压力 $p^\ominus$ 下纯液态（或固态）的状态。

由于温度没有指定，因此每个温度下都有一套气体、液体和固体的标准态。不过，通常查表所得的热力学标准态的有关数据大多是在 298.15K 时的数据。

热力学中物理量的上标"$\ominus$"表示标准态。如物质 B 处于温度 T 的标准态时的标准摩尔焓应表示为 $H_m^{\ominus}$（B，T）。

（5）化学反应的标准摩尔反应焓 当反应物和产物均处于温度 T 的标准态时，摩尔反应焓称为该温度下的标准摩尔反应焓，以 $\Delta_r H_m^{\ominus}(T)$ 表示。对于反应 $a\text{A}+b\text{B} \Longrightarrow y\text{Y}+z\text{Z}$，则有

$$\Delta_r H_m^{\ominus}(T) = yH_m^{\ominus}(\text{Y,相态},T) + zH_m^{\ominus}(\text{Z,相态},T)$$
$$-aH_m^{\ominus}(\text{A,相态},T) - bH_m^{\ominus}(\text{B,相态},T)$$

上式可简写成

$$\Delta_r H_m^{\ominus} = \sum_B \nu_B H_m^{\ominus}(\text{B,相态},T) \tag{2-50}$$

式中，物质 B 的标准摩尔焓 $H_m^{\ominus}$（B，相态，T）由温度 T 确定，所以任意反应方程式的标准摩尔反应焓只是温度的函数。

应当指出，某温度下各物质处于标准态下的标准摩尔反应焓 $\Delta_r H_m^{\ominus}(T)$ 与所有反应物处于标准压力混合状态下反应（即实际反应）的摩尔反应焓 $\Delta_r H_m(T)$ 之间是有差别的，两者之间相差一个混合焓及压力对各物质摩尔焓的影响。若化学反应中，液相和固相为纯物质，气体可视为理想气体，则 $\Delta_r H_m^{\ominus}(T)$ 与 $\Delta_r H_m(T)$ 相近，可以认为：

$$\Delta_r H_m(T) = \Delta_r H_m^{\ominus}(T) \tag{2-51}$$

（6）恒容反应热和恒压反应热

① 恒容反应热。在恒温恒容且不做非体积功的条件下，化学反应吸收或放出的热量，称为恒容反应热，用符号 Q_V 表示。

根据式（2-11）可知，恒容反应热等于化学反应的热力学能变，即

$$Q_V = \Delta_r U \tag{2-52}$$

所以恒容反应热可以用 $\Delta_r U$ 表示。

② 恒压反应热。在恒温恒压且不做非体积功的条件下，化学反应吸收或放出的热量，称为恒压反应热，用符号 Q_p 表示。

根据式（2-13）可知，恒压反应热等于化学反应的焓变，即

$$Q_p = \Delta_r H \tag{2-53}$$

所以恒压反应热可以用 $\Delta_r H$ 表示。

③ 恒压反应热与恒容反应热的关系。由于恒压反应热的测定比恒容反应热困难，但它的用处比恒容反应热更为广泛，因此，有必要找到恒压反应热与恒容反应热之间的关系，从而能间接地得到恒压反应热。

在恒温恒压且不做非体积功的条件下，化学反应有

$$\Delta_r H_m = \Delta_r U_m + p\Delta_r V_m \tag{2-54}$$

式中，$\Delta_r V_m$ 是恒温恒压下进行 1mol 反应时系统体积的变化量。上式中 $\Delta_r H_m$ 与 $\Delta_r U_m$ 的关系，也就是恒压摩尔反应热 $Q_{p,m}$ 与恒容摩尔反应热 $Q_{V,m}$ 的关系，故上式可改写成

$$Q_{p,m} = Q_{V,m} + p\Delta_r V_m \tag{2-55}$$

对于反应物和产物中没有气体参加的凝聚态间的反应，因为反应过程中系统体积变化很小，$p\Delta_r V_m$ 与 $\Delta_r U_m$ 相比可以忽略，所以

$$\Delta_r H_m = \Delta_r U_m$$

$$Q_{p,m} = Q_{V,m}$$

对于反应物和产物中有气体参加的反应，由于气体的体积比固体、液体大得多，所以 $\Delta_r V_m$ 可看作是反应过程中气体体积的变化量。将气体视为理想气体，则有

$$\Delta_r V_m = V(\text{产物},g) - V(\text{反应物},g) = \frac{n(\text{产物},g)RT}{p} - \frac{n(\text{反应物},g)RT}{p}$$

$$= \frac{[n(\text{产物},g) - n(\text{反应物},g)]RT}{p} = \frac{RT\sum_B \nu(B,g)}{p}$$

将上式代入式(2-54) 和式(2-55)，得

$$\Delta_r H_m = \Delta_r U_m + RT\sum_B \nu(B,g) \tag{2-56}$$

$$Q_{p,m} = Q_{V,m} + RT\sum_B \nu(B,g) \tag{2-57}$$

式中，$\sum_B \nu(B,g)$ 是反应系统中气体物质的化学计量数的代数和。

【例 2-11】 已知 298K 时下列反应的恒容摩尔反应热 $Q_{V,m} = -4.15\times10^3\,\text{kJ/mol}$，求该反应在 298K 时的恒压摩尔反应热 $Q_{p,m}$。

$$C_6H_{14}(l) + 9\frac{1}{2}O_2(g) = 6CO_2(g) + 7H_2O(l)$$

解： 根据式(2-57)

$$\begin{aligned}
Q_{p,m} &= Q_{V,m} + \sum_B \nu(B,g)RT \\
&= -4.15\times10^3 + (6-9.5)\times8.314\times298\times10^{-3} \\
&= -4.16\times10^3\,(\text{kJ/mol})
\end{aligned}$$

2. 标准摩尔反应焓的计算

这里介绍计算标准摩尔反应焓的几种方法。

（1）盖斯定律　化学反应的反应热是进行化工设计极为重要的数据，但并非所有化学反应热都能通过实验测定。某些反应伴随着副反应发生，难以直接测得反应热。例如，C(石墨)$+\frac{1}{2}O_2(g)$===CO(g)这个反应常伴随着生成 CO_2 的副反应，因此其反应热不易测定。这就需要有间接计算反应热的方法。

1840 年，盖斯从大量实验中总结出一条经验规律："一个反应不管是一步完成还是分几步完成，其反应热总是相同的。"即反应热只与反应的始态和终态有关，而与反应所经历的途径无关。

热本来是与途径有关的量，但由于盖斯所做测定反应热的实验都是在没有其他功的恒容或恒压条件下进行的，所以反应热等于 $\Delta_r U$ 或 $\Delta_r H$，这使得反应热成为只取决于反应的始态和终态，而与反应途径无关的量。显然，盖斯定律是热力学第一定律的必然结果，也可以说是热力学第一定律在化学反应过程中的一个应用。热力学第一定律不仅完满地解释了盖斯

定律，而且指明它的使用条件，即反应必须在没有其他功的恒容或恒压下进行。

盖斯定律奠定了整个热化学的基础。它的重要意义在于，能利用一些反应的已知热效应，方便地求得另一些反应的未知热效应，特别是能求出实验测量有困难的反应的热效应，能预言尚不能实现的反应的热效应。

实际应用盖斯定律时，只需把热化学方程式视为代数方程式进行四则运算。在求出指定化学方程式后，反应热也按同样的运算方法处理，即可求出相应的反应热。但必须注意，对化学反应方程式进行运算时，相同物质的状态（聚集状态、温度、压力等）必须相同，才可作为同类项进行运算（相消或合并）。

【例 2-12】 已知 298.15K 时，

(1) $C(石墨) + O_2(g) = CO_2(g)$；$\Delta_r H_{m,1}^\ominus = -393.5 kJ/mol$

(2) $CO(g) + \frac{1}{2}O_2(g) = CO_2(g)$；$\Delta_r H_{m,2}^\ominus = -283 kJ/mol$

求算反应

(3) $C(石墨) + \frac{1}{2}O_2(g) = CO(g)$；$\Delta_r H_{m,3}^\ominus = ?$

解： 反应（3）＝反应（1）－反应（2）

所以

$$\Delta_r H_{m,3}^\ominus = \Delta_r H_{m,2}^\ominus - \Delta_r H_{m,1}^\ominus$$
$$= -393.5 - (-283) = -110.5(kJ/mol)$$

【例 2-13】 已知 298.15K 时，

(1) $CO(g) + \frac{1}{2}O_2(g) = CO_2(g)$；$\Delta_r H_{m,1}^\ominus = -283 kJ/mol$

(2) $H_2(g) + \frac{1}{2}O_2(g) = H_2O(l)$；$\Delta_r H_{m,2}^\ominus = -285.83 kJ/mol$

(3) $C_2H_5OH(l) + 3O_2(g) = 3H_2O(l) + 2CO_2(g)$；$\Delta_r H_{m,3}^\ominus = -1367 kJ/mol$

求算反应

(4) $2CO(g) + 4H_2(g) = C_2H_5OH(l) + H_2O(l)$；$\Delta_r H_{m,4}^\ominus = ?$

解： 反应(4)＝反应(1)×2＋反应(2)×4－反应(3)

所以

$$\Delta_r H_{m,4}^\ominus = \Delta_r H_{m,1}^\ominus \times 2 + \Delta_r H_{m,2}^\ominus \times 4 - \Delta_r H_{m,3}^\ominus$$
$$= (-283 \times 2) + (-285.83 \times 4) - (-1367) = -342.32(kJ/mol)$$

(2) 标准摩尔生成焓

① 标准摩尔生成焓。在温度为 T 的标准状态下，由稳定相态单质生成 1mol 指定相态的化合物 B 的焓变，称为化合物 B 在温度 T 时标准摩尔生成焓，用符号 $\Delta_f H_m^\ominus$(B，相态，T) 表示，下标 f 表示生成反应，单位为 kJ/mol。

大多数单质在常温常压下的稳定相态是人们熟悉的，例如 $H_2(g)$、$O_2(g)$、$Cl_2(g)$、$Br_2(l)$、$Hg(l)$ 和 $Ag(s)$ 等。但是在常温常压下，某些单质有多种相态，其中只有一种是稳定相态。例如在常温常压下，碳有三种相态：石墨、金刚石和无定形碳，其中最稳定的是石墨，所以石墨是碳的稳定相态。又例如，常温常压下，硫的稳定相态是正交硫，而不是单斜硫。因此，$CO_2(g)$ 的标准摩尔生成焓 $\Delta_f H_m^\ominus(CO_2, g, 298.15K)$ 是下列反应的标准摩尔反应焓：

$$C(\text{石墨})+O_2(g)\!=\!=\!CO_2(g)$$

同样，$H_2SO_4(l)$ 的标准摩尔生成焓 $\Delta_f H_m^{\ominus}(H_2SO_4, l, 298.15K)$ 是下列反应的标准摩尔反应焓：

$$H_2(g)+S(\text{正交})+2O_2(g)\!=\!=\!H_2SO_4(l)$$

根据标准摩尔生成焓的定义，稳定相态单质的标准摩尔生成焓为零，而非稳定相态单质的标准摩尔生成焓不为零。如 $\Delta_f H_m^{\ominus}(C, \text{石墨}, 298.15K)=0$，而 $\Delta_f H_m^{\ominus}(C, \text{金刚石}, 298.15K)\neq0$。同一化合物的相态不同时，其标准摩尔生成焓也不同。如 298.15K 时，$\Delta_f H_m^{\ominus}(H_2O, l)=-285.83kJ/mol$，而 $\Delta_f H_m^{\ominus}(H_2O, g)=-241.82kJ/mol$。

标准摩尔生成焓是衡量物质热稳定性的重要物理量之一。$\Delta_f H_m^{\ominus}(B, \text{相态}, T)$ 越负，物质 B 越稳定。可以从物理化学手册和教材附录中查到部分物质的 $\Delta_f H_m^{\ominus}(B, \text{相态}, 298.15K)$ 的数据。

② 由标准摩尔生成焓求标准摩尔反应焓。通常的化学反应，反应物和产物含有相同的原子种类和物质的量，均可由同样物质的量的相同种类的单质生成。因此，任意化学反应与生成反应间的关系如下框图所示。

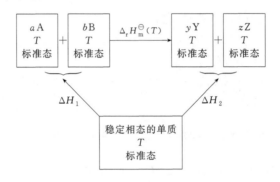

根据盖斯定律

$$\Delta H_1+\Delta_r H_m^{\ominus}(T)=\Delta H_2$$

即

$$\Delta_r H_m^{\ominus}(T)=\Delta H_2-\Delta H_1$$

因为

$$\Delta H_1=a\Delta_f H_m^{\ominus}(A, T)+b\Delta_f H_m^{\ominus}(B, T)$$

$$\Delta H_2=y\Delta_f H_m^{\ominus}(Y, T)+z\Delta_f H_m^{\ominus}(Z, T)$$

所以

$$\Delta_r H_m^{\ominus}(T)=[y\Delta_f H_m^{\ominus}(Y, T)+z\Delta_f H_m^{\ominus}(Z, T)]$$
$$-[a\Delta_f H_m^{\ominus}(A, T)+b\Delta_f H_m^{\ominus}(B, T)]$$

上式可简写成

$$\Delta_r H_m^{\ominus}(T)=\sum_B \nu_B \Delta_f H_m^{\ominus}(B, T) \tag{2-58}$$

上式表明标准摩尔反应焓等于产物的标准摩尔生成焓之和减去反应物的标准摩尔生成焓之和，也就是参加反应各物质的标准摩尔生成焓与相应的化学计量数乘积的代数和。

【例 2-14】 利用标准摩尔生成焓数据，计算下列反应的 $\Delta_r H_m^{\ominus}(298.15K)$。

$$2C_2H_5OH(g)\!=\!=\!C_4H_6(g)+2H_2O(g)+H_2(g)$$

解：查得在 298.15K 各有关物质的标准摩尔生成焓如下：

$$\Delta_f H_m^{\ominus}(C_2H_5OH, g)=-235.1kJ/mol$$

$$\Delta_f H_m^{\ominus}(C_4H_6, g)=111.9kJ/mol$$

$$\Delta_f H_m^{\ominus}(H_2O,g) = -241.82\text{kJ/mol}$$

将查得的数据代入式(2-58)

$$\Delta_r H_m^{\ominus}(298.15K) = \Delta_f H_m^{\ominus}(C_4H_6,g) + 2\Delta_f H_m^{\ominus}(H_2O,g) - 2\Delta_f H_m^{\ominus}(C_2H_5OH,g)$$
$$= 111.9 + 2\times(-241.82) - 2\times(-235.1) = 98.46(\text{kJ/mol})$$

（3）标准摩尔燃烧焓

① 标准摩尔燃烧焓。在温度为 T 的标准态下，1mol 指定相态的物质 B 与氧气进行完全氧化反应（即燃烧反应）的焓变，称为物质 B 在温度 T 时的标准摩尔燃烧焓，用符号 $\Delta_c H_m^{\ominus}(B,\text{相态},T)$ 表示，下标 c 表示燃烧，单位为 kJ/mol。

所谓完全氧化反应是指物质通过与 O_2 反应，物质中的 C 变为 $CO_2(g)$，H 变为 H_2O (l)，N 变为 $N_2(g)$，S 变为 $SO_2(g)$，Cl 变为 HCl 水溶液。如液体苯胺的标准摩尔燃烧焓 $\Delta_c H_m^{\ominus}(C_6H_5NH_2,l,298.15K)$ 就是下列反应的标准摩尔反应焓：

$$C_6H_5NH_2(l) + 7\frac{3}{4}O_2(g) = 6CO_2(g) + 3\frac{1}{2}H_2O(l) + \frac{1}{2}N_2(g)$$

根据标准摩尔燃烧焓的定义可知，助燃物 O_2 和指定的燃烧产物的标准摩尔燃烧焓为零。例如在 298.15K，$\Delta_c H_m^{\ominus}(O_2,g) = 0$，$\Delta_c H_m^{\ominus}(CO_2,g) = 0$，$\Delta_c H_m^{\ominus}(H_2O,l) = 0$，而 $\Delta_c H_m^{\ominus}(H_2O,g) \neq 0$。

由标准摩尔生成焓和标准摩尔燃烧焓的定义可知：

$$\Delta_f H_m^{\ominus}(CO_2,g,T) = \Delta_c H_m^{\ominus}(C,\text{石墨},T)$$
$$\Delta_f H_m^{\ominus}(H_2O,l,T) = \Delta_c H_m^{\ominus}(H_2,g,T)$$

可从物理化学手册和教材附录中查到部分物质的 $\Delta_c H_m^{\ominus}(B,\text{相态},298.15K)$，应当注意，不同的书对指定燃烧产物的规定不完全相同。

② 由标准摩尔燃烧焓计算标准摩尔反应焓。对于任意反应 $a A + b B = y Y + z Z$，由于反应物和产物含有相同种类和相同物质的量的原子，因此它们与相同物质的量的氧气发生燃烧反应的产物应完全相同。根据盖斯定律可导出下式：

$$\Delta_r H_m^{\ominus}(T) = [a\Delta_c H_m^{\ominus}(A,T) + b\Delta_c H_m^{\ominus}(B,T)]$$
$$- [y\Delta_c H_m^{\ominus}(Y,T) + z\Delta_c H_m^{\ominus}(Z,T)]$$

上式可简写成

$$\Delta_r H_m^{\ominus}(T) = -\sum_B \nu_B \Delta_c H_m^{\ominus}(B,T) \tag{2-59}$$

上式表明标准摩尔反应焓等于反应物的标准摩尔燃烧焓之和减去产物的标准摩尔燃烧焓之和，也就是参加反应各物质的标准摩尔燃烧焓与化学计量数乘积的代数和的负值。

【例 2-15】 利用标准燃烧焓数据，计算下列反应的 $\Delta_r H_m^{\ominus}$（298.15K）。

$$(COOH)_2(s) + 2CH_3OH(l) = (COOH_3)_2(l) + 2H_2O(l)$$

草酸   草酸二甲酯

解：查得 298.15K 时各有关物质的标准摩尔燃烧焓如下：

$$\Delta_c H_m^{\ominus}[(COOH)_2,s] = -246\text{kJ/mol}$$
$$\Delta_c H_m^{\ominus}[CH_3OH,l] = -726.5\text{kJ/mol}$$
$$\Delta_c H_m^{\ominus}[(COOCH_3)_2,l] = -1678\text{kJ/mol}$$

将查得的数据代入式(2-59)

$$\Delta_r H_m^{\ominus}(298.15K) = \Delta_c H_m^{\ominus}[(COOH)_2, s] + 2\Delta_c H_m^{\ominus}[CH_3OH, l] - \Delta_c H_m^{\ominus}[(COOCH_3)_2, l]$$
$$= -246 + 2 \times (-726.5) - (-1678) = -21(kJ/mol)$$

3. 标准摩尔反应焓与温度的关系

由上面的讨论可知，根据标准摩尔生成焓或标准摩尔燃烧焓可以计算各种化学反应在298.15K时的标准摩尔反应焓。但是化学反应可以在各种温度下进行，若要计算一个化学反应在任意温度 T 时的标准摩尔反应焓，就需要导出它与温度的关系。

对于任意反应 $aA + bB \Longrightarrow yY + zZ$，在恒温 T 下进行的标准摩尔反应焓为

$$\Delta_r H_m^{\ominus}(T) = [yH_m^{\ominus}(Y, T) + zH_m^{\ominus}(Z, T)] - [aH_m^{\ominus}(A, T) - bH_m^{\ominus}(B, T)]$$

在保持压力不变的条件下，将上式对温度求偏导，得

$$\left[\frac{\partial \Delta_r H_m^{\ominus}(T)}{\partial T}\right]_p = \left\{ y\left[\frac{\partial H_m^{\ominus}(Y, T)}{\partial T}\right]_p + z\left[\frac{\partial H_m^{\ominus}(Z, T)}{\partial T}\right]_p \right\}$$
$$- \left\{ a\left[\frac{\partial H_m^{\ominus}(A, T)}{\partial T}\right]_p + b\left[\frac{\partial H_m^{\ominus}(B, T)}{\partial T}\right]_p \right\}$$

由式(2-23)可知，$\left[\dfrac{\partial H_m^{\ominus}(B, T)}{\partial T}\right]_p = c_{p,m}(B)$，故

$$\left[\frac{\partial \Delta_r H_m^{\ominus}(T)}{\partial T}\right]_p = [yc_{p,m}(Y) + zc_{p,m}(Z)] - [ac_{p,m}(A) + bc_{p,m}(B)]$$
$$= \sum_B \nu_B c_{p,m}(B) \tag{2-60}$$

令
$$\Delta_r c_{p,m} = \sum_B \nu_B c_{p,m}(B) \tag{2-61}$$

$\Delta_r c_{p,m}$ 称为化学反应的摩尔热容差，简称热容差，它等于产物的恒压摩尔热容之和减去反应物的恒压摩尔热容之和。将式(2-61)代入式(2-60)，则得

$$\left[\frac{\partial \Delta_r H_m^{\ominus}(T)}{\partial T}\right]_p = \Delta_r c_{p,m} \tag{2-62}$$

这就是基尔霍夫公式的微分式。上式表明，若 $\Delta_r c_{p,m} = 0$，则 $\Delta_r H_m(T)$ 将不受温度的影响；若 $\Delta_r c_{p,m} > 0$，则 $\Delta_r H_m(T)$ 将随温度升高而增大；若 $\Delta_r c_{p,m} < 0$，则 $\Delta_r H_m(T)$ 将随温度升高而减小。在298.15K和任意温度 T 之间对上式积分，得

$$\Delta_r H_m^{\ominus}(T) = \Delta_r H_m^{\ominus}(298.15K) + \int_{298.15K}^{T} \Delta_r c_{p,m} dT \tag{2-63}$$

式中　$\Delta_r H_m^{\ominus}(298.15K)$——298.15K 时的标准摩尔反应焓，kJ/mol；

　　　$\Delta_r H_m^{\ominus}(T)$——温度为 T 时的标准摩尔反应焓，kJ/mol。

这就是基尔霍夫公式的定积分式。对于指定反应，如果知道 $\Delta_r H_m^{\ominus}(298.15K)$ 和各反应组分的 $c_{p,m}$，就可由上式求出任意温度 T 时的 $\Delta_r H_m^{\ominus}(T)$。若各反应组分的 $c_{p,m}$ 均为常数，上式可简化为

$$\Delta_r H_m^{\ominus}(T) = \Delta_r H_m^{\ominus}(298.15K) + \Delta_r c_{p,m}(T - 298.15K) \tag{2-64}$$

若温度变化范围较大，各反应组分的 $c_{p,m}$ 是温度的函数。如果采用式(2-28)表示 $c_{p,m}$ 与温度的关系

$$c_{p,m} = a + bT + cT^2$$

则 $$\Delta_r c_{p,m} = \Delta a + \Delta b T + \Delta c T^2 \qquad (2\text{-}65)$$

式中 $$\Delta a = \sum_B \nu_B a(B)$$

$$\Delta b = \sum_B \nu_B b(B)$$

$$\Delta c = \sum_B \nu_B c(B)$$

将式(2-65)代入式(2-63)并积分，得

$$\Delta_r H_m^{\ominus}(T) = \Delta_r H_m^{\ominus}(298.15K) + \Delta a(T - 298.15) + \frac{1}{2}(T^2 - 298.15^2)$$

$$+ \frac{1}{3}(T^3 - 298.15^3) \qquad (2\text{-}66)$$

由不定积分式(2-62)，得

$$\Delta_r H_m^{\ominus}(T) = \Delta H_0 + \int \Delta_r c_{p,m} dT \qquad (2\text{-}67)$$

这就是基尔霍夫公式的不定积分式，式中 ΔH_0 为积分常数。若 $\Delta_r c_{p,m}$ 与 T 的关系如式(2-65)，代入上式积分得

$$\Delta_r H_m^{\ominus}(T) = \Delta H_0 + \Delta a T + \frac{1}{2}\Delta b T^2 + \frac{1}{3}\Delta c T^3 \qquad (2\text{-}68)$$

对于指定反应，将 298.15K 和 $\Delta_r H_m^{\ominus}(298.15K)$ 代入上式，即可求出积分常数 ΔH_0。上式把标准摩尔反应焓表示成温度的函数，只要给定一个温度 T，就能方便地求出该温度下的 $\Delta_r H_m^{\ominus}(T)$。

【例 2-16】 已知反应 $N_2(g) + 3H_2(g) \Longrightarrow 2NH_3(g)$ 的 $\Delta_r H_m^{\ominus}(298.15K) = -92.22kJ/mol$，$\overline{c}_{p,m}(N_2) = 29.65J/(K \cdot mol)$，$\overline{c}_{p,m}(H_2) = 28.56J/(K \cdot mol)$，$\overline{c}_{p,m}(NH_3) = 40.12J/(K \cdot mol)$。求此反应的 $\Delta_r H_m^{\ominus}(500K)$。

解： 根据式(2-61)

$$\Delta_r c_{p,m} = 2\overline{c}_{p,m}(NH_3) - \overline{c}_{p,m}(N_2) - 3\overline{c}_{p,m}(H_2)$$
$$= 2 \times 40.12 - 29.65 - 3 \times 28.56 = -35.09[J/(K \cdot mol)]$$

将 $\Delta_r c_{p,m}$ 和 $T = 500K$ 代入式(2-63)

$$\Delta_r H_m^{\ominus}(500K) = \Delta_r H_m^{\ominus}(298.15K) + \int_{298.15K}^{500K} \Delta_r c_{p,m} dT$$

$$= -92.22 - 35.1 \times 10^{-3} \times (500 - 298.15) = -99.3(kJ/mol)$$

应当注意，基尔霍夫公式仅适用于在 298.15K 到 T 之间参加反应的各种物质均不发生相变化的情况。如果有相变化，需要根据具体情况设计出包括相变的多步过程进行计算。

若一化学反应的反应物与产物的温度不同时，其摩尔反应焓的计算不能用基尔霍夫公式，而应设计途径进行计算。

【例 2-17】 在 101325Pa 下，CO(g) 与 H_2O (g) 以理论配比进行下列反应：

$$CO(g) + H_2O(g) \Longrightarrow CO_2(g) + H_2(g)$$

反应可以进行得很完全。始态反应物为 150℃，终态产物为 450℃。求此反应的 $\Delta_r H_m$。已知：

物　　质	CO(g)	CO$_2$(g)	H$_2$O(g)	H$_2$(g)
$\Delta_f H_m^{\ominus}$(298.15K)/(kJ/mol)	−110.52	−393.51	−241.82	0
$\bar{c}_{p,m}$/[J/(K·mol)]	29.15	43.92	34.12	29

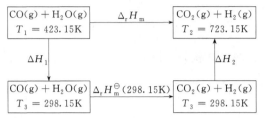

解： 设计如框图所示的途径。

$$\Delta H_1 = [\bar{c}_{p,m}(CO,g) + \bar{c}_{p,m}(H_2O,g)](T_3 - T_1)$$

$$= (29.15 + 34.12) \times 10^{-3} \times (298.15 - 423.15) = -7.91(kJ/mol)$$

$$\Delta_r H_m^{\ominus}(298.15K) = \Delta_f H_m^{\ominus}(CO_2,g) - \Delta_f H_m^{\ominus}(CO,g) - \Delta_f H_m^{\ominus}(H_2O,g)$$

$$= -393.51 - (-110.52) - (-241.82) = -41.17(kJ/mol)$$

$$\Delta H_2 = [\bar{c}_{p,m}(CO_2,g) + \bar{c}_{p,m}(H_2,g)](T_2 - T_3)$$

$$= (43.92 + 29) \times 10^{-3} \times (723.15 - 298.15) = 30.99(kJ/mol)$$

所以

$$\Delta_r H_m = \Delta H_1 + \Delta_r H_m^{\ominus}(298.15K) + \Delta H_2$$

$$= -7.91 - 41.17 + 30.99 = -18.09(kJ/mol)$$

基尔霍夫公式可近似适用于物质的摩尔相变焓与温度的关系。即对于物质 B 的相变 B(α)══B(β)，温度 T_1 时的摩尔相变焓 $\Delta_\alpha^\beta H_m(T_1)$ 与温度 T_2 时的摩尔相变焓 $\Delta_\alpha^\beta H_m(T_2)$ 有如下关系：

$$\Delta_\alpha^\beta H_m(T_2) = \Delta_\alpha^\beta H_m(T_1) + \int_{T_1}^{T_2} \Delta_\alpha^\beta c_{p,m} dT \tag{2-69}$$

式中，$\Delta_\alpha^\beta c_{p,m} = c_{p,m}(B,\beta) - c_{p,m}(B,\alpha)$。

【例 2-18】 试计算在 25℃和 $p^{\ominus}$ 下，液态水的摩尔蒸发焓。已知在 100℃和 $p^{\ominus}$ 下，液态水的摩尔蒸发焓为 40.6kJ/mol。在此温度区间内，水和水蒸气的平均恒压摩尔热容分别为 75.3J/(K·mol) 及 33.2J/(K·mol)。

解： H$_2$O(l)══H$_2$O(g)

将 $T_1 = 373.15K$，$T_2 = 298.15K$，$c_{p,m}$(l) 和 $c_{p,m}$(g) 代入式(2-69)：

$$\Delta_{vap}H_m(298.15K) = \Delta_{vap}H_m(373.15K) + \int_{373.15K}^{298.15K}[c_{p,m}(g) - c_{p,m}(l)]dT$$

$$= 40.6 + (33.2 - 75.3) \times 10^{-3} \times (298.15 - 373.15)$$

$$= 43.76(kJ/mol)$$

第三节　热力学第二定律

热力学第一定律是能量守恒与转化定律。自然界实际发生的过程，都服从热力学第一定律。但是，并非所有设想的服从热力学第一定律的过程都能自动发生。例如，热由高温物体传递给低温物体或由低温物体传递给高温物体都不违背热力学第一定律；但实际上，热总是自发地由高温物体传递给低温物体，而不是相反。显然，对于在指定条件下，某个过程能否自动发生？若能发生，进行到什么程度为止？若不能自动发生，能否改变条件促使其发生一系列有关过程方向和限度的问题，热力学第一定律是无法回答的。如何判断自然界中任何一种变化过程的方向和限度，是热力学第二定律所要解决的问题。

一、自发过程

自发过程是指不需人为的用外力帮助就能自动进行的过程。而借助外力才能进行的过程称为非自发过程（或反自发过程）。在自然界中，有各种各样的自发过程。它们都具有以下特征：

1. 自发过程有明确的方向和限度

① 气体总是自发地由高压区流向低压区，直至各处气压相等（即达到力平衡）为止。相反的过程，气体由低压区流入高压区则不会自动进行。各处压力相等是气体自发流动过程的限度。

② 热量总是自发地由高温物体传向低温物体，直至两物体温度相等（即达到热平衡）为止。相反的过程，热量由低温物体传向高温物体则不会自动进行。自发传热过程的限度是两物体温度相等。

③ NaOH 水溶液与 HCl 水溶液混合，将自发地进行中和反应，即

$$NaOH + HCl \longrightarrow NaCl + H_2O$$

而 NaCl 水溶液变成酸和碱的反应则不会自动进行。化学反应自发过程的限度是化学平衡。

由上述例子可以看出，一切自发过程都有明确的方向和限度。自发过程的限度就是在该条件下系统的平衡状态。

2. 自发过程具有做功能力

例如，水自发地由高水位处流向低水位处时可以用于水力发电；热量自发地由高温区流入低温区时可以使热机做功；一个自发反应若能做成电池则可做电功。

3. 自发过程是热力学不可逆过程

因为自发过程的逆过程不能自动进行，所以自发过程是热力学不可逆过程。

① 理想气体恒温向真空膨胀是自发过程，在此过程中，$\Delta U = 0$，$W = 0$，$Q = 0$。恒温压缩可使理想气体回到原来状态。在恒温压缩过程中，环境对系统做功 W，同时系统对环境放热 $|Q|$，且 $Q = -W$。因此，系统回到原来状态时，环境失去了功，得到了热，发生了功转变为热的变化。如果环境所得到的热能全部变为功且不引起其他任何变化，环境也就复原了。实践证明，这是不可能的。所以，理想气体恒温向真空膨胀

是不可逆过程。

② 热量由高温物体流入低温物体是自发过程。依靠环境（冷冻机）做功可以使低温物体所得的热量传回给高温物体。系统复原的同时，环境失去了功，得到等量的热。如果要使环境复原，必须使环境所得的热全部变为功并不引起其他任何变化，而这恰恰是不可能的。所以，热量由高温物体流入低温物体是不可逆过程。

从以上内容可以看出，所有的自发过程是否可逆的问题，最终均可归结为"热能否全部转化为功而不引起任何其他的变化"这样一个问题。经验证明，热功转化是有方向性的，即"功可以自发地全部变为热，但热却不可以全部变为功而不引起任何其他变化"。因此可以得出这样的结论：一切自发过程都是热力学不可逆过程，而且其不可逆性均可归结为热功转化过程的不可逆性。于是，自发过程的方向性都可以用热功转化过程的方向性来表达。

二、热力学第二定律的经典表述

热力学第二定律和热力学第一定律一样，是人们长期经验的总结。热力学第二定律的表述方法很多。这里只介绍人们最常引用的两种表述形式。

1. 克劳修斯说法 （1850 年）

热不能自动地从低温物体传到高温物体。这种表述指明了热传导的不可逆性。

2. 开尔文说法 （1851 年）

不可能从单一热源吸取热使之完全变为功，而不引起任何其他变化。

对于开尔文说法，应当注意这里并没有说热不能完全变为功，而是说在不引起其他变化的条件下，从单一热源取出的热不能完全转变为功。例如，理想气体恒温膨胀时，$\Delta U = 0$，$W = -Q$，吸收的热全部变为功，但系统的体积变大了，压力变小了。开尔文说法指明了热功转化的不可逆性。

从单一热源吸取热量，使之完全变为功而不引起其他变化的机器称为第二类永动机。第二类永动机不违反热力学第一定律。如果第二类永动机能够造成，就能不断地从海洋、大气等单一热源吸取热量，并将所吸收的热量全部变为功。于是轮船在海洋中航行、飞机在空中飞行就不需要携带燃料了。然而制作第二类永动机的所有实验都失败了。人们从失败中认识到，第二类永动机是不可能造成的。热机工作时必须有温度不同的至少两个热源。热机从高温热源吸取的热量，部分转化为功，部分传给低温热源。因此，开尔文说法也可表述为：第二类永动机是不可能造出来的。

热力学第二定律的各种说法均是等效的，如果某一种说法不成立，则其他说法也不会成立。

三、熵的定义及熵的物理意义

克劳修斯在研究卡诺循环时发现，始、终态相同的各种可逆过程的热温商之和 $\int_1^2 \delta Q_r / T$

相等。可逆过程的热温商之和只决定于系统始、终态的这种性质正是状态函数改变量所具有的性质，因此可逆过程的热温商之和代表了某个状态函数的改变量。克劳修斯把这个状态函数称为熵，用符号 S 表示。定义：熵变等于可逆过程的热温商之和，即

$$\Delta S = \int_1^2 \frac{\delta Q_r}{T} \tag{2-70}$$

式中，1 和 2 分别表示系统的始态和终态。若是无限小的变化，则有

$$dS = \frac{\delta Q_r}{T} \tag{2-71}$$

熵是广延性质，系统的熵等于系统各部分熵的总和。当系统处于一定状态时，系统的熵有唯一确定的值。当状态改变时，系统的熵变仅取决于始、终态而与变化途径无关，即 $\Delta S = S_2 - S_1$。熵的绝对值无法测定。由熵变定义式可知，熵的单位为 J/K。

克劳修斯还发现，不可逆过程的热温商之和 $\int_1^2 \delta Q_{ir}/T_环$ 小于熵变，即

$$\Delta S > \int_1^2 \frac{\delta Q_{ir}}{T_环} \tag{2-72}$$

式中，下标 ir 表示不可逆过程，$T_环$ 是环境温度（或热源温度）。在不可逆过程中，$T_环$ 一般不等于系统温度 T。将式(2-70) 和式(2-72) 合并得

$$\Delta S \geqslant \int_1^2 \frac{\delta Q}{T_环} \begin{cases} > & 不可逆 \\ = & 可逆 \end{cases} \tag{2-73}$$

上式称为克劳修斯不等式。它描述了封闭系统中任意过程的熵变与热温商之和在数值上的相互关系。因此，当系统发生状态变化时，只要设法求得该变化过程的熵变和热温商之和，比较二者大小，就可知道过程是否可逆。若热温商之和等于熵变，则过程为可逆过程，此时 $T = T_环$；若热温商之和小于熵变，则过程为不可逆过程，而且二者相差越大，过程的不可逆程度越大；热温商之和大于熵变的过程违反热力学第二定律，不能发生。

若变化无限小，则式(2-73) 变为

$$dS \geqslant \frac{\delta Q}{T_环} \begin{cases} > & 不可逆 \\ = & 可逆 \end{cases} \tag{2-74}$$

克劳修斯不等式就是热力学第二定律数学表达式，是封闭系统任意过程是否可逆的判据。从这一普遍判据出发，可以得出各种具体条件下过程是否可逆或过程方向的判据。

1. 绝热系统熵判据

对于绝热系统，因为 $\delta Q = 0$，故式(2-73) 变为

$$\Delta S \geqslant 0 \begin{cases} > & 不可逆 \\ = & 可逆 \end{cases} \tag{2-75}$$

上式表明，绝热系统若经历不可逆过程，则熵值增加；若经历可逆过程，则熵值不变。因此，绝热系统的熵永远不会减少。此结论就是绝热系统的熵增加原理。

2. 隔离系统熵判据

隔离系统与环境之间既没有物质交换也没有能量交换，不受环境影响。因此，隔离系统中若发生不可逆过程一定是自发进行的。对于隔离系统，式(2-73) 变为

$$\Delta S_{\text{隔离}} \geqslant 0 \quad \begin{cases} > & \text{自发} \\ = & \text{平衡(可逆)} \end{cases} \tag{2-76}$$

此式表明，隔离系统中的自发过程总是朝着熵增加的方向进行，直至达到熵值最大的平衡状态为止。在平衡状态时，系统的任何变化都一定是可逆过程，其熵值不再改变。因此，隔离系统的熵永远不会减少。此结论就是隔离系统熵增加原理。

3. 总熵判据

在生产和科研中，系统与环境间一般有功和热的交换。这类系统发生一个不可逆过程时，系统的熵不一定增加。可将系统和与系统有联系那部分环境加在一起，作为大隔离系统，于是有

$$\Delta S_{\text{总}} = \Delta S + \Delta S_{\text{环}} \tag{2-77}$$

式中，$\Delta S_{\text{环}}$ 是环境熵变，$\Delta S_{\text{总}}$ 是大隔离系统熵变。毫无疑问，这个大隔离系统一定服从隔离系统熵判据。因此，可以用隔离系统熵判据来判断在这个大隔离系统中的过程是自发还是已达平衡。

最后还应该指出，隔离系统熵增加原理只适用于有限宏观隔离系统，不适用于微观系统，也不适用于无限的宇宙。

四、熵变的计算

熵变等于可逆过程的热温商，即

$$\Delta S = \int_1^2 \frac{\delta Q_r}{T} \tag{2-78}$$

这是计算熵变的基本公式。如果某过程不可逆，则需利用 ΔS 与途径无关的特征，在始、终态之间设计可逆过程进行计算。这是计算熵变的基本思路和基本方法。下面介绍单纯几种情况下 ΔS 的计算方法。

1. 没有其他功的单纯 pVT 变化过程

（1）恒温过程　恒温过程中，系统的温度 T 为常数，故式(2-78)变为：

$$\Delta S = \frac{Q_r}{T} \tag{2-79}$$

对于理想气体恒温可逆过程，$\Delta U = 0$，根据式(2-36)得：

$$Q_r = -W_r = nRT \ln \frac{V_2}{V_1} = nRT \ln \frac{p_1}{p_2}$$

代入式(2-79)得：

$$\Delta S = nR \ln \frac{V_2}{V_1} = nR \ln \frac{p_1}{p_2} \tag{2-80}$$

上式虽然是通过理想气体恒温可逆过程推出来的，但对于理想气体恒温不可逆过程（如向真空膨胀）也是适用的。由上式可知，若 $p_1 > p_2$，则 $\Delta S = S(p_2) - S(p_1) > 0$，即 $S(p_2) > S(p_1)$。这说明在恒温下，一定量气态物质的熵随压力降低而增大。

压力对凝聚态物质的熵影响很小。所以，对于凝聚态物质的恒温过程，若压力变化不大，则熵变近似等于零，即

$$\Delta S = 0$$

（2）恒容过程　不论气体、液体或固体，恒容可逆过程均有

$$\delta Q_r = \delta Q_V = dU = nc_{V,m}dT$$

将上式代入式（2-78）可得恒容过程熵变的计算公式：

$$\Delta S = \int_{T_1}^{T_2} \frac{nc_{V,m}}{T}dT \tag{2-81}$$

当 $c_{V,m}$ 可视为常数时，则：

$$\Delta S = nc_{V,m}\ln\frac{T_2}{T_1} \tag{2-82}$$

以上二式也适用于气体、液体或固体恒容不可逆过程。

（3）恒压过程　不论气体、液体或固体，恒压可逆过程均有

$$\delta Q_r = \delta Q_p = dH = nc_{p,m}dT$$

将上式代入式（2-78）得恒压过程熵变的计算公式

$$\Delta S = \int_{T_1}^{T_2} \frac{nc_{p,m}}{T}dT \tag{2-83}$$

当 $c_{p,m}$ 可视为常数时，则：

$$\Delta S = nc_{p,m}\ln\frac{T_2}{T_1} \tag{2-84}$$

以上二式也适用于气体、液体和固体恒压不可逆过程。

由式（2-82）和式（2-84）可知，若 $T_2 > T_1$，则 $\Delta S = S(T_2) - S(T_1) > 0$，即 $S(T_2) > S(T_1)$。这说明在恒容或恒压下，一定量物质的熵随温度升高而增大。

（4）理想气体 p、V、T 同时改变的过程　由热力学第一定律可知，当 p、V、T 均发生变化时，微小的可逆热为

$$\delta Q_r = dU - \delta W_r = dU + p\,dV$$

将理想气体的 $dU = nc_{V,m}dT$ 和 $p = nRT/V$ 代入上式得

$$\delta Q_r = nc_{V,m}dT + \frac{nRT}{V}dV$$

将上式代入式（2-78）得

$$\Delta S = \int_{T_1}^{T_2} \frac{nc_{V,m}}{T}dT + \int_{V_1}^{V_2} \frac{nR}{V}dV$$

若理想气体的 $c_{V,m}$ 可视为常数，积分上式得

$$\Delta S = nc_{V,m}\ln\frac{T_2}{T_1} + nR\ln\frac{V_2}{V_1} \tag{2-85}$$

将 $V_2 = nRT_2/p_2$ 和 $V_1 = nRT_1/p_1$ 代入上式，整理，得

$$\Delta S = nc_{p,m}\ln\frac{T_2}{T_1} + nR\ln\frac{p_1}{p_2} \tag{2-86}$$

将 $T_2 = \dfrac{p_2 V_2}{nR}$ 和 $T_1 = \dfrac{p_1 V_1}{nR}$ 代入式（2-85），整理，得

$$\Delta S = nc_{V,m}\ln\frac{p_2}{p_1} + nc_{p,m}\ln\frac{V_2}{V_1} \tag{2-87}$$

式(2-85)～式(2-87)适用于理想气体封闭系统、没有其他功的、$c_{V,m}$ 为常数的单纯 pVT 变化过程。根据绝热系统熵判据，绝热可逆过程的熵变等于零，绝热不可逆过程的熵变大于零。利用以上三式可计算理想气体绝热不可逆过程的熵变。

【例 2-19】　1mol 理想气体由始态（298K，10^6Pa）分别经下列途径膨胀到终态（298K，10^5Pa）。(1) 恒温可逆膨胀；(2) 恒温自由膨胀。求此二途径的熵变。

解：根据题意，将系统的始、终态及具体过程用如下框图表示。

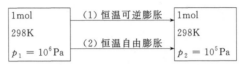

(1) 恒温可逆膨胀

根据式(2-80)

$$\Delta S = nR\ln\frac{p_1}{p_2} = 1\times8.314\ln\frac{10^6}{10^5} = 19.14(\text{J/K})$$

由于恒温可逆膨胀过程中，系统与环境有功和热的交换，不是隔离系统，故此熵变不能作为过程可能性的判据。

(2) 恒温自由膨胀（$p_环=0$）

这是恒温不可逆过程，且与 (1) 有相同的始终态，所以计算熵变的方法及结果与 (1) 相同。即

$$\Delta S = 19.14\text{J/K}$$

由于理想气体恒温自由膨胀时，$\Delta U=0$，$W=0$，$Q=0$，系统本身为隔离系统。所以，$\Delta S>0$ 说明理想气体恒温自由膨胀过程是自发过程。

【例 2-20】　在 101.325kPa 下，将 2mol $H_2O(l)$ 从 25℃加热到 50℃，求该过程的熵变。已知 $c_{p,m}(H_2O,l)=75.3$J/(mol·K)。

解：这是 $H_2O(l)$ 恒压升温过程。根据式(2-84)

$$\Delta S = nc_{p,m}\ln\frac{T_2}{T_1} = 2\times75.3\ln\frac{323.15}{298.15} = 12.13(\text{J/K})$$

【例 2-21】　10mol H_2 由 25℃、10^5Pa 绝热压缩到 325℃、10^6Pa。求此过程的 ΔS。已知 H_2 的 $c_{p,m}=29.1$J/(mol·K)。

解：

$$\begin{array}{|c|c|c|}\hline H_2,\ 10\text{mol} & & H_2,\ 10\text{mol} \\ 25℃,\ 10^5\text{Pa} & \xrightarrow[\text{绝热压缩}]{\Delta S} & 325℃,\ 10^6\text{Pa} \\ \hline\end{array}$$

从已知条件不能判断此绝热过程是否可逆，因此不能作为绝热可逆过程处理。将已知数据代入式(2-86)

$$\Delta S = nc_{p,m}\ln\frac{T_2}{T_1} + nR\ln\frac{p_1}{p_2}$$

$$= 10\times29.1\times\ln\frac{598.15}{298.15} + 10\times8.314\times\ln\frac{10^5}{10^6} = 11.17(\text{J/K})>0$$

根据绝热系统熵判据可知，此过程是绝热不可逆压缩过程。

2. 理想气体恒温混合过程

混合过程是时常遇到的物理过程，如溶液的配制、两种气体的混合、两种不同溶液的混合等。混合过程是自发过程。混合过程的熵变称为混合熵，以符号 $\Delta_{mix}S$ 表示，下标 mix 表示混合。

理想气体恒温混合过程是最简单的混合过程。因为理想气体分子间无作用力，所以某种气体存在与否不会影响其他气体的状态。因此计算理想气体混合过程熵变时，可分别计算各种气体的熵变，然后求和即为混合过程的熵变。

设在一个刚性容器的两侧分别装有同温度的理想气体 A 和 B，中间用隔板隔开。抽去隔板后，两种理想气体自发混合。混合过程如下框图所示。

$$
\begin{array}{|c|c|}
\hline
n_A & n_B \\
T & T \\
V_1(A) & V_1(B) \\
p_1(A) & p_1(B) \\
\hline
\end{array}
\quad
\xrightarrow[\text{恒温混合}]{\Delta_{mix}S}
\quad
\begin{array}{|c|}
\hline
n = n_A + n_B \\
T \\
V_2 \\
p_2 = p_2(A) + p_2(B) \\
\hline
\end{array}
$$

对理想气体 A 而言，混合过程相当于等温下体积由 $V_1(A)$ 膨胀到 V_2，所以

$$\Delta S_A = n_A R \ln \frac{V_2}{V_1(A)}$$

同理，对理想气体 B 而言，则有

$$\Delta S_B = n_B R \ln \frac{V_2}{V_1(B)}$$

所以，混合过程的熵变为

$$\Delta_{mix}S = \Delta S_A + \Delta S_B = n_A R \ln \frac{V_2}{V_1(A)} + n_B R \ln \frac{V_2}{V_1(B)}$$

同理可得，多种理想气体恒温混合过程的熵变计算公式为

$$\Delta_{mix}S = R \sum_B n_B \ln \frac{V_2}{V_1(B)} \tag{2-88}$$

式中　n_B——理想气体混合物中组分 B 的物质的量，mol；

　　$V_1(B)$——混合前组分 B 的体积，m^3；

　　V_2——理想气体混合物的总体积，m^3。

应当强调指出，式(2-88) 只能用于不同种理想气体的恒温混合，对同种气体混合不能使用。由于恒温混合过程中，$p_1(B)V_1(B) = p_2(B)V_2$，所以上式可改写成

$$\Delta_{mix}S = R \sum_B n_B \ln \frac{p_1(B)}{p_2(B)} \tag{2-89}$$

式中　$p_1(B)$——混合前组分 B 的压力，Pa；

　　$p_2(B)$——理想气体混合物中组分 B 的分压，Pa。

上式不仅适用于不同种理想气体的恒温混合，也适用于两部分压力不同的同种理想气体恒温混合。

3. 相变

(1) 可逆相变　在相平衡温度和相平衡压力下进行的相变，称为可逆相变。因为可逆相

变是恒温恒压且没有其他功的可逆过程，所以

$$Q_r = Q_p = \Delta_\alpha^\beta H = n\Delta_\alpha^\beta H_m$$

代入式(2-79)，则可逆相变过程的熵变为：

$$\Delta_\alpha^\beta S = \frac{\Delta_\alpha^\beta H}{T} = \frac{n\Delta_\alpha^\beta H_m}{T} \qquad (2\text{-}90)$$

由于熔化和蒸发时吸热，故由上式可知，在同一温度、压力下，同一物质气、液、固三态的摩尔熵的数值有如下关系：$S_m(s) < S_m(l) < S_m(g)$。

（2）不可逆相变　不是在相平衡温度和相平衡压力下进行的相变，为不可逆相变。计算不可逆相变过程的熵变时，需要在始、终态之间设计一个可逆途径，该途径由可逆相变和可逆 pVT 变化过程构成。

【例2-22】 已知 H_2O 的摩尔熔化焓 $\Delta_s^l H_m(273.15K) = 6.01kJ/mol$，$c_{p,m}(H_2O,l) = 75.3\ J/(K\cdot mol)$，$c_{p,m}(H_2O,s) = 37.6\ J/(K\cdot mol)$。试计算下列过程的 ΔS。

（1）在 273.15K，101325Pa 下 1mol 水结冰；

（2）在 263.15K，101325Pa 下 1mol 水结冰。

解：（1）

$$\boxed{\begin{array}{c} 1mol \quad H_2O(l) \\ 273.15K,\ 101325Pa \end{array}} \longrightarrow \boxed{\begin{array}{c} 1mol \quad H_2O(s) \\ 273.15K,\ 101325Pa \end{array}}$$

273.15K 是水的正常熔点。在 273.15K 和 101325Pa 下，水和冰可以平衡共存。所以，该结冰过程是可逆相变。根据式(2-90)

$$\Delta S = \frac{n\Delta_l^s H_m}{T} = -\frac{n\Delta_s^l H_m}{T} = -\frac{1\times 6.01\times 10^3}{273.15} = -22.0(J/K)$$

（2）过冷水的结冰过程是不可逆相变，为求熵变在始终态之间设计如下框图所示的可逆途径：

$$\Delta S_1 = nc_{p,m}(H_2O,l)\ln\frac{T_2}{T_1} = 1\times 75.3\times\ln\frac{273.15}{263.15} = 2.81(J/K)$$

$$\Delta S_2 = -\frac{n\Delta_s^l H_m}{T} = -22.0(J/K)$$

$$\Delta S_3 = nc_{p,m}(H_2O,s)\ln\frac{T_2}{T_1} = 1\times 37.6\times\ln\frac{263.15}{273.15} = -1.40(J/K)$$

$$\Delta S = \Delta S_1 + \Delta S_2 + \Delta S_3 = -20.59(J/K)$$

应该指出，该过程虽然 $\Delta S < 0$，但不能说这是不可能发生过程，因为这不是隔离系统，它不适用熵判据。要对此过程进行判断，还必须计算环境熵变，重新划定大的隔离系统。

4. 环境熵变的计算

用总熵判据判断过程的方向和限度，不但要计算系统的熵变，还要计算环境的熵变。环

境熵变的计算也要根据熵变的定义式，即

$$\Delta S_{环} = \int_A^B \left(\frac{\delta Q_{环}}{T_{环}} \right)_r \tag{2-91}$$

当系统吸热（或放热）时，环境放出（或吸收）等量的热，即 $Q_{环} = -Q$。在一般情况下，环境（如大气）可以认为是一个很大的热源，有限的热相对于环境只相当于无限小的量，因此不管实际过程可逆与否，对环境来说，交换的热都可以近似看成是可逆热，而且这样有限的热交换不至于改变环境温度，即 $T_{环}$ 可视为常数，于是上式变为

$$\Delta S_{环} = \frac{Q_{环}}{T_{环}}$$

将 $Q_{环} = -Q$ 代入上式得

$$\Delta S_{环} = -\frac{Q}{T_{环}} \tag{2-92}$$

式中，Q 是实际过程系统吸收或放出的热。该式适用于环境很大时所发生的过程。

【**例 2-23**】　某气缸中有 2mol、400K 的 $N_2(g)$，在 101.3kPa、300K 的大气中散热直至平衡，计算 $N_2(g)$ 的熵变 ΔS、大气的熵变 $\Delta S_{环}$ 及总熵变 $\Delta S_{总}$。已知 $c_{p,m}(N_2) = 29.12J/(K \cdot mol)$。

解：$N_2(g)$ 的始、终态及散热过程如下框图所示。

$N_2(g)$, 2mol $p = 101.3kPa$ $T_1 = 400K$	恒压、$T_{环} = 300K$	$N_2(g)$, 2mol $p = 101.3kPa$ $T_2 = 300K$

这是恒压降温过程。根据式(2-84)

$$\Delta S = nc_{p,m} \ln \frac{T_2}{T_1} = 2 \times 29.12 \ln \frac{300}{400} = -16.75(J/K)$$

$$Q_p = \Delta H = nc_{p,m}(T_2 - T_1) = 2 \times 29.12 \times (300 - 400) = -5824(J)$$

因环境（即大气）很大，故

$$\Delta S_{环} = -\frac{Q_p}{T_{环}} = -\frac{(-5824)}{300} = 19.41(J/K)$$

$$\Delta S_{总} = \Delta S + \Delta S_{环} = -16.75 + 19.41 = 2.66(J/K)$$

$\Delta S_{总} > 0$ 表明 $N_2(g)$ 向大气散热是自发过程。

5. 化学反应熵变的计算

热力学第二定律给出了熵变的定义，并解决了各种过程的熵变计算，但是物质的熵的绝对值始终无法求得。为了求得各物质的熵的相对值，需要规定一个相对标准，这就是热力学第三定律所要解决的问题。

（1）热力学第三定律　20 世纪初，人们从许多等温凝聚相化学反应及电池的研究中发现，随着温度的降低，化学反应的熵变 $\Delta_r S$ 逐渐减小。1906 年能斯特在此基础上提出假设：凝聚系统中任何等温化学反应的熵变，均随温度趋于 0K 而趋于零。即

$$\lim_{T \to 0} \Delta_r S = 0 \tag{2-93}$$

此假设称为能斯特热定理。

后来一些科学家进一步发现，只有当参加反应的各物质都是纯态完美晶体时，能斯特热

定理才成立。所谓完美晶体就是没有缺陷的晶体，并且晶体中所有质点（分子、原子或离子）只有一种排列形式。

根据能斯特热定理，所有纯物质的完美晶体在 0K 时的熵值是相同的，而这个熵值是多少均不会对所要计算的 $\Delta_r S$ 产生影响。为便于计算，普朗克（Planck）于 1912 年提出假设：0K 时任何纯物质完美晶体的熵值为零。即

$$S^*（完美晶体，0K）=0 \tag{2-94}$$

这就是热力学第三定律。上标"*"表示纯物质。

和热力学第一、二定律一样，热力学第三定律也是从人类实践中总结出来的自然规律，也有几种不同的说法，例如，"绝对零度不能达到"。

（2）规定摩尔熵和标准摩尔熵 在恒压下，1mol 物质 B 从 0K 升温到 T，此过程的熵变为

$$\Delta S = S_m^*(B, T) - S_m^*(B, 0K) = \int_{0K}^{T} \frac{c_{p,m}}{T} dT$$

则有

$$S_m^*(B, T) = S_m^*(B, 0K) - \int_{0K}^{T} \frac{c_{p,m}}{T} dT$$

因为物质 B 的完美晶体有 $S_m^*(B, 0K) = 0$，所以

$$S_m^*(B, T) = \int_{0K}^{T} \frac{c_{p,m}}{T} dT \tag{2-95}$$

按此公式，即在热力学第三定律基础上求得的物质 B 在温度 T 时的摩尔熵 $S_m^*(B, T)$，称为物质 B 的规定摩尔熵。规定摩尔熵实际上是以 S^*（完美晶体，0K）=0 为基准的相对熵。

在标准态下的规定摩尔熵称为标准摩尔熵，用符号 $S_m^\ominus(B，相态，T)$ 表示。可以从物理化学手册中查到部分物质的标准摩尔熵 $S_m^\ominus(B，相态，298.15K)$。

（3）标准摩尔反应熵的计算 因为一般化学反应都是在不可逆情况下进行的，所以其反应热不是可逆热。因此，化学反应的熵变一般不能直接用反应热除以反应温度来计算。

有了各物质的标准摩尔熵数据，就可方便地求算化学反应的标准摩尔反应熵。对于任意化学反应 $aA + bB \Longrightarrow yY + zZ$，其在温度 T 时的标准摩尔反应熵可用下式计算：

$$\Delta_r S_m^\ominus(T) = y S_m^\ominus(Y, T) + z S_m^\ominus(Z, T) - a S_m^\ominus(A, T) - b S_m^\ominus(B, T)$$

上式可简写成

$$\Delta_r S_m^\ominus(T) = \sum_B \nu_B S_m^\ominus(B, T) \tag{2-96}$$

若已知 $\Delta_r S_m^\ominus(298.15K)$ 的数据，可由下式计算 $\Delta_r S_m^\ominus(T)$：

$$\Delta_r S_m^\ominus(T) = \Delta_r S_m^\ominus(298.15K) + \int_{298.15K}^{T} \frac{\Delta_r c_{p,m}}{T} dT \tag{2-97}$$

上式的适用条件和推导方法与基尔霍夫公式［式(2-63)］相同。

应当指出，由于物质在恒温恒压下混合时熵要发生变化，所以 $\Delta_r S_m^\ominus(T)$ 不等于所有反应物处于温度 T、压力 $p^\ominus$ 混合状态下反应（即实际反应）的摩尔反应熵 $\Delta_r S_m(T)$。

【例 2-24】 分别计算 298.15K 和 423.15K 时甲醇合成反应的标准摩尔反应熵。反应方程式为

$$CO(g) + 2H_2(g) \Longrightarrow CH_3OH(g)$$

已知各物质 298.15K 的标准摩尔熵及平均恒压摩尔热容如下：

物质	CO(g)	H$_2$(g)	CH$_3$OH(g)
$S_m^\ominus$/[J/(K·mol)]	197.56	130.57	239.7
$c_{p,m}$/[J/(K·mol)]	29.04	29.29	51.25

解：根据式(2-96)

$$\Delta_r S_m^\ominus(298.15K) = S_m^\ominus(CH_3OH) - S_m^\ominus(CO) - 2S_m^\ominus(H_2)$$
$$= 239.7 - 197.56 - 2 \times 130.57 = -219.0[J/(K·mol)]$$

$$\Delta_r c_{p,m} = c_{p,m}(CH_3OH) - c_{p,m}(CO) - 2c_{p,m}(H_2)$$
$$= 51.25 - 29.04 - 2 \times 29.29 = -36.37[J/(K·mol)]$$

根据式(2-97)

$$\Delta_r S_m^\ominus(423.15K) = \Delta_r S_m^\ominus(298.15K) + \int_{298.15K}^{423.15K} \frac{\Delta_r c_{p,m}}{T} dT$$

$$= -219.0 - 36.37 \times \ln\frac{423.15}{298.15} = -231.7[J/(K·mol)]$$

（4）**熵的物理意义**　玻耳兹曼用统计方法得出熵与系统混乱度 Ω 之间的关系，称为玻耳兹曼关系式：

$$S = k\ln\Omega \tag{2-98}$$

式中，k 是玻耳兹曼常数。此式表明，系统的熵值随着系统的混乱度增加而增大，所以熵是系统混乱度的量度。下面举几个例子加以说明。

① 在恒容或恒压下，同一物质的温度升高时，分子热运动增强，其混乱度增大，故熵值也增大。

② 当物质处于固态时，分子（或离子、原子）有规则地排列在晶格上。分子只能在各自的中心位置附近振动，而不能任意移动到其他的位置。当物质处于液态时，分子不再固定在一个位置上了，可以在液体内部自由地移动和转动。液体的混乱度大于固体，所以熔化时熵增大。在一定温度和压力下，对同一物质来说，液体的摩尔熵总是大于固体的摩尔熵。

③ 两种气体或两种液体在一定温度和压力下混合时，由组成单一的纯物质变成两种分子杂乱混合的混合物，混乱度增大，故混合过程熵增大。

五、亥姆霍兹函数与吉布斯函数

应用熵函数判断变化过程的方向和限度时，除了计算系统的熵变之外，还要计算环境的熵变，这很不方便。化学反应、相变及混合过程通常在恒温恒容或恒温恒压情况下进行。在这两种特殊条件下，若引入亥姆霍兹函数和吉布斯函数，用它们的改变量作为判据，则可不必计算环境的函数增量，十分方便。

1. 亥姆霍兹函数与吉布斯函数

我们定义：

$$A = U - TS \tag{2-99}$$
$$G = H - TS = U + pV - TS = A + pV \tag{2-100}$$

A 称为亥姆霍兹函数，或亥姆霍兹自由能，简称亥氏函数。G 称为吉布斯函数或吉布斯自由能，简称吉氏函数。因为 U、pV 和 TS 均为状态函数，故 A 和 G 也是状态函数，其值仅由状态决定，具有状态函数的特性。但是，A 和 G 本身没有物理意义。由定义式可以看出 A 和 G 是广延性质，单位为 J 或 kJ。由于 U 和 S 的绝对值无法确定，故 A 和 G 的绝对值也无法确定。

2. 热力学第一定律和第二定律的联合公式

热力学第二定律微分式为

$$dS \geqslant \frac{\delta Q}{T_{环}} \qquad \begin{cases} > & \text{不可逆} \\ = & \text{可逆} \end{cases} \qquad (2\text{-}101)$$

代入热力学第一定律微分式 $\delta Q = dU + p_{环} \, dV - \delta W'$，得

$$T_{环} \, dS - dU - p_{环} \, dV \geqslant -\delta W' \qquad \begin{cases} > & \text{不可逆} \\ = & \text{可逆} \end{cases} \qquad (2\text{-}102)$$

因为 $\delta W = -p_{环} \, dV + \delta W'$，故上式可改写成

$$T_{环} \, dS - dU \geqslant -\delta W \qquad \begin{cases} > & \text{不可逆} \\ = & \text{可逆} \end{cases} \qquad (2\text{-}103)$$

以上二式就是热力学第一定律和第二定律的联合公式（简称联合公式）。该式在不同条件下可演化为不同的形式。

3. 亥姆霍兹函数判据

在恒温下，由于 $T = T_{环} =$ 常数，则 $T_{环} \, dS = T \, dS = d(TS)$，所以联合公式(2-103)变为：

$$d(TS) - dU \geqslant -\delta W$$

即

$$-d(U - TS) \geqslant -\delta W$$

将 $A = U - TS$ 代入上式得

$$-dA_T \geqslant -\delta W \qquad \begin{cases} > & \text{不可逆} \\ = & \text{可逆} \end{cases} \qquad (2\text{-}104)$$

对于非无限小变化，则有

$$-\Delta A_T \geqslant -W \qquad \begin{cases} > & \text{不可逆} \\ = & \text{可逆} \end{cases} \qquad (2\text{-}105)$$

上式表明，在恒温下，封闭系统对外所做的总功（$-W$，为绝对值）不可能大于系统亥姆霍兹函数 A 的减少值（$-\Delta A_T$）。在恒温可逆过程中，系统对外所做的总功（$-W_r$，为最大总功）等于系统 A 的减小值；而在恒温不可逆过程中，系统对外所做的总功（$-W_{ir}$）小于系统 A 的减小值。所以，在恒温下，亥姆霍兹函数的减小值（$-\Delta A_T$）表示系统的做功能力。

在恒温恒容且没有其他功的条件下，由于 $\delta W = -p_{环} \, dV + \delta W' = 0$，则式(2-104)变为

$$dA_{T,V,W'=0} \leqslant 0 \qquad \begin{cases} < & \text{自发} \\ = & \text{平衡（可逆）} \end{cases} \qquad (2\text{-}106)$$

对于非无限小变化，则有

$$\Delta A_{T,V,W'=0} \leqslant 0 \qquad \begin{cases} < & \text{自发} \\ = & \text{平衡（可逆）} \end{cases} \qquad (2\text{-}107)$$

式中，"<" 本来表示不可逆过程，但由于总功为零，所以是自发过程。上式表明，在

等温等容且没有其他功的条件下，封闭系统中的过程总是自发地向着亥姆霍兹函数 A 减少的方向进行，直至达到在该条件下 A 值最小的平衡状态为止。在平衡状态时，系统的任何变化都一定是可逆过程，其 A 值不再改变。这就是亥姆霍兹函数减少原理。

4. 吉布斯函数判据

在恒温恒压下，由于 $T = T_环 = $ 常数，$p = p_环 = $ 常数，则 $T_环 \, dS = T \, dS = d(TS)$，$p_环 \, dV = p \, dV = d(pV)$，所以联合公式(2-102) 变为

$$-d(U + pV - TS) \geqslant -\delta W'$$

将 $G = U + pV - TS$ 代入上式得

$$-dG_{T,p} \geqslant -\delta W' \qquad \begin{cases} > & \text{不可逆} \\ = & \text{可逆} \end{cases} \tag{2-108}$$

对于非无限小变化，则有

$$-\Delta G_{T,p} \geqslant -W' \qquad \begin{cases} > & \text{不可逆} \\ = & \text{可逆} \end{cases} \tag{2-109}$$

上式表明，在恒温恒压下，封闭系统对外所做的其他功（$-W'$）不可能大于系统吉布斯函数 G 的减少值（$-\Delta G_{T,p}$）。在恒温恒压可逆过程中，系统对外所做的其他功（$-W'_r$，为最大其他功）等于系统 G 的减小值；而在恒温不可逆过程中，系统对外所做的总功（$-W'_{ir}$）小于系统 G 的减小值。所以，在恒温恒压下，吉布斯函数的减小值（$-\Delta G_{T,p}$）表示系统的做功能力。

在恒温恒压且没有其他功的条件下，式(2-108) 和（2-109）变为

$$dG_{T,p,W'=0} \leqslant 0 \qquad \begin{cases} < & \text{自发} \\ = & \text{平衡（可逆）} \end{cases} \tag{2-110}$$

$$\Delta G_{T,p,W'=0} \leqslant 0 \qquad \begin{cases} < & \text{自发} \\ = & \text{平衡（可逆）} \end{cases} \tag{2-111}$$

上式表明，在等温等压且没有其他功的条件下，封闭系统中的过程总是自发地向着吉布斯函数 G 减少的方向进行，直至达到在该条件下 G 值最小的平衡状态为止。在平衡状态时，系统的任何变化都一定是可逆过程，其 G 值不再改变。这就是吉布斯函数减少原理。

应当指出，用 ΔA 或 ΔG 来判断变化过程的方向和限度与用 $\Delta S_总$ 来判断是等价的，只不过用亥姆霍兹函数判据或吉布斯函数判据时不涉及对环境的计算，所以比用总熵判据更直接、更方便。但总熵判据原则上适用于各种条件，而亥姆霍兹函数判据或吉布斯函数判据只能用于特定条件。但就混合过程、相变及化学反应而言，大多在恒温恒压且没有其他功的条件下进行，所以吉布斯函数判据用得最多，最为重要。

5. 恒温过程 ΔG 的计算

吉布斯函数 G 在化学中是极为重要的、应用最广泛的热力学函数，ΔG 的计算在一定程度上比 ΔS 的计算更为重要。本节仅讨论几种常见恒温过程 ΔG 的计算。

由 A 和 G 的定义不难推出，对于封闭系统的任意恒温过程，不论是化学反应还是物理过程，不论过程是否可逆，都有

$$\Delta A = \Delta U - T \, \Delta S \tag{2-112}$$

$$\Delta G = \Delta H - T \, \Delta S \tag{2-113}$$

因此，只要求得恒温过程的 ΔU、ΔH 和 ΔS，就可由以上二式求出 ΔA 和 ΔG。

对于封闭系统没有其他功的可逆过程，由于 $T = T_环$，$p = p_环$，$\delta W' = 0$，所以热力学第一定律和第二定律联合公式变为

$$dU = TdS - pdV$$

微分 $H = U + pV$，得

$$dH = dU + pdV + Vdp$$

所以

$$dH = TdS + Vdp$$

同样方法可得

$$dA = -SdT - pdV$$

$$dG = -SdT + Vdp$$

由此，对于单纯状态变化的恒温过程，根据上式得

$$\Delta A = -\int_{V_1}^{V_2} pdV \tag{2-114}$$

$$\Delta G = \int_{p_1}^{p_2} Vdp \tag{2-115}$$

在特定情况下，往往可利用 ΔA 和 ΔG 与功的关系简捷地求出 ΔA 和 ΔG。例如，由亥姆霍兹函数判据 [式(2-105)] 可知，在恒温可逆过程中

$$\Delta A = W_r = -\int_{V_1}^{V_2} pdV + W_r'$$

由吉布斯函数判据 [式(2-109)] 可知，在恒温恒压可逆过程中

$$\Delta G = W_r'$$

以上各式是计算恒温过程 ΔG 和 ΔA 的基本公式。

(1) 单纯状态变化的恒温过程　对于理想气体恒温过程，因 $\Delta H = 0$，$\Delta U = 0$，由式 (2-112)、式(2-113) 和式(2-80) 得

$$\Delta A = \Delta U - T\Delta S = -T\Delta S = -nRT\ln\frac{V_2}{V_1} = nRT\ln\frac{p_2}{p_1}$$

$$\Delta G = \Delta H - T\Delta S = -T\Delta S = -nRT\ln\frac{V_2}{V_1} = nRT\ln\frac{p_2}{p_1}$$

显然，理想气体恒温过程的 ΔA 和 ΔG 相等，计算公式相同，即

$$\Delta G = \Delta A = -nRT\ln\frac{V_2}{V_1} = nRT\ln\frac{p_2}{p_1} \tag{2-116}$$

上式也可由式(2-114) 和式(2-115) 导出。

对于凝聚物质的恒温过程，若压力变化不大，体积可视为常数，故由式(2-114) 和式(2-115) 得

$$\Delta A \approx 0$$

$$\Delta G = V(p_2 - p_1) \tag{2-117}$$

【例 2-25】 试比较 1mol 水与 1mol 理想气体在 300K 由 100kPa 增加到 1000kPa 时的 ΔG。

解： 1mol 水　$\Delta G_m(l) = V_m(p_2 - p_1)$

$$= 0.018 \times 10^{-3} \times (1000 - 100) \times 10^3 = 16.2(J)$$

1mol 理想气体

$$\Delta G_m(g)=RT\ln\frac{p_2}{p_1}=8.314\times300\times\ln\frac{1000}{100}=5734(J)$$

计算结果说明，在恒温下，压力对凝聚相吉布斯函数的影响比对气体的影响小得多。因此，当系统中既有气体又有凝聚相（液体或固体）时，可以忽略压力对凝聚相吉布斯函数的影响。

（2）相变　可逆相变是恒温恒压且没有其他功的可逆过程。根据吉布斯函数判据，由式（2-111）得

$$\Delta_\alpha^\beta G=0 \tag{2-118}$$

根据亥姆霍兹函数判据，由式（2-105）得

$$\Delta_\alpha^\beta A=W_r=-p(V_\beta-V_\alpha) \tag{2-119}$$

对于由凝聚相变为气相的可逆相变来说，凝聚相的体积通常远远小于气相的体积因而可以忽略，且蒸气可视为理想气体，则上式变为

$$\Delta_\alpha^\beta A\approx-pV_g=-nRT$$

对于恒温不可逆相变，其 ΔG 和 ΔA 的计算通常需要设计可逆途径。该可逆途径由可逆相变和可逆 pVT 变化过程组成。

【例 2-26】　计算 1mol 水在 298.15K 和 101.325kPa 下蒸发成水蒸气过程的 ΔG，并判断此过程是否自发进行。已知：$c_{p,m}(H_2O,l)=75.3J/(K\cdot mol)$，$c_{p,m}(H_2O,g)=33.6J/(K\cdot mol)$，在 373.15K 和 101.325kPa 下水的摩尔蒸发焓 $\Delta_{vap}H_m=40.6kJ/mol$。

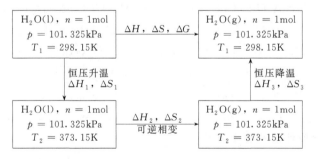

解：在 101.325kPa 下，298.15K 不是水与水蒸气的相平衡温度，所以水在此条件下的蒸发是不可逆相变。为计算该过程的 ΔH 和 ΔS，设计如框图所示的可逆途径：

$$\Delta H_1=nc_{p,m}(H_2O,l)(T_2-T_1)=1\times75.3\times(373.15-298.15)=5648(J)$$

$$\Delta H_2=n\,\Delta_{vap}H_m=4.06\times10^4J$$

$$\Delta H_3=nc_{p,m}(H_2O,g)\times(T_1-T_2)=1\times33.6\times(298.15-373.15)=-2520(J)$$

$$\Delta H=\Delta H_1+\Delta H_2+\Delta H_3=5648+4.06\times10^4-2520=43728(J)$$

$$\Delta S_1=nc_{p,m}(H_2O,l)\ln\frac{T_2}{T_1}=1\times75.3\times\ln\frac{373.15}{298.15}=16.9(J/K)$$

$$\Delta S_2 = \frac{\Delta H_2}{T_2} = \frac{4.06 \times 10^4}{373} = 108.85 (\mathrm{J/K})$$

$$\Delta S_3 = n c_{p,\mathrm{m}}(\mathrm{H_2O,g}) \ln \frac{T_1}{T_2} = 1 \times 33.6 \times \ln \frac{298.15}{373.15} = -7.54 (\mathrm{J/K})$$

$$\Delta S = \Delta S_1 + \Delta S_2 + \Delta S_3 = 16.9 + 108.85 - 7.54 = 118.21 (\mathrm{J/K})$$

$$\Delta G = \Delta H - T\Delta S = 43728 - 298.15 \times 118.21 = 8484 (\mathrm{J}) > 0$$

$\Delta G > 0$ 说明此过程不能自发进行。

（3）恒温反应　对于任意化学反应，在温度 T 时的标准摩尔反应吉布斯函数可用下式计算：

$$\Delta_r G_m^\ominus(T) = \Delta_r H_m^\ominus(T) - T\Delta_r S_m^\ominus(T) \tag{2-120}$$

式中，$\Delta_r H_m^\ominus(T)$ 为标准摩尔反应焓；$\Delta_r S_m^\ominus(T)$ 为标准摩尔反应熵。

化学反应 $\Delta_r G_m^\ominus$ 和 ΔG 的其他计算方法，将在化学平衡一章中详细讨论。

【例 2-27】　试计算下列反应在 25℃时的 $\Delta_r G_m^\ominus$，

$$\mathrm{H_2O(g) + CO(g) \longrightarrow CO_2(g) + H_2(g)}$$

并判断此反应在此条件下能否自发进行。

解：查表得有关物质在 298.15K 时的数据如下：

物质	$\mathrm{H_2(g)}$	$\mathrm{CO_2(g)}$	$\mathrm{H_2O(g)}$	$\mathrm{CO(g)}$
$\Delta_f H_m^\ominus/(\mathrm{kJ/mol})$	0	-393.5	-241.8	-110.5
$S_m^\ominus/[\mathrm{J/(K \cdot mol)}]$	130.5	213.8	188.7	197.9

$$\Delta_r H_m^\ominus = \Delta_f H_m^\ominus(\mathrm{CO_2,g}) - \Delta_f H_m^\ominus(\mathrm{H_2O,g}) - \Delta_f H_m^\ominus(\mathrm{CO,g})$$
$$= -393.5 - (-241.8) - (-110.5) = -41.2 (\mathrm{kJ/mol})$$

$$\Delta_r S_m^\ominus = S_m^\ominus(\mathrm{CO_2,g}) + S_m^\ominus(\mathrm{H_2,g}) - S_m^\ominus(\mathrm{H_2O,g}) - S_m^\ominus(\mathrm{CO,g})$$
$$= 213.8 + 130.5 - 188.7 - 197.9 = -42.3 [\mathrm{J/(K \cdot mol)}]$$

$$\Delta_r G_m^\ominus = \Delta_r H_m^\ominus - T\Delta_r S_m^\ominus$$
$$= -41.2 - 298.15 \times (-42.3) \times 10^{-3} = -28.59 (\mathrm{kJ/mol})$$

所以此反应在此条件下可自发进行。

六、偏摩尔量

由前面的讨论可知，对于质量确定的纯物质均相系统，只需确定两个状态性质（一般为 T 和 p），系统的状态就确定了，这时系统的其他状态性质（如 U、H、S、A、G 等）都有确定的值。但是，人们在研究化学反应、溶液性质和相平衡等问题时，时常遇到多组分的、组成可变的系统。实验表明，要确定一个多组分均相系统的状态，不但需要指明温度和压力两个状态函数的性质，还需指明各个组分的物质的量。

人们发现，多组分均相系统的广延性质（除了质量和物质的量以外）一般不等于混合前各纯组分该广延性质的总和。现以乙醇和水在混合前后体积的变化来说明。在 293K 和 101.325kPa 下，1g 乙醇的体积是 1.267cm³，1g 水的体积是 1.004cm³，若将乙醇与水以不同的比例混合，使溶液的总量为 100g，体积变化如表 2-1 所示。

表 2-1　乙醇与水混合时的体积变化

乙醇质量分数 /%	V(乙醇) /cm³	V(水) /cm³	混合前的体积 相加值/cm³	混合后的实际 总体积/cm³	偏差ΔV /cm³
10	12.67	90.36	103.03	101.84	−1.19
20	25.34	80.32	105.66	103.24	−2.42
30	38.01	70.28	108.29	104.84	−3.45
40	50.68	60.24	110.92	106.93	−3.99
50	63.35	50.20	113.55	109.43	−4.12
60	76.02	40.16	116.18	112.22	−3.96
70	88.69	36.12	118.81	115.25	−3.56
80	101.36	20.08	121.44	118.56	−2.88
90	114.03	10.04	124.07	122.25	−1.82

从表中数据可以看出，溶液的体积不等于混合前两纯组分的体积之和；混合前后总体积的差值 ΔV 随浓度的不同而有所变化。这说明各组分在溶液中的状态与溶液浓度有关。因此在讨论多组分均相系统时，必须引入偏摩尔量的概念。

设有一个由组分 B、C、D…组成的多组分均相系统，其任意广延性质 X（如 V、U、H、S、A、G 等）可以看作是 T、p、n_B、n_C、n_D…的函数，即

$$X = X(T, p, n_B, n_C, n_D \cdots) \tag{2-121}$$

当系统的温度、压力及各组分的物质的量发生无限小的变化时，则 X 也会有相应的微小变化，其全微分为

$$dX = \left(\frac{\partial X}{\partial T}\right)_{p, n_C} dT + \left(\frac{\partial X}{\partial p}\right)_{T, n_C} dp + \sum_B \left(\frac{\partial X}{\partial n_B}\right)_{T, p, n_C \neq n_B} dn_B \tag{2-122}$$

式中，下标 n_C 表示所有组分的 n_B、n_C、n_D…都保持不变；$n_C \neq n_B$ 表示除组分 B 外其余组分的物质的量均保持不变。我们定义

$$X_B = \left(\frac{\partial X}{\partial n_B}\right)_{T, p, n_C \neq n_B} \tag{2-123}$$

则式(2-122)可改写成

$$dX = \left(\frac{\partial X}{\partial T}\right)_{p, n_C} dT + \left(\frac{\partial X}{\partial p}\right)_{T, n_C} dp + \sum_B X_B dn_B \tag{2-124}$$

如果系统的状态是在恒温恒压下变化，因 $dT = 0$，$dp = 0$，则上式变为

$$dX = \sum_B X_B dn_B \tag{2-125}$$

X_B 称为组分 B 的偏摩尔量。式(2-123)是偏摩尔量的定义式。偏摩尔量 X_B 的物理意义是在恒温恒压下，往无限大量的多组分均相系统中加入 1mol 组分 B（这时各组分的浓度实际上保持不变）时所引起广延性质 X 的改变量。因此，偏摩尔量 X_B 可理解为在处于一定温度、压力和浓度的多组分均相系统中，1mol 组分 B 对系统广延性质 X 的贡献量。例如，在 20℃，101.325kPa 下甲醇摩尔分数为 0.2 的甲醇溶液中，甲醇的偏摩尔体积 $V(CH_3OH) = 37.80 cm^3/mol$。其意义是：在 20℃，101.325kPa 及组成为 $x(CH_3OH) = 0.2$ 的大量甲醇溶液中，加入 1mol 甲醇对甲醇溶液体积的贡献（即体积的增量）是 $37.80 cm^3$。

为了更好地理解和掌握偏摩尔量这一重要概念，有必要强调以下几点。

① 只有广延性质如体积、热力学能、吉布斯函数等才有偏摩尔量，强度性质如温度、压力、浓度等是不可能有偏摩尔量的。常见的偏摩尔量有以下几个：

偏摩尔体积　$V_B = \left(\dfrac{\partial V}{\partial n_B}\right)_{T,p,n_C \neq n_B}$　　　　　偏摩尔焓　$H_B = \left(\dfrac{\partial H}{\partial n_B}\right)_{T,p,n_C \neq n_B}$

偏摩尔内能　$U_B = \left(\dfrac{\partial U}{\partial n_B}\right)_{T,p,n_C \neq n_B}$　　　　　偏摩尔熵　$S_B = \left(\dfrac{\partial S}{\partial n_B}\right)_{T,p,n_C \neq n_B}$

偏摩尔亥姆霍兹函数　　$A_B = \left(\dfrac{\partial A}{\partial n_B}\right)_{T,p,n_C \neq n_B}$

偏摩尔吉布斯函数　　$G_B = \left(\dfrac{\partial G}{\partial n_B}\right)_{T,p,n_C \neq n_B}$

② 只有在恒温恒压下，系统的广延性质随某一组分的物质的量的变化率才能称为偏摩尔量，任何其他条件（如恒温恒容、恒熵恒压等）下的变化率均不能称为偏摩尔量。

③ 任何偏摩尔量都是温度、压力和组成的函数。例如化学反应进行过程中，产物的浓度逐渐增大，反应物的浓度逐渐减少，此时各组分的偏摩尔吉布斯函数也随之而变。

对于纯物质，偏摩尔量就是摩尔量，即 $X_B = X_m^*(B)$，上标"＊"表示纯物质。

④ 偏摩尔量和摩尔量一样，也是强度性质，其值与多组分均相系统的总量无关。

七、化学势

（1）定义　在所有的偏摩尔量中，偏摩尔吉布斯函数 G_B 最为重要。它有一个专门名称叫做化学势，用符号 μ_B 表示。所以，化学势的定义式为

$$\mu_B = G_B = \left(\frac{\partial G}{\partial n_B}\right)_{T,p,n_C \neq n_B} \tag{2-126}$$

化学势是强度性质，单位为 J/mol。纯物质的化学势等于其摩尔吉布斯函数。

（2）化学势判据　在恒温恒压且没有其他功的条件下，多组分多相封闭系统中发生相变或化学反应时，其中任一相 α 都可看作是一个均相敞开系统

$$dG^\alpha = \sum_B \mu_B^\alpha dn_B^\alpha$$

若系统内有 α、β…等相，则系统的吉布斯函数变化量应等于各相吉布斯函数变化量之和，即

$$dG = dG^\alpha + dG^\beta + \cdots = \sum_B \mu_B^\alpha dn_B^\alpha + \sum_B \mu_B^\beta dn_B^\beta + \cdots = \sum_\alpha \sum_B \mu_B^\alpha dn_B^\alpha$$

根据吉布斯函数判据，可得

$$dG = \sum_\alpha \sum_B \mu_B^\alpha dn_B^\alpha \leqslant 0 \qquad \begin{cases} < & 自发 \\ = & 平衡 \end{cases} \tag{2-127}$$

这就是化学势的判据，用于判断在恒温恒压且没有其他功的条件下，封闭系统中相变或化学反应的方向和限度。

现以封闭系统中的相变为例说明化学势判据的应用。

如图 2-5 所示，某封闭系统由 α 和 β 两相组成。两相中都有组分 B，它在两相中的化学

势分别为 μ_B^α 和 μ_B^β。设在恒温恒压且没有其他功的条件下，有无限小量 dn_B 的 B 物质由 α 相迁移到 β 相，根据化学势判据式［式（2-127）］

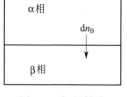

$$dG = \sum_\alpha \sum_B \mu_B^\alpha dn_B^\alpha = \mu_B^\alpha dn_B^\alpha + \mu_B^\beta dn_B^\beta \leqslant 0$$

因为 $dn_B^\alpha = -dn_B$，$dn_B^\beta = dn_B$，所以

$$(\mu_B^\beta - \mu_B^\alpha)dn_B \leqslant 0$$

因为 $dn_B > 0$，所以

图 2-5　相间转移

$$\mu_B^\beta - \mu_B^\alpha \leqslant 0 \qquad \begin{cases} < & 自发 \\ = & 平衡 \end{cases} \qquad (2\text{-}128)$$

此式表明，如果 $\mu_B^\beta < \mu_B^\alpha$，组分 B 将自发地由 α 相向 β 相迁移；如果 $\mu_B^\beta = \mu_B^\alpha$，组分 B 在两相中的分配已达平衡。由此可得出下列结论。

① 在恒温恒压且没有其他功的条件下，在多相封闭系统中，物质总是自发地从它的化学势较高的相向它的化学势较低的相迁移，直到它在两相中的化学势相等时为止。

② 多组分多相封闭系统达到相平衡时，不但各相的温度、压力相等，而且每一组分在各相中的化学势也必须相等。

第四节　气体的节流膨胀 ※

中、高压气体分子间是有互相作用力的，而且不能忽略。一定量的中、高压气体，分子间的相互作用力与气体的分子间距有关，也就是与气体的体积有关，其热力学能是温度和体积（或压力）的函数；同理，其焓是温度和压力（或体积）的函数，即 $U = f(T, V)$，$H = f(T, p)$。焦耳 - 汤姆生实验证实了这些结论。

一、　焦耳 - 汤姆生实验

图 2-6 所示装置为绝热圆筒，两端各有一活塞使系统内气体与周围环境隔开。圆筒中间有一刚性多孔塞把气体分成左右两部分。左侧气体状态为 T_1、p_1，缓缓推动左侧活塞，使左侧气体在保持恒定温度 T_1、压力 p_1 的条件下有体积 V_1 通过多孔塞向右侧膨胀；右侧也靠端部活塞控制，使气体保持压力 p_2，则左侧 V_1 体积的气体进入右侧时，体积将变为 V_2。实验结果测得右侧气

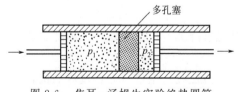

图 2-6　焦耳 - 汤姆生实验绝热圆筒

体的温度 T_2 明显低于左侧气体的温度 T_1。该实验即焦耳 - 汤姆生实验。

二、　节流膨胀

在绝热的条件下，流体的始、末态分别保持恒定压力的膨胀过程，称为节流膨胀。

焦耳 - 汤姆生实验装置示意图 2-6 中的左侧气体保持压力恒定在 p_1 的条件下，有 V_1 体积的气体通过多孔塞向右侧膨胀，右侧气体保持压力恒定在 p_2，这种膨胀过程就是节流膨胀。多数真实气体经节流膨胀后温度都下降，产生制冷效应。

1. 节流膨胀是等焓过程

节流膨胀是在绝热的条件下进行的，即 $Q=0$，过程的功 (W) 是左侧活塞推送 V_1 体积的气体，通过多孔塞时所做的功 p_1V_1（环境对系统做功为正）与右侧气体体积增加 V_2 推动右侧活塞时所做的功 p_2V_2（系统对环境做功为负）之和，故

$$W = p_1V_1 - p_2V_2$$

把 Q 及 W 的表达式代入热力学第一定律的数学表达式，得

$$U_2 - U_1 = 0 + (p_1V_1 - p_2V_2)$$

整理得

$$U_2 + p_2V_2 = U_1 + p_1V_1$$

即

$$H_2 = H_1$$

上式说明，节流膨胀的特点是等焓过程（$\Delta H = 0$）。

在节流膨胀中，气体的压力变化与其温度变化的关系可用节流膨胀系数进行讨论。

2. 节流膨胀系数

在指定温度、压力的状态下，气体经节流膨胀过程，其温度随压力的变化率，称为节流膨胀系数，也称焦耳 - 汤姆生系数，用符号"$\mu_{\text{J-T}}$"表示。

$\mu_{\text{J-T}}$ 的定义式
$$\mu_{\text{J-T}} = (\partial T / \partial p)_H \tag{2-129}$$

由于气体在节流膨胀中，$dp < 0$，所以有下列三种可能：

① 当 $\mu_{\text{J-T}} > 0$，则 $dT < 0$，气体在节流膨胀中温度降低；

② 当 $\mu_{\text{J-T}} < 0$，则 $dT > 0$，气体在节流膨胀中温度升高；

③ 当 $\mu_{\text{J-T}} = 0$，则 $dT = 0$，气体在节流膨胀中温度不变。

在常温下，大多数气体的节流膨胀系数为正值，$\mu_{\text{J-T}} > 0$，在节流膨胀中温度降低，产生制冷效应（H_2 和 He 例外，在常温下 $\mu_{\text{J-T}}$ 为负值，但在很低的温度时，$\mu_{\text{J-T}}$ 也转为正值）；而理想气体的节流膨胀系数 $\mu_{\text{J-T}}$ 恒为零（理想气体分子间无分子间力，即无热力学势能），节流膨胀对理想气体无效。至于真实气体在节流膨胀中 $\mu_{\text{J-T}}$ 的变化规律，请参阅有关文献。

3. 节流膨胀的应用

多数真实气体在温度不高时，经过节流膨胀，其温度降低，可实现制冷。因此工业生产和日常生活中常用来获得低温和冷量。

工业上利用节流膨胀的制冷原理，制造液态空气，方法是：空气首先经过压缩机，被压缩到 10MPa 左右的压力，通过冷凝器使空气中的水蒸气凝结，并从底部排出，利用热交换器使干燥空气得到冷却，然后冷空气（$\mu_{\text{J-T}} > 0$）通过节流阀，立即因节流膨胀而进一步降温，经过多次循环操作，温度就可降低到足以使空气液化，得到液态空气。

在使用高压气体钢瓶时，常可以看到有水（甚至冰霜）凝结在钢瓶的出口阀门上，原因是当高压气体通过减压阀非常快地从钢瓶逸出时，近似于绝热的节流膨胀，制冷效应造成附近空气中的水蒸气凝结。

本章小结

1. 热力学第一定律的数学表达式：$\Delta U = Q + W$

2. 焓的定义：$H = U + pV$

3. 功的计算：

体积功：$W = -\int_{V_1}^{V_2} p_{环} \, \mathrm{d}V$

当 $p_{环} = $ 常数时，$W = -\int_{V_1}^{V_2} p_{环} \, \mathrm{d}V = -p_{环}(V_2 - V_1) = -p_{环} \Delta V$

4. 热的计算

(1) pVT 过程热的计算

① 理想气体恒容过程：$Q_V = \Delta U = \int_{T_1}^{T_2} nc_{V,m} \mathrm{d}T$，

当 $c_{V,m}$ 为定值时：$Q_V = \Delta U = nc_{V,m}(T_2 - T_1)$

② 理想气体恒压过程：$Q_p = \Delta H = \int_{T_1}^{T_2} nc_{p,m} \mathrm{d}T$

当 $c_{p,m}$ 为定值时：$Q_p = \Delta H = nc_{p,m}(T_2 - T_1)$

③ 理想气体恒温过程：$\Delta H = \Delta U = 0$

④ 理想气体绝热过程：$Q = 0$

⑤ 凝聚态 pVT 过程热：$Q \approx \Delta U \approx \Delta H \approx \int_{T_1}^{T_2} nc_{p,m} \mathrm{d}T$

⑥ $c_{p,m}$ 与 $c_{V,m}$ 的关系：理想气体：$c_{p,m} - c_{V,m} = R$

凝聚态：$c_{p,m} = c_{V,m}$

(2) 相变过程：可逆相变　　　$Q_p = \Delta_\alpha^\beta H = n \Delta_\alpha^\beta H_m$

(3) 化学反应热的计算

① 由标准摩尔生成焓计算标准摩尔反应焓：$\Delta_r H_m^\ominus(T) = \sum_B \nu_B \Delta_f H_m^\ominus(B, T)$

② 由标准摩尔燃烧焓计算标准摩尔反应焓：$\Delta_r H_m^\ominus(T) = -\sum_B \nu_B \Delta_c H_m^\ominus(B, T)$

③ 基尔霍夫公式：$\Delta_r H_m^\ominus(T) = \Delta_r H_m^\ominus(298.15\mathrm{K}) + \int_{298.15\mathrm{K}}^{T} \Delta_r c_{p,m} \mathrm{d}T$

$$\Delta_r c_{p,m} = \sum_B \nu_B c_{p,m}(B)$$

5. 热力学第二定律：$\mathrm{d}S \geqslant \dfrac{\delta Q}{T_{环}} \begin{cases} > & 不可逆 \\ = & 可逆 \end{cases}$

6. 熵变的计算

(1) pVT 过程熵变的计算

① 理想气体恒温过程：$\Delta S = nR \ln \dfrac{V_2}{V_1} = nR \ln \dfrac{p_1}{p_2}$

② 理想气体恒容过程：$\Delta S = nc_{V,m} \ln \dfrac{T_2}{T_1}$

③ 理想气体恒压过程：$\Delta S = nc_{p,m} \ln \dfrac{T_2}{T_1}$

④ 理想气体 p、V、T 同时改变的过程：$\Delta S = nc_{V,m} \ln \dfrac{p_2}{p_1} + nc_{p,m} \ln \dfrac{V_2}{V_1}$

（2）理想气体混合过程：$\Delta_{mix}S = R\sum\limits_{B}n_B\ln\dfrac{V_2}{V_1(B)}$

（3）相变过程：可逆相变　$\Delta_\alpha^\beta S = \dfrac{\Delta_\alpha^\beta H}{T} = \dfrac{n\Delta_\alpha^\beta H_m}{T}$

（4）环境熵变的计算：$\Delta S_环 = -\dfrac{Q}{T_环}$

（5）化学反应熵变的计算

① 标准摩尔反应熵的计算化学反应熵变：$\Delta_rS_m^\ominus(T) = \sum\limits_{B}\nu_B S_m^\ominus(B,T)$

② 标准摩尔反应熵与温度的关系：

$$\Delta_rS_m^\ominus(T) = \Delta_rS_m^\ominus(298.15K) + \int_{298.15K}^{T}\dfrac{\Delta_r c_{p,m}}{T}dT$$

思考题

1. 凡是体系的温度升高时就一定吸热，而温度不变时，则体系既不吸热也不放热。这种说法是否正确？ 举例说明。

2. 功和热都不是状态函数，为什么任一循环过程的功和热的总和均为零？

3. "物质的温度越高，则热量越多"或"开水比冷水含的热量多"这两种说法是否正确？

4. 焓是状态函数，而热不是状态函数，怎样理解 $Q_p = \Delta H$？ 是否只有恒压过程才有 ΔH？

5. 下列说法是否正确。

① 恒温过程的 Q 一定为零。

② 在绝热、密闭、坚固的容器中发生化学反应，ΔU 一定为零，ΔH 不一定为零。

③ 不可逆过程就是过程发生后，系统不能再复原的过程。

④ 当热由系统传给环境时，系统的焓必减少。

⑤ 一氧化碳的标准摩尔生成焓也是同温下的标准摩尔燃烧焓。

⑥ 尽管 Q 和 W 都是过程函数，但 $(Q+W)$ 的数值与途径无关。

⑦ 不可逆过程一定是自发过程。

⑧ 在初、终态相同的情况下，分别进行可逆过程和不可逆过程，它们的熵变是否相同？

⑨ 食物在体内消化的过程是系统熵增加的过程。

⑩ 熵值不可能为负值。

6. 从同一初态出发，理想气体经绝热自由膨胀和绝热可逆膨胀，能否达到相同的终态？为什么？

7. 盖斯定律指出"不管化学变化是一步还是分几步完成，过程总的热效应相同"。然而，我们知道热是过程函数，两者是否矛盾？

8. 试举出三个化学反应，它们的反应热效应可以说是反应物中某物质的生成焓又可以说是该反应中另一物质的燃烧焓。

习题

一、选择题

1. 下列关于功和热的说法正确的是(　　　)。

(a) 都是途径函数，无确定的变化途径就无确定的数值。

(b) 都是途径函数，对应某一状态有一确定值。

(c) 都是状态函数，变化量与途径无关。

(d) 都是状态函数，始、终态确定其值也确定。

2. 在一绝热的刚壁容器中，发生化学反应使系统的温度和压力都升高，则(　　　)。

(a) $Q > 0，W > 0，\Delta U > 0$　　　　　(b)$Q = 0，W < 0，\Delta U < 0$

(c) $Q > 0，W = 0，\Delta U > 0$　　　　　(d)$Q = 0，W = 0，\Delta U = 0$

3. 一封闭系统，从始态出发经一循环过程后回到始态，则下列函数为零的是(　　　)。

(a)Q　　　　　　(b)W　　　　　　(c)$Q + W$　　　　　　(d)$Q - W$

4. 在温度 T 时反应 $C_2H_5OH(l) + 3O_2(g) \longrightarrow 2CO_2(g) + 3H_2O(l)$ 的 $\Delta_r H_m$ 与 $\Delta_r U_m$ 的关系为(　　　)。

(a)$\Delta_r H_m > \Delta_r U_m$　　　　　　　　(b)$\Delta_r H_m < \Delta_r U_m$

(c)$\Delta_r H_m = \Delta_r U_m$　　　　　　　(d) 无法确定

5. $H_2(g)$ 和 $O_2(g)$ 在绝热钢瓶中反应生成水，系统的温度升高了，此时下列各式正确的是(　　　)。

(a)$\Delta_r H = 0$　　　(b)$\Delta_r S = 0$　　　(c)$\Delta_r G = 0$　　　(d)$\Delta_r U = 0$

6. 系统从环境中吸热，此过程系统(　　　)。

(a)$Q = 0$　　　　(b)$Q > 0$　　　　(c)$Q < 0$

二、判断题

1. 1mol某理想气体，其 $c_{V,m}$ 为常数，由始态 T_1、V_1 绝热可逆膨胀到 V_2，则过程的熵变 $\Delta S > 0$。　　　　　　　　　　　　　　　　　　　　　　　　　(　　　)

2 一定量理想气体的内能只是温度的函数。　　　　　　　　　　　　(　　　)

3. 等温过程的特征是系统与环境间无热传递。　　　　　　　　　　　(　　　)

4. 可逆过程一定是循环过程。　　　　　　　　　　　　　　　　　　(　　　)

5. $3mol C_2H_5OH(l)$ 在等温下变为蒸气(假设为理想气体)，因该过程温度未改变，故 $\Delta U = 0，\Delta H = 0$。　　　　　　　　　　　　　　　　　　　　　　(　　　)

6. 石墨的标准摩尔燃烧焓即为 $CO_2(g)$ 的标准摩尔生成焓。　　　　　(　　　)

7. 根据热力学第二定律，功可以完全转变为热，但热不能完全转变为功。　(　　　)

8. 绝热过程都是等熵过程。　　　　　　　　　　　　　　　　　　　(　　　)

9. 熵增加的过程不一定是自发过程。　　　　　　　　　　　　　　　(　　　)

三、计算题

1. 求下列过程的体积功。

（1）一定量的理想气体由 $0.01m^3$ 反抗 $100kPa$ 的恒定外压膨胀到 $0.1m^3$。

（2）1mol 理想气体于恒压条件下温度升高 1℃。

（3）自由膨胀。

2. 如果一个系统从环境吸收了 40J 的热，而系统的热力学能却增加了 200J，问系统从环境得到了多少功？如果该系统在膨胀过程中对环境做了 10kJ 的功，同时吸收了 28kJ 的热，求系统的热力学能变化。

3. 在 25℃、101.325kPa 下，$1molH_2(g)$ 与 $0.5molO_2(g)$ 生成 $1molH_2O(l)$ 时放热 285.9kJ，求过程 Q、W、ΔU、ΔH。

4. 恒压下将 $100gFe_2O_3(s)$ 从 300K 加热至 900K 时所吸的热为多少？已知 $Fe_2O_3(s)$ 的恒压摩尔热容为 $c_{p,m} = [97.74 + 72.13 \times 10^{-3}(T/K) - 12.9 \times 10^5(T/K)^{-2}]J/(K \cdot mol)$。

5. 1mol 的理想气体，初态体积为 $25dm^3$，温度为 100℃，试分别计算通过下列三个不同途径恒温膨胀到末态体积 $100dm^3$，系统所做的功。

（1）在外压等于末态压力下进行膨胀。

（2）先在外压等于体积为 $50dm^3$ 时气体的平衡压力下，膨胀到 $50dm^3$，然后再在外压等于末态压力下进行膨胀。

（3）可逆膨胀。

6. 2mol 理想气体由 27℃、100kPa 恒温可逆压缩至 1000kPa，求该过程的 Q、W、ΔU、ΔH。已知气体 $c_{p,m} = 28.00J/(K \cdot mol)$。

7. 3mol 理想气体从 27℃ 恒压加热到 327℃，求此过程的 Q、W、ΔU、ΔH。已知 $c_{p,m} = 30.00J/(K \cdot mol)$。

8. 1mol 的氢气在 25℃ 以及 101.325kPa 下，经绝热可逆压缩到 $5dm^3$，试计算

（1）氢气的最终温度。

（2）氢气的最终压力。

（3）氢气与环境交换的功。

已知氢气为双原子理想气体，$c_{V,m} = 5/2R$。

9. 25℃ 的空气从 1013.25kPa 绝热可逆膨胀到 101.325kPa，如果做了 15060J 的功，计算空气的物质的量。已知空气的 $c_{p,m} = 7/2R$。

10. 1mol 水在 100℃、101.325kPa 下变成水蒸气。

（1）已知水的摩尔蒸发焓为 40.64kJ/mol，水的密度为 $958.8kg/m^3$，水蒸气的密度为 $0.5963kg/m^3$。求此过程的 Q、W、ΔU、ΔH。

（2）若忽略水的体积，并假设水蒸气可视为理想气体。求此过程的 Q、W、ΔU、ΔH。

11. 甲醇的正常沸点为 338.1K。该温度下其摩尔蒸发焓 35.3kJ/mol。现有 1mol、338.1K、101.3kPa 的液态甲醇在恒温恒压条件下变为甲醇蒸气，求该过程的 ΔH、Q。

12. 在 101.3kPa 下，逐渐加热 2mol、0℃ 的冰，使之成为 100℃ 的水蒸气。已知水的 $\Delta H_{凝固} = -6008J/mol$；$\Delta H_{升华} = 46676J/mol$；液态水的 $c_{p,m} = 75.3J/(K \cdot mol)$（过程中的相变都在可逆条件下完成，蒸气可视为理想气体），计算该过程的 Q、W、ΔU、ΔH。

13. 使用附录中标准摩尔生成焓数据，计算下列反应的标准摩尔反应焓 $\Delta_r H_m^{\ominus}(298.15K)$。

（1）$Fe_2O_3(s) + 2Al(s) \longrightarrow Al_2O_3(s) + 2Fe(s)$

(2) $4NH_3(g) + 3O_2(g) \longrightarrow 2N_2(g) + 6H_2O(l)$

(3) $CaO(s) + CO_2(g) \longrightarrow CaCO_3(s)$

14. 使用附录中标准摩尔燃烧焓数据，计算 298.15K 时下列反应的标准摩尔反应焓 $\Delta_r H_m^{\ominus}(298.15K)$。

$$C_3H_8(g) \longrightarrow CH_4(g) + C_2H_4(g)$$

15. 求下列反应在 298.15K 时的 $\Delta_r H_m$ 与 $\Delta_r U_m$ 之差：

(1) $N_2(g) + 3H_2(g) \longrightarrow 2NH_3(g)$

(2) $C(石墨) + O_2(g) \longrightarrow CO_2(g)$

(3) $4NH_3(g) + 5O_2(g) \longrightarrow 4NO(g) + 6H_2O(g)$

(4) $CaO(s) + H_2O(l) \longrightarrow Ca(OH)_2(s)$

16. 已知 298.15K 时：

物质	$\Delta_f H_m^{\ominus}/(kJ/mol)$	$c_{p,m}/[J/(K \cdot mol)]$
$CO(g)$	-111	29.14
$CO_2(g)$	-394	37.13
$H_2(g)$	0	28.83
$CH_3OH(g)$	-201.2	45.2
$H_2O(g)$	-242	33.57
$H_2O(l)$	-286	75.3

求：(1) $H_2(g)$ 的燃烧焓。

(2) $CH_3OH(g)$ 的燃烧焓为多少。

(3) $CO(g) + 2H_2(g) \longrightarrow CH_3OH(g)$ 反应的 $\Delta_r H_m^{\ominus}(298.15K)$ 为多少(kJ/mol)。

(4) 该反应的 $\Delta_r U_m(298.15K)$ 为多少(kJ/mol)。

(5) 计算 $CO(g) + 2H_2(g) \longrightarrow CH_3OH(g)$ 反应在 670K 时的 $\Delta_r H_m^{\ominus}(670K)$。

17. 1mol 单原子理想气体 $c_{V,m} = 1.5R$，经三种可逆途径，从同样的始态 $p_1 = 506.5kPa$，$T_1 = 298.15K$，到达相同的末态 $p_2 = 101.325kPa$，$T_2 = T_1 = 298.15K$。这三种可逆途径分别为：

(1) 途径 I 为恒温过程。

(2) 途径 II 为先经恒压过程，再进行恒容过程。

(3) 途径 III 为先经绝热过程，再进行恒压过程。

分别计算三种途径的 Q 和 ΔS，并说出由此说明什么问题。

18. 设 $O_2(g)$ 为理想气体，$c_{p,m} = 29.1J/(K \cdot mol)$，求下列各过程中 1mol $O_2(g)$ 的 ΔS。

(1) 向真空膨胀体积增加 1 倍。

(2) 恒温可逆膨胀体积增加 1 倍。

(3) 绝热可逆膨胀体积增加 1 倍。

(4) 恒压加热使体积增加 1 倍。

19. 请计算 298.15K、101.325kPa 下，1dm³ $Ar(g)$ 和 0.5dm³ $CH_4(g)$ 在恒温恒压下混合熵变 ΔS，并说明过程是否可逆。已知 $Ar(g)$ 和 $CH_4(g)$ 可视为理想气体。20.1mol、100℃、101.325kPa 的水，向真空蒸发成 100℃、101.325kPa 的水蒸气。试计算此过程的 $\Delta S(系统)$、$\Delta S(环境)$、$\Delta S(隔离)$，并判断此过程是否为自发过程。

20. 根据附录数据，计算下列反应在 25℃ 时的标准摩尔反应熵 $\Delta_r S_m^{\ominus}(298.15K)$：

(1) $H_2(g) + \dfrac{1}{2}O_2(g) \longrightarrow H_2O(l)$

(2) $H_2(g) + Cl_2(g) \longrightarrow 2HCl(g)$

(3) $CH_4(g) + \dfrac{1}{2}O_2(g) \longrightarrow CH_3OH(l)$

21. 1mol 理想气体在 27℃ 恒温可逆膨胀从 1013.25kPa 变到 101.325kPa，计算此过程的 ΔU、ΔH、ΔS、ΔA、ΔG。

22. 已知苯的正常沸点是 353.1K，该温度下汽化热为 30.81kJ/mol。试计算下列过程 Q、W、ΔU、ΔH、ΔS、ΔA 及 ΔG。

(1) 1mol 苯在 353.1K、101.325kPa 下，恒温恒压蒸发为苯蒸气。

(2) 1mol 353.1K、101.325kPa 的苯向真空容器蒸发，全部变为 353.1K、101.325kPa 的苯蒸气。

23. 试计算反应 $N_2(g) + O_2(g) \longrightarrow 2NO(g)$ 在 298.15K 时的标准摩尔反应吉布斯函数 $\Delta_r G_m^{\ominus}(298.15K)$，所需数据查附录。

24. 根据附录计算反应 $N_2(g) + 3H_2(g) \longrightarrow 2NH_3(g)$ 在标准状态下的 $\Delta_r H_m^{\ominus}(298.15K)$、$\Delta_r S_m^{\ominus}(298.15K)$、$\Delta_r G_m^{\ominus}(298.15K)$。

第三章

化学平衡

学习目标

1. 理解化学平衡和化学反应等温方程式，会用 $\Delta_r G_m$ 判断反应方向；
2. 掌握标准平衡常数 $K^\ominus$ 的定义式和表达式及其测定与计算；
3. 了解其他平衡常数；
4. 掌握平衡转化率及平衡组成的计算；
5. 掌握温度、浓度、压力、惰性气体及原料配比对化学平衡的影响及其应用。

一个化学反应，在一定温度、压力和浓度下，能否朝着指定的方向进行，进行到什么程度反应就达到了平衡。什么是化学平衡呢？化学平衡是一种动态平衡，从宏观上看，参与反应的各物质的数量不再随时间变化；但从微观上看，正逆反应仍在进行，只是二者速率相等。化学反应用平衡常数、反应物的转化率和产物的产率来表示反应进行的程度。化工生产中，人们预期得到更大的转化率和产率，需要选择合适的温度、压力和浓度等物理参数，这些参数就构成工艺操作规程。这就是化学平衡要解决的核心问题。

化学平衡是物理化学的重要理论，是指导化工生产的重要依据。本章主要讨论化学反应的方向和化学平衡的特点；平衡常数及平衡转化率的计算；浓度、温度、压力等因素对化学平衡的影响。

第一节　化学反应等温方程式

一、 化学反应的方向

1. 化学反应的方向

大多数化学反应均为可逆反应。例如，高温下 $CO_2(g)$ 和 $H_2(g)$ 反应可以生成 $CO(g)$ 和 $H_2O(g)$；同时 $CO(g)$ 和 $H_2O(g)$ 也可以生成 $CO_2(g)$ 和 $H_2(g)$。因此这个反应表示为：

$$CO_2(g) + H_2(g) \rightleftharpoons CO(g) + H_2O(g)$$

在一定的条件(温度、压力和浓度)下,反应达到平衡,宏观上表现为参加反应的各物质浓度不再改变;在微观上,反应并未停止,正逆反应仍在进行,只是正逆反应速率相等,因此各物质浓度不变。

自然界中一切变化过程都是有方向的。例如,水可以自发地由高处流向低处,水流的方向可以用水位差 Δh 来判断;热可以自发地由高温物体传给低温物体,热流的方向可以用温度差 ΔT 来判断;气体可以自发地从高压流向低压,气流的方向可以用压力差 Δp 判断。那么化学反应的方向如何判断呢? 化学反应用 ΔG 来判断反应进行的方向,这是人类长期实践经验总结出来的规律。在等温、等压且不做非体积功的条件下,化学反应的方向可以用反应前后吉布斯函数的变化作为判据,即

$$\Delta G_{T,p,W'=0} \leqslant 0 \qquad \begin{cases} \text{"}<\text{" 反应自发进行} \\ \text{"}=\text{" 反应处于平衡态} \end{cases}$$

对于一个化学反应,反应前后的吉布斯函数变化如何找到呢? 这里引入摩尔反应吉布斯函数和标准摩尔反应吉布斯函数的概念。

2. 摩尔反应吉布斯函数与标准摩尔反应吉布斯函数

在恒温、恒压、不做非体积功和浓度不变的条件下,无限大量的反应系统中发生 1mol 化学反应所引起系统的吉布斯函数的变化值,称为摩尔反应吉布斯函数,用符号"$\Delta_r G_m$"表示,单位为 J/mol。下角标"r"表示反应,"m"表示发生 1mol 反应。如果化学反应是在标准状态($p_B = 100kPa$,$c = 1.0mol/L$)下进行,则称为标准摩尔反应吉布斯函数,用符号"$\Delta_r G_m^{\ominus}$"表示,上角标"$\ominus$"表示标准。以 $\Delta_r G_m$ 作为化学反应方向的判据,则有:

$$\Delta_r G_m \leqslant 0 \qquad \begin{cases} <0 & \text{反应自发进行} \\ =0 & \text{平衡态} \end{cases}$$

因此化学平衡的条件就是 $\Delta_r G_m = 0$。

二、 化学反应等温方程式

$\Delta_r G_m$ 的数值取决于化学反应本身,也与温度、压力及其浓度有关。对理想气体化学反应 $eE(g) + fF(g) \rightleftharpoons mM(g) + nN(g)$

等温方程为
$$\Delta_r G_m = \Delta_r G_m^{\ominus} + RT \ln Q_p \tag{3-1}$$

式中　$\Delta_r G_m$ —— 摩尔反应吉布斯函数,J/mol;

　　　$\Delta_r G_m^{\ominus}$ —— 标准摩尔反应吉布斯函数,J/mol;

　　　　T —— 热力学温度,K;

　　　　Q_p —— 压力商,无量纲。

式中 Q_p 的表达式为

$$Q_p = \frac{(p_M/p^{\ominus})^m (p_N/p^{\ominus})^n}{(p_E/p^{\ominus})^e (p_F/p^{\ominus})^f} = \prod_B (p_B/p^{\ominus})^{\nu_B} \tag{3-2}$$

Q_p 为非平衡时各物质分压比标准压力商的幂指数乘积,幂指数为该物质的化学计量数。

$\Delta_r G_m^{\ominus}$ 为化学反应处于标准状态($p_B = 100kPa$,$c = 1.0mol/L$)时进行的摩尔吉氏函数的

变化值,令 $\Delta_r G_m^{\ominus} = -RT\ln K^{\ominus}$,则等温方程式变为: $\hspace{3cm}$ (3-3)

$$\Delta_r G_m = -RT\ln K^{\ominus} + RT\ln Q_p \tag{3-4}$$

因此,判断化学反应方向,就变成了比较 Q_p 与 $K^{\ominus}$ 的大小问题:

$K^{\ominus} > Q_p$,则 $\Delta_r G_m < 0$,反应正向自发进行;

$K^{\ominus} = Q_p$,则 $\Delta_r G_m = 0$,反应达到平衡;

$K^{\ominus} < Q_p$,则 $\Delta_r G_m > 0$,反应逆向自发进行。

第二节　平衡常数

一、 标准平衡常数 $K^{\ominus}$

根据式(3-3) 得

$$K^{\ominus} = \exp(-\Delta_r G_m^{\ominus}/RT) \tag{3-5}$$

根据标准态的规定,气体的标准态为温度 T 时,压力 $p = p^{\ominus} = 100\text{kPa}$ 下的纯理想气体状态,因此 $\Delta_r G_m^{\ominus}$ 仅是温度的函数,所以 $K^{\ominus}$ 也仅是温度的函数。

随着反应进行,各组分的分压不断变化,最后达到平衡:

$$\Delta_r G_m = \Delta_r G_m^{\ominus} + RT\ln Q_{p\text{平衡}} = 0 \tag{3-6}$$

此时的压力商

$$Q_{p\text{平衡}} = \frac{(p_M/p^{\ominus})^m_{\text{平衡}}(p_N/p^{\ominus})^n_{\text{平衡}}}{(p_E/p^{\ominus})^e_{\text{平衡}}(p_F/p^{\ominus})^f_{\text{平衡}}} = K^{\ominus} \tag{3-7}$$

二、 平衡常数的其他表示方法

实际计算中,为方便起见,平衡常数也可用气体混合物组成如分压力 p_B、摩尔分数 y_B、物质的量 n_B 或浓度 c_B 等表示,对应的平衡常数为 K_p、K_y、K_n 和 K_c。 以上述理想气体反应为例:

$$e\text{E(g)} + f\text{F(g)} \rightleftharpoons m\text{M(g)} + n\text{N(g)}$$

1. K_p 的表达式

$$K_p = \frac{p_M^m p_N^n}{p_E^e p_F^f} = \prod_B p_B^{\nu_B} \tag{3-8}$$

$K^{\ominus}$ 和 K_p 的关系

$$K^{\ominus} = \prod_B (p_B/p^{\ominus})^{\nu_B} = \prod_B p_B^{\nu_B}(p^{\ominus})^{-\sum \nu_B}$$

$$= K_p(p^{\ominus})^{-\sum \nu_B} \tag{3-9}$$

式中　K_p —— 用分压表示的平衡常数,$(\text{Pa})^{\sum \nu_B}$;

$p^{\ominus}$——标准压力，100kPa；

$K^{\ominus}$——标准平衡常数，无量纲。

$\sum \nu_B$——反应方程式中计量系数的代数和，无量纲。

2. K_y 的表达式

$$K_y = \frac{y_M^m y_N^n}{y_E^e y_F^f} = \prod_B y_B^{\nu_B} \tag{3-10}$$

$K^{\ominus}$ 和 K_y 的关系

$$K^{\ominus} = \prod_B (p_B/p^{\ominus})^{\nu_B} = \prod_B (y_B p/p^{\ominus})^{\nu_B} = \prod_B y_B^{\nu_B} (p/p^{\ominus})^{\sum \nu_B}$$

$$= K_y (p/p^{\ominus})^{\sum \nu_B} \tag{3-11}$$

式中　　K_y——用摩尔分数表示的平衡常数，无量纲；

p——反应达到平衡时气体的总压力，Pa。

$K^{\ominus}$、$p^{\ominus}$、$\sum \nu_B$ 同上。

3. K_n 的表达式

$$K_n = \frac{n_M^m n_N^n}{n_E^e n_F^f} = \prod_B n_B^{\nu_B} \tag{3-12}$$

$K^{\ominus}$ 和 K_n 的关系

$$K^{\ominus} = \prod_B (p_B/p^{\ominus})^{\nu_B} = \prod_B \left(\frac{n_B}{\sum n_B} \times \frac{p}{p^{\ominus}} \right)^{\nu_B} = \prod_B n_B^{\nu_B} \left(\frac{p}{p^{\ominus} \sum n_B} \right)^{\sum \nu_B}$$

$$= K_n \left(\frac{p}{p^{\ominus} \sum n_B} \right)^{\sum \nu_B} \tag{3-13}$$

式中　　K_n——用物质的量表示的平衡常数，$(mol)^{\sum \nu_B}$；

$\sum n_B$——平衡时各气体的物质的量之和，mol；

p——反应达到平衡时气体的总压力，Pa。

$K^{\ominus}$、$p^{\ominus}$、$\sum \nu_B$ 同上。

4. K_c 的表达式，如液相反应

$$K_c = \frac{c_M^m c_N^n}{c_E^e c_F^f} = \prod_B c_B^{\nu_B} \tag{3-14}$$

$$K^{\ominus} = K_c \left(\frac{RT}{p^{\ominus}} \right)^{\sum_B \nu_B} \tag{3-15}$$

式中　　K_c——用浓度表示的平衡常数，$(mol/L)^{\sum \nu_B}$ 或 $(mol/m^3)^{\sum \nu_B}$。

三、 有纯态固体或者液体参加的理想气体反应平衡常数

参加反应的各物质不一定都在同一个相，各物质处于不同相的反应称为多相反应。如有

固态纯物质或液态纯物质参加的多相反应：

$$cC(g) + dD(l) \Longrightarrow hH(g) + lL(s)$$

反应达到平衡时，平衡常数的关系式同样适用，即

$$K^{\ominus} = \frac{(p_H/p^{\ominus})^h (p_L/p^{\ominus})^l}{(p_C/p^{\ominus})^c (p_D/p^{\ominus})^d}$$

纯固体或纯液体，在一定温度下反应达到平衡时的平衡分压即为该温度下固体或液体的饱和蒸气压，而此纯固体或纯液体的饱和蒸气压在数值上只与温度有关，与纯固体或纯液体的数量无关，因此反应温度恒定时，可以把纯固体或纯液体的饱和蒸气压视为常数，合并到标准平衡常数中，上述平衡常数表达式可写成

$$K^{\ominus} = \frac{(p_H/p^{\ominus})^h}{(p_C/p^{\ominus})^c} = \prod_B (p_{B(气)}/p^{\ominus})^{\nu_B} \tag{3-16}$$

因此在常压下，表示多相反应的标准平衡常数 $K^{\ominus}$ 时，只用气相各组分的平衡分压即可，不考虑纯态固体和纯态液体。

关于平衡常数的三点说明如下。

① 平衡常数表达式必须与计量方程式相对应。同一个化学反应，以不同的计量方程式表示时，其平衡常数的数值不同。例如，合成氨反应

$$N_2(g) + 3H_2(g) \Longrightarrow 2NH_3(g)$$

$$K_1^{\ominus} = \frac{(p_{NH_3}/p^{\ominus})^2}{(p_{N_2}/p^{\ominus})(p_{H_2}/p^{\ominus})^3}$$

$$\frac{1}{2}N_2(g) + \frac{3}{2}H_2(g) \Longrightarrow NH_3(g)$$

$$K_2^{\ominus} = \frac{p_{NH_3}/p^{\ominus}}{(p_{N_2}/p^{\ominus})^{\frac{1}{2}}(p_{H_2}/p^{\ominus})^{\frac{3}{2}}}$$

显然，$K_1^{\ominus} = (K_2^{\ominus})^2$

② 标准平衡常数的数值仅与温度有关，而与其他因素无关；其他平衡常数 K_p、K_y、K_n 和 K_c，它们的数值不仅与温度有关，还与压力、浓度、原料配比等因素有关。

③ 正逆相反应平衡常数互为倒数，即

$$K_逆 = \frac{1}{K_正}$$

【**例 3-1**】 已知：298.15K 时反应

(1) $CH_4(g) + H_2O(g) \Longrightarrow CO(g) + 3H_2(g)$ $\quad K_1^{\ominus} = 1.2 \times 10^{-25}$

(2) $CH_4(g) + 2H_2O(g) \Longrightarrow CO_2(g) + 4H_2(g)$ $\quad K_2^{\ominus} = 1.3 \times 10^{-20}$

求：反应(3)$CH_4(g) + CO_2(g) \Longrightarrow 2CO(g) + 2H_2(g)$ 的标准平衡常数 $K_3^{\ominus}$。

解：因为(3)=2×(1)−(2)，$\Delta_r G_m^{\ominus}$ 为状态函数，只决定于系统的始终态，而与过程所经历的途径无关，所以有

$$\Delta_r G_{m,3}^{\ominus} = 2\Delta_r G_{m,1}^{\ominus} - \Delta_r G_{m,2}^{\ominus}$$

$$-RT\ln K_3^{\ominus} = -2RT\ln K_1^{\ominus} - (-RT\ln K_2^{\ominus})$$

$$K_3^{\ominus} = \frac{K_1^{\ominus 2}}{K_2^{\ominus}} = \frac{(1.2 \times 10^{-25})^2}{1.3 \times 10^{-20}} = 1.1 \times 10^{-30}$$

第三节 平衡转化率和平衡产率

平衡常数是很有用的数据，它不仅能衡量一个化学反应在一定温度下是否达到了平衡，还能进行有关平衡转化率、平衡产率与平衡组成的计算，通过实际产率与理论产率的比较，可以发现生产条件和生产工艺上存在的问题。利用平衡常数还能计算标准摩尔反应吉布斯函数。

一、 平衡转化率和平衡产率的计算

1. 平衡转化率

平衡转化率是指反应达到平衡时已转化的某种反应物占该反应物投料量的分数，即

$$平衡转化率 = \frac{平衡时某反应物消耗掉的量}{该反应物的投料量} \times 100\%$$

2. 平衡产率

平衡产率是指反应达到平衡时转化为指定产物的某反应物占该反应物投料量的分数，即

$$平衡产率 = \frac{平衡时转化为指定产物的某反应物的量}{该反应物的投料量} \times 100\%$$

对于某些分解反应也将反应物的平衡转化率称为解离度。若无副反应，则产率等于转化率，若有副反应，则产率小于转化率。

【例 3-2】 在 400K、1000kPa 条件下，由 1mol 乙烯与 1mol 水蒸气反应生成乙醇气体，测得标准平衡常数为 0.099，试求在此条件下乙烯的转化率，并计算平衡时系统中各物质的浓度。（气体可视为理想气体。）

解： 设 C_2H_4 的转化率为 α：

$$C_2H_4(g) + H_2O(g) \Longrightarrow C_2H_5OH(g)$$

开始时	1	1	0
平衡时	$1-\alpha$	$1-\alpha$	α

平衡后混合物总量　　$(1-\alpha) + (1-\alpha) + \alpha = 2-\alpha$

$$K^{\ominus} = \frac{\left(\dfrac{\alpha}{2-\alpha}\right)\left(\dfrac{p}{p^{\ominus}}\right)}{\left(\dfrac{1-\alpha}{2-\alpha}\right)^2 \left(\dfrac{p}{p^{\ominus}}\right)^2} = 0.099$$

由题给数据可知，$p = 1000\text{kPa}$，因此求得 $\alpha = 0.291$，即乙烯的转化率为 29.1%。平衡系统中各物质的摩尔分数为：

$$y(C_2H_4) = \frac{1-\alpha}{2-\alpha} = \frac{0.709}{1.709} = 0.415$$

$$y(H_2O) = \frac{1-\alpha}{2-\alpha} = \frac{0.709}{1.709} = 0.415$$

$$y(C_2H_5OH) = \frac{\alpha}{2-\alpha} = \frac{0.291}{1.709} = 0.170$$

【**例 3-3**】 在 $250℃$ 下，$PCl_5(g)$ 可分解为 $PCl_3(g)$ 与 $Cl_2(g)$，将 $0.1mol\ PCl_5(g)$ 放入体积为 $3dm^3$ 的瓶内，瓶内原放有压力为 $50662.5Pa$ 的 $Cl_2(g)$。问在 $250℃$ 下，解离达平衡后 PCl_5 的解离度以及各气体的平衡分压。已知 $250℃$ 下的 $K^\ominus = 1.801$。

解：

	$PCl_5(g)$	$\rightleftharpoons$	$PCl_3(g)$	$+$	$Cl_2(g)$
开始时	0.1		0		x
平衡时	$0.1(1-\alpha)$		0.1α		$0.1\alpha+x$

x 可用理想气体状态方程求得。

$$T = 250 + 273.15 = 523.15K$$

未反应时

$$pV = xRT$$

所以

$$x = pV/RT = 50662.5 \times 3 \times 10^{-3}/(8.314 \times 523.15)$$
$$= 0.035(mol)$$

系统总物质的量　　$\sum n_B = 0.1 - 0.1\alpha + 0.1\alpha + 0.1\alpha + x = 0.135 + 0.1\alpha$

$$K^\ominus = K_y(p/p^\ominus)^{\sum \nu_B}$$

$$= \frac{\dfrac{0.1\alpha(0.035+0.1\alpha)}{(0.135+0.1\alpha)^2}}{\dfrac{0.1-0.1\alpha}{0.135+0.1\alpha}} \times \left(\frac{p}{p^\ominus}\right)^{2-1}$$

而 $p = (0.135+0.1\alpha)RT/V$，代入上式

$$K^\ominus = \frac{0.1\alpha(0.035+0.1\alpha)/(0.135+0.1\alpha)^2}{(0.1-0.1\alpha)/(0.135+0.1\alpha)}(0.135+0.1\alpha)RT/(p^\ominus V)$$

$$K^\ominus p^\ominus V/RT = (0.0035\alpha + 0.01\alpha^2)/(0.1-0.1\alpha)$$

整理得

$$0.01\alpha^2 + 0.0159\alpha - 0.0124 = 0$$

$$\alpha = 0.573$$

若求平衡时各组分的平衡分压，应先求出系统的总压，即

$$p = \frac{\sum n_B RT}{V} = \frac{(0.135+0.1\alpha)RT}{V}$$

$$= \frac{(0.135+0.0573) \times 8.314 \times 523.15}{3 \times 10^{-3}}$$

$$= 278801(Pa) = 278.801(kPa)$$

所以

$$p(PCl_5) = \frac{0.1(1-\alpha)}{0.135+0.1\alpha} \times p = 61.91kPa$$

$$p(PCl_3) = \frac{0.1\alpha}{0.135+0.1\alpha} \times p = 83.07kPa$$

$$p(Cl_2) = p - p(PCl_5) - p(PCl_3) = 133.82kPa$$

二、 平衡常数的计算

【**例 3-4**】 $0.5dm^3$ 的容器内装有 $1.588g$ 的 $N_2O_4(g)$，在 $25℃$ 下 $N_2O_4(g)$ 按 $N_2O_4(g) \rightleftharpoons 2NO_2(g)$ 反应部分解离，测得解离达平衡时容器的压力为 $101.325kPa$，求上述解离反应的 $K^\ominus$。

解： 设 $N_2O_4(g)$ 未解离前的物质的量为 n_0，达平衡时余下的 $N_2O_4(g)$ 之物质的量为

n，根据反应，应有如下关系：

$$N_2O_4(g) \Longrightarrow 2NO_2(g)$$

开始时	n_0	0
平衡时	n	$2(n_0-n)$

而 $n_0 = m_0(N_2O_4)/M(N_2O_4) = 1.588/92 = 0.01726 (mol)$

平衡时容器内总的物质的量

$$n(总) = n + 2n_0 - 2n = 2n_0 - n = (0.03452 - n)$$

$$pV = n(总)RT = (0.03452 - n)RT$$

$$0.03452 - n = pV/RT$$

$$n = 0.03452 - pV/RT$$

$$= [0.03452 - 101325 \times 0.5 \times 10^{-3}/(8.314 \times 298.15)]$$

$$= 0.01408 (mol)$$

$$K^{\ominus} = K_n[p/(p^{\ominus}\sum n_B)]^{\sum \nu_B}$$

$$= \frac{[2(n_0-n)]^2}{n} \times [(p/p^{\ominus})/(0.03452-n)]^{2-1}$$

$$= \frac{(2 \times 0.00318)^2}{0.01408} \times \frac{101.325}{100} \times \frac{1}{0.03452 - 0.01408}$$

$$= 0.142$$

三、 标准摩尔反应吉布斯函数的计算

1. 由 $\Delta_f G_m^{\ominus}$ 计算 $\Delta_r G_m^{\ominus}$

在一定温度和标准压力 $p^{\ominus}$ 下，由稳定相态单质(包括纯的理想气体、纯固体或液体)生成 1mol 指定相态的化合物时吉布斯函数的变化，称为标准摩尔生成吉布斯函数，用符号"$\Delta_f G_m^{\ominus}$"表示，单位 J/mol。按照定义可知，标准状态下稳定相态单质的 $\Delta_f G_m^{\ominus}$ 为零。附录四中列出了一些物质在 298.15K 时的 $\Delta_f G_m^{\ominus}$ 值。对于任意化学反应

$$\Delta_r G_m^{\ominus} = \sum_B \nu_B \Delta_f G_{m,B}^{\ominus} \tag{3-17}$$

式中 $\Delta_r G_m^{\ominus}$ —— 标准摩尔反应吉布斯函数，J/mol；

$\Delta_f G_{m,B}^{\ominus}$ —— 标准摩尔生成吉布斯函数，J/mol；

ν_B —— 化学反应方程式中生成物和反应物的计量系数，无量纲。

【例 3-5】 求算反应：

$$CO(g) + Cl_2(g) \Longrightarrow COCl_2(g)$$

在 298.15K 及标准压力下的 $\Delta_r G_m^{\ominus}$ 和 $K^{\ominus}$。已知 $\Delta_f G_m^{\ominus}(CO,g) = -137.2 kJ/mol$，$\Delta_f G_m^{\ominus}(COCl_2,g) = -210.5 kJ/mol$。

解： $Cl_2(g)$ 是稳定相态单质，其 $\Delta_f G_m^{\ominus} = 0$。所以反应的

$$\Delta_r G_m^{\ominus} = [(-210.5) - (-137.2 + 0)] = -73.3 (kJ/mol)$$

由 $\Delta_r G_m^{\ominus} = -RT\ln K^{\ominus}$

$$K^{\ominus} = \exp\left(\frac{-\Delta_r G_m^{\ominus}}{RT}\right) = \exp\left(\frac{73.3 \times 10^3}{8.314 \times 298.15}\right)$$
$$= 7.06 \times 10^{12}$$

2. 由 $K^{\ominus}$ 计算 $\Delta_r G_m^{\ominus}$

由于 $\Delta_r G_m^{\ominus} = -RT\ln K^{\ominus}$，可以用 $\Delta_r G_m^{\ominus}$ 计算 $K^{\ominus}$，也可以由 $K^{\ominus}$ 计算 $\Delta_r G_m^{\ominus}$。

【例 3-6】 在 1000K、标准压力下，反应 $2SO_3(g) \rightleftharpoons 2SO_2(g) + O_2(g)$ 的 $K^{\ominus} = 3.54$。求：此反应的 $\Delta_r G_m^{\ominus}$。

解：
$$\Delta_r G_m^{\ominus} = -RT\ln K^{\ominus} = -8.314 \times 1000 \times \ln 3.54$$
$$= -10509.95(J/mol) = -10.51(kJ/mol)$$

3. 由 $\Delta_f H_m^{\ominus}$ 和 $S_m^{\ominus}$ 计算 $\Delta_r G_m^{\ominus}$

由
$$\Delta_r G_m^{\ominus} = \Delta_r H_m^{\ominus} - T\Delta_r S_m^{\ominus} \tag{3-18}$$
其中
$$\Delta_r H_m^{\ominus} = \sum_B \nu_B \Delta_f H_{m,B}^{\ominus}$$
$$\Delta_r S_m^{\ominus} = \sum_B \nu_B S_{m,B}^{\ominus}$$

式中　$\Delta_r G_m^{\ominus}$——标准摩尔反应吉布斯函数，J/mol；

$\Delta_f H_m^{\ominus}$——标准摩尔生成焓，J/mol；

$S_m^{\ominus}$——标准摩尔熵，J/(mol·K)；

$\Delta_r H_m^{\ominus}$——标准摩尔反应焓，J/mol；

$\Delta_r S_m^{\ominus}$——标准摩尔反应熵，J/(mol·K)；

T——热力学温度，K。

【例 3-7】 反应 $CO_2(g) + 2NH_3(g) \rightleftharpoons (NH_2)_2CO(s) + H_2O(l)$，已知：

物质	$CO_2(g)$	$NH_3(g)$	$(NH_2)_2CO(s)$	$H_2O(l)$
$\Delta_f H_m^{\ominus}(298.15K)/(kJ/mol)$	−393.5	−46.1	−333.5	−285.8
$S_m^{\ominus}(298.15K)/[J/(mol·K)]$	213.7	192.4	104.6	69.9

在 25℃，标准状态下反应能否自发进行？

解： $\Delta_r H_m^{\ominus} = \sum_B \nu_B \Delta_f H_{m,B}^{\ominus}$
$$= \lceil (-333.5) + (-285.8) - (-393.5) - 2 \times (-46.1) \rceil$$
$$= -133.6(kJ/mol)$$
$$\Delta_r S_m^{\ominus} = \sum_B \nu_B S_{m,B}^{\ominus}$$
$$= (104.6 + 69.9 - 213.7 - 2 \times 192.4)$$
$$= -424.0[J/(mol·K)]$$
$$\Delta_r G_m^{\ominus} = \Delta_r H_m^{\ominus} - T\Delta_r S_m^{\ominus}$$
$$= [-133.6 - 298.15 \times (-424.0 \times 10^{-3})]$$
$$= -7.18(kJ/mol)$$

标准状态下，$\Delta_r G_m = \Delta_r G_m^{\ominus} = -7.18kJ/mol < 0$，反应能够自发进行。

第四节   各种因素对化学平衡移动的影响

一定条件下，温度、压力和反应物配比的改变均可使化学平衡发生移动。但是标准平衡常数 $K^{\ominus}$ 只与温度有关，而不随浓度、压力等条件变化；一定温度下 $K^{\ominus}$ 不变，改变反应物的起始浓度、压力等因素，化学平衡也将发生移动，转化率也会发生变化。本节将分别讨论温度、压力及惰性气体对化学平衡的影响。

一、   温度对化学平衡的影响

温度通过改变平衡常数使化学平衡发生移动。通常情况下，依据热力学数据计算出298.15K 的标准平衡常数，再根据变温公式计算实际反应温度下的标准平衡常数。

范特霍夫经过长期研究，用热力学方法推导出了热力学平衡常数与温度的关系式，称为化学反应等压方程或范特霍夫方程。其表达式为：

$$\left(\frac{\mathrm{d}\ln K^{\ominus}}{\mathrm{d}T}\right)_p = \frac{\Delta_r H_m^{\ominus}}{RT^2} \tag{3-19}$$

式中　　$K^{\ominus}$——标准平衡常数，无量纲；

$\quad\Delta_r H_m^{\ominus}$——标准摩尔反应焓，J/mol；

$\quad\quad R$——摩尔气体常数，其值为 8.314J/(mol·K)；

$\quad\quad T$——热力学温度，K。

此式为任意化学反应的标准平衡常数随温度变化的微分形式。可以看出，当 $\Delta_r H_m^{\ominus} > 0$，反应为吸热反应，若升高温度将使 $K^{\ominus}$ 增大，有利于正向反应的进行；当 $\Delta_r H_m^{\ominus} < 0$，反应为放热反应，若升高温度将使 $K^{\ominus}$ 减小，不利于正向反应的进行。

当温度变化范围较小时，$\Delta_r H_m^{\ominus}$ 随温度的变化可以忽略，或者在所讨论的范围内将 $\Delta_r H_m^{\ominus}$ 近似看作常数，即可将式(3-19)进行积分。

定积分为
$$\ln \frac{K_2^{\ominus}}{K_1^{\ominus}} = -\frac{\Delta_r H_m^{\ominus}}{R}\left(\frac{1}{T_2} - \frac{1}{T_1}\right) \tag{3-20a}$$

或
$$\lg \frac{K_2^{\ominus}}{K_1^{\ominus}} = -\frac{\Delta_r H_m^{\ominus}}{2.303R}\left(\frac{1}{T_2} - \frac{1}{T_1}\right) \tag{3-20b}$$

式中　　$K_2^{\ominus}$——温度 T_2 时的标准平衡常数，无量纲；

$\quad\quad K_1^{\ominus}$——温度 T_1 时的标准平衡常数，无量纲。

不定积分为
$$\ln K^{\ominus} = -\frac{\Delta_r H_m^{\ominus}}{RT} + C \tag{3-21a}$$

或
$$\lg K^{\ominus} = -\frac{\Delta_r H_m^{\ominus}}{2.303RT} + C' \tag{3-21b}$$

式中　　$K^{\ominus}$——温度 T 时的标准平衡常数，无量纲；

C——不定积分常数，无量纲。

C'——不定积分常数，无量纲。

通过实验测出不同温度下的 $K^{\ominus}$，由 $\ln K^{\ominus}$ 对 $1/T$ 作图，得一直线，直线的斜率为 $-\Delta_r H_m^{\ominus}/R$，由此可以求得 $\Delta_r H_m^{\ominus}$。

【例 3-8】　在 1137K、101.325kPa 条件下，反应 $Fe(s)+H_2O(g) \Longrightarrow FeO(s)+H_2(g)$ 达平衡时，$H_2(g)$ 的平衡分压力 $p(H_2)=60.0kPa$；压力不变而将反应温度升高至 1298K 时，平衡分压力 $p'(H_2)=56.93kPa$。求：

(1) $1137 \sim 1298K$ 范围内上述反应的标准摩尔反应焓 $\Delta_r H_m^{\ominus}$（$\Delta_r H_m^{\ominus}$ 在此温度范围内为常数）。

(2) 1200K 下上述反应的 $\Delta_r G_m^{\ominus}$。

解：(1) 反应 $\qquad Fe(s)+H_2O(g) \Longrightarrow FeO(s)+H_2(g)$

平衡时	1137K	41.325kPa	60.0kPa
	1298K	44.395kPa	56.93kPa

1137K 时
$$K_1^{\ominus}=\frac{p(H_2)/p^{\ominus}}{p(H_2O)/p^{\ominus}}=\frac{60.0/100}{41.325/100}=1.452$$

1298K 时
$$K_2^{\ominus}=\frac{p'(H_2)/p^{\ominus}}{p'(H_2O)/p^{\ominus}}=\frac{56.93/100}{44.395/100}=1.282$$

$$\ln\frac{K_2^{\ominus}}{K_1^{\ominus}}=-\frac{\Delta_r H_m^{\ominus}}{R}\left(\frac{1}{T_2}-\frac{1}{T_1}\right)$$

$$\Delta_r H_m^{\ominus}=\frac{RT_2T_1}{T_2-T_1}\ln(K_2^{\ominus}/K_1^{\ominus})$$

$$=\left(\frac{8.314\times1298\times1137}{1298-1137}\ln\frac{1.282}{1.452}\right)$$

$$=-9490(J/mol)$$

(2) $T_3=1200K$，$K_3^{\ominus}$ 的计算为

$$\ln\frac{K_3^{\ominus}}{K_1^{\ominus}}=-\frac{\Delta_r H_m^{\ominus}}{R}\left(\frac{1}{T_3}-\frac{1}{T_1}\right)$$

$$\ln K_3^{\ominus}=\ln1.452-\frac{-9490}{8.314}\left(\frac{1137-1200}{1200\times1137}\right)$$

$$=0.3202$$

则
$$K_3^{\ominus}=1.377$$

所以
$$\Delta_r G_m^{\ominus}(1200K)=-RT\ln K_3^{\ominus}$$

$$=(-8.314\times1200\times\ln1.377)$$

$$=-3195(J/mol)$$

二、总压力和惰性组分对化学平衡的影响

1. 总压力对平衡的影响

总压力的变化对固相或液相反应的平衡几乎没有什么影响。总压力不能改变标准平衡常

数，但是对于有气体参加的化学反应，若其气相计量系数代数和 $\sum \nu_B(g) \neq 0$，总压力的变化将引起化学平衡的移动。

对于 $\sum \nu_B(g) < 0$ 的反应（分子数减少），增大系统压力 p，$(p/p^{\ominus})^{\sum \nu_B}$ 减小，K_y 增大，平衡向生成物方向移动，即向系统总压减小的方向移动。

对于 $\sum \nu_B(g) > 0$ 的反应（分子数增加），增大系统压力 p，$(p/p^{\ominus})^{\sum \nu_B}$ 增大，K_y 减小，平衡向反应物方向移动，也是向系统总压减小的方向移动。

由此可知对于有气体参加的化学反应，增大压力，平衡向总是向着气体分子数减小的方向移动。

对于 $\sum \nu_B(g) = 0$ 的反应，$(p/p^{\ominus})^{\sum \nu_B} = 1$，$K^{\ominus} = K_y$，压力的改变对平衡没有影响。

【例 3-9】 已知合成氨反应 $\frac{1}{2} N_2(g) + \frac{3}{2} H_2(g) \Longleftrightarrow NH_3(g)$，在 500K 时的 $K^{\ominus} = 0.29683$，若反应物 $N_2(g)$ 与 $H_2(g)$ 符合化学计量比，试估算此温度时，$100 \sim 1000kPa$ 下的平衡转化率 α。可近似按理想气体计算。

解：
$$\frac{1}{2} N_2(g) + \frac{3}{2} H_2(g) \Longleftrightarrow NH_3(g)$$

开始时 $\qquad\qquad 1 \qquad\qquad 3 \qquad\qquad 0$

平衡时 $\qquad\qquad 1-\alpha \qquad 3(1-\alpha) \qquad 2\alpha \qquad\qquad \sum n_B = 4 - 2\alpha$

$$K^{\ominus} = K_p (p^{\ominus})^{-\sum \nu_B} = \frac{\frac{2\alpha}{4-2\alpha} p}{\left(\frac{1-\alpha}{4-2\alpha} p\right)^{\frac{1}{2}} \times \left(\frac{3(1-\alpha)}{4-2\alpha} p\right)^{\frac{3}{2}}} p^{\ominus}$$

$$= \frac{2^2 \alpha (2-\alpha) p^{\ominus}}{3^{\frac{3}{2}} p (1-\alpha)^2}$$

将上式整理得
$$\alpha = 1 - \frac{1}{\sqrt{1 + 1.299 K^{\ominus} \left(\dfrac{p}{p^{\ominus}}\right)}}$$

代入 $p = 100 \sim 1000kPa$ 数值，可得如下计算结果

$p = 100kPa$ 时，$\alpha = 0.150$；$p = 200kPa$ 时，$\alpha = 0.249$；

$p = 500kPa$ 时，$\alpha = 0.416$；$p = 1000kPa$ 时，$\alpha = 0.546$

从结果可以看出，增加压力对气体体积减小的反应有利。

2. 惰性气体对化学平衡的影响

惰性气体是指存在于系统中但不参与反应（既不是反应物也不是生成物）的气体。对于气相化学反应来说，当温度和压力都一定时，若向反应系统中充入惰性气体，它不影响标准平衡常数，但却影响平衡组成，因而使平衡发生移动。

加入惰性气体，相当于减小总压力，平衡向气体分子数增加的方向移动。如：工业上乙苯脱氢生产苯乙烯反应

$$C_6H_5C_2H_5(g) \Longleftrightarrow C_6H_5C_2H_3(g) + H_2(g)$$

由于 $\sum \nu(g) > 0$，故减压有利于生产更多的苯乙烯。工程中减压要求设备的强度、密封性都会有所增加。如果设备一旦漏气，有空气进入系统会有爆炸的危险。如果通入惰性气

体——水蒸气，与减压作用相同，既经济又安全。

【例 3-10】 工业上乙苯脱氢制苯乙烯的化学反应，已知 627℃时 $K^{\ominus}=1.49$。试求算在此温度及标准压力时乙苯的平衡转化率；若用水蒸气与乙苯的物质的量之比为 10 的原料气，结果又将如何？

解：　　　$C_6H_5C_2H_5(g) \Longleftrightarrow C_6H_5C_2H_3(g)+H_2(g)$ 　　　　H_2O

开始时　　　　　　　　1　　　　　　　0　　　　　0　　　　　n

平衡时　　　　　　$1-\alpha$　　　　　α　　　α　　　n

设系统中水蒸气 $H_2O(g)$ 的物质的量为 n，则

$$n_{总}=1+\alpha+n$$

$$K^{\ominus}=K_n\left(\frac{p}{p^{\ominus}n_{总}}\right)^{\Sigma \nu_B}=\frac{\alpha^2}{1-\alpha}\left[\frac{p}{p^{\ominus}(1+\alpha+n)}\right]$$

标准压力下，$p=p^{\ominus}$，上式整理得：

$$K^{\ominus}=\frac{\alpha^2}{1-\alpha}\times\frac{1}{1+\alpha+n}=1.49$$

不充入水蒸气时，$n=0$，所以

$$\frac{\alpha^2}{1-\alpha^2}=1.49$$

$$\alpha=0.774=77.4\%$$

当充入水蒸气，$n=10\text{mol}$ 时，则

$$\frac{\alpha^2}{(1-\alpha)(11+\alpha)}=1.49$$

$$\alpha=0.949=94.9\%$$

结果表明，加入水蒸气后，苯乙烯的理论转化率明显提高。系统中加入惰性气体有利于 $\Sigma \nu(g)>0$ 的反应。对于 $\Sigma \nu(g)<0$ 的反应，如合成氨反应，加入惰性组分不利于氨的生成。在实际生产中，要将尚未转化成氨的 N_2、H_2 原料气循环使用，而且要不断加入新鲜的原料气，循环气与新鲜的原料气中均含有惰性气体，如甲烷等，它们不参与反应，但是在反应过程中不断积累，惰性气体不利于氨的生成，必须定期排放。

3. 反应物配比对化学平衡的影响

对于气相化学反应

$$eE(g)+fF(g)\Longleftrightarrow mM(g)+nN(g)$$

若反应开始时只有原料气 E（g）和 F（g），没有产物，两反应物的摩尔比 $r=n_F/n_E$，则 r 的变化范围为 $0<r<\infty$。在一定温度和压力下，调整反应物配比，使 r 从小到大，各组分的转化率以及产物的含量将如何变化？下面以合成氨反应为例：

$$N_2(g)+3H_2(g)\Longleftrightarrow 2NH_3(g)$$

在 773K、30.4MPa 条件下，平衡混合物中氨气的体积分数与原料配比的关系见下表：

$r=n_{H_2}/n_{NH_3}$	1	2	3	4	5	6
$\phi_{NH_3}/\%$	18.8	25.0	26.4	25.8	24.2	22.2

从表中数据可以看出，原料平衡组成在 $r=3$ 时，氨在混合物中浓度达到最大值。由此可以证实，气相化学反应，两种反应物以化学计量数之比反应时产物在平衡体系中浓度最大，即 $r=\nu_F/\nu_E$。

在化工生产中，改变反应物的配比是降低成本、提高经济效益的一种手段。一般让价廉易得的原料适当过量，以提高另一种原料的转化率。例如水煤气转化反应中，为了尽可能地利用 CO，使水蒸气过量；在 SO_2 氧化生成 SO_3 的反应中，让氧气过量，使 SO_2 充分转化。但是一种原料的过量也应适度。此外，对于气相反应，要注意原料气的性质，防止它们的配比进入爆炸范围，以免引起安全事故。

上述关于温度、压力、惰性气体和原料配比对化学平衡的影响，可以归结为一句话：处于平衡态的体系，改变外界条件，平衡会向削弱该变化的方向移动。

 阅读材料

氨的合成

氨是化工生产中产量最大的产品之一，是化肥工业和其他化工产品的主要原料。其中约有 80% 的氨用于制造化学肥料，可以加工成各种氮肥和含氮复合肥料，如尿素、硫酸铵、氯化铵、硝酸铵、磷酸铵等，其余可以生产硝酸、纯碱、含氮无机盐等，氨还被用于制药以及国防工业中。因此，氨在国民经济中占有重要地位。目前氨的生产是氮气、氢气在高温、高压及催化剂作用下直接合成，由于反应转化率不高，氨在平衡体系中一般只有 10%～20%，所以氨合成工艺通常采用循环流程。

合成氨的热效应：

$$\frac{1}{2}N_2(g)+\frac{3}{2}H_2(g)\Longleftrightarrow NH_3(g) \quad \Delta_r H_m^\ominus(298.15K)=-46.22kJ/mol$$

从计量方程式可以看出：合成氨是放热反应，是气体分子数减少的反应。因此应该采取低温、高压条件。氢氮比 $r=3$，不能利用加入惰性气体来增加转化率。

合成氨反应的催化剂，经过多年的研究与使用，常以熔铁为主，主要成分是 Fe_3O_4，添加 Al_2O_3、K_2O、SiO_2、MgO、CaO 等助催化剂以提高催化剂的活性、抗毒性和耐热性等。

总之，合成氨反应工艺为：降低温度，提高压力，保持氢氮比为 3 左右，并减少惰性气体含量。加入催化剂不能提高平衡氨含量，但可以加快反应速率。

再比如二氧化硫氧化为三氧化硫的反应为：

$$SO_2+\frac{1}{2}O_2\Longleftrightarrow SO_3 \quad \Delta_r H_m^\ominus(298.15K)=-96.24kJ/mol$$

此反应是可逆放热、体积缩小的反应。同时，这个反应只有在催化剂存在下，才能实现工业生产。

其平衡常数可表示为：

$$K_p=\frac{p(SO_3)}{p(SO_2)p(O_2)^{0.5}}$$

式中　$p(SO_2)$，$p(O_2)$，$p(SO_3)$——SO_2、O_2 及 SO_3 的平衡分压。

二氧化硫氧化反应所用催化剂，主要有铂、氧化铁及钒三种。铂催化剂活性高，但价格昂贵，且易中毒。氧化铁催化剂廉价易得，在 640℃ 以上高温时才具有活性，转化率低。钒催化剂的活性、热稳定性及机械强度都比较理想，而且价格便宜，在工业上较普遍。

总之，二氧化硫氧化为三氧化硫反应工艺为：低温、高压、加催化剂。但此反应常压下平衡转化率已经较高，通常达到 95％～98％，所以工业生产中不需要采用高压。

本章小结

1. 化学反应的平衡条件　$\Delta_r G_m = 0$

2. 化学反应方向及限度的判据

① $\Delta_r G_m \leqslant 0$ $\begin{cases} <0 & \text{反应自发进行} \\ =0 & \text{平衡态} \end{cases}$

② Q_p 判据 $\begin{cases} Q_p < K^\ominus, & \text{反应自发进行} \\ Q_p = K^\ominus, & \text{反应达到平衡} \\ Q_p > K^\ominus, & \text{反应逆向自发进行} \end{cases}$

3. 化学反应等温方程式 $\Delta_r G_m = \Delta_r G_m^\ominus + RT \ln Q_p$

$$\text{或 } \Delta_r G_m = -RT \ln K^\ominus + RT \ln Q_p$$

4. 压力商 Q_p

各物质分压与标准压力商的幂指数乘积，称为压力商，幂指数为各物质的计量系数。在反应开始至达到平衡，压力商逐渐变化，直到与 $K^\ominus$ 相等为止。因此 $K^\ominus$ 为化学反应达到平衡时各反应组分的压力商。$K^\ominus = Q_p(\text{平衡}) = \prod_B (p_B(\text{平衡})/p^\ominus)^{\nu_B}$

5. $\Delta_r G_m^\ominus$ 与 $K^\ominus$ 的关系　$\Delta_r G_m^\ominus = -RT \ln K^\ominus$　　　$K^\ominus = \exp(-\Delta_r G_m^\ominus / RT)$

6. 标准平衡数 $K^\ominus$ 及其他平衡常数 K_p、K_y、K_n 和 K_c

$$K^\ominus = \prod_B (p_B(\text{平衡})/p^\ominus)^{\nu_B}$$

$$K_p = \prod_B p_B^{\nu_B} \qquad K_y = \prod_B y_B^{\nu_B} \qquad K_n = \prod_B n_B^{\nu_B} \qquad K_c = \prod_B c_B^{\nu_B}$$

$K^\ominus$ 与 K_p、K_y、K_n、K_c 的关系

$$K^\ominus = K_p (p^\ominus)^{-\Sigma \nu_B} \qquad\qquad K^\ominus = K_y \left(\frac{p}{p^\ominus}\right)^{\Sigma \nu_B}$$

$$K^\ominus = K_n \left(\frac{p}{p^\ominus \Sigma n_B}\right)^{\Sigma \nu_B} \qquad K^\ominus = K_c (c^\ominus)^{-\Sigma \nu_B}$$

7. 有纯固态或者纯液态参加的多相反应的标准平衡常数

$$K^\ominus = \prod_B (p_{B(\text{气})}/p^\ominus)^{\nu_B}$$

8. 平衡转化率：反应达到平衡时已转化的某种反应物占该反应物投料量的分数。

$$\text{转化率} = \frac{\text{平衡时某反应物消耗掉的量}}{\text{该反应物的投料量}} \times 100\%$$

产率：反应达到平衡时转化为指定产物的某反应物占该反应物投料量的分数。

$$\text{产率} = \frac{\text{平衡时转化为指定产物的某反应物的量}}{\text{该反应物的投料量}} \times 100\%$$

9. 标准摩尔反应吉布斯函数的计算

① 由 $\Delta_f G_m^{\ominus}$ 计算 $\Delta_r G_m^{\ominus}$ $\Delta_r G_m^{\ominus} = \sum_B \nu_B \Delta_f G_{m,B}^{\ominus}$

② 由 $K^{\ominus}$ 计算 $\Delta_r G_m^{\ominus}$ $\Delta_r G_m^{\ominus} = -RT\ln K^{\ominus}$

③ 由 $\Delta_f H_m^{\ominus}$ 和 $S_m^{\ominus}$ 计算 $\Delta_r G_m^{\ominus}$ $\Delta_r G_m^{\ominus} = \Delta_r H_m^{\ominus} - T\Delta_r S_m^{\ominus}$

其中 $\Delta_r H_m^{\ominus} = \sum_B \nu_B \Delta_f H_{m,B}^{\ominus}$ $\Delta_r S_m^{\ominus} = \sum_B \nu_B S_{m,B}^{\ominus}$

10. 温度对化学平衡的影响

微分式 $\left(\dfrac{d\ln K^{\ominus}}{dT}\right)_p = \dfrac{\Delta_r H_m^{\ominus}}{RT^2}$

定积分式 $\ln\dfrac{K_2^{\ominus}}{K_1^{\ominus}} = -\dfrac{\Delta_r H_m^{\ominus}}{R}\left(\dfrac{1}{T_2} - \dfrac{1}{T_1}\right)$ $\lg\dfrac{K_2^{\ominus}}{K_1^{\ominus}} = -\dfrac{\Delta_r H_m^{\ominus}}{2.303R}\left(\dfrac{1}{T_2} - \dfrac{1}{T_1}\right)$

不定积分式 $\ln K^{\ominus} = -\dfrac{\Delta_r H_m^{\ominus}}{RT} + C$ $\lg K^{\ominus} = -\dfrac{\Delta_r H_m^{\ominus}}{2.303RT} + C'$

升高温度对吸热反应有利，降低温度对放热反应有利。

11. 浓度、压力、惰性气体及反应物配比对化学平衡的影响。

① 增加反应物的浓度或较少生成物的浓度都会使反应向生成物方向移动。

② 增大反应系统的总压力，化学平衡向气体分子数减少的方向移动；反之，减小反应系统的压力，化学平衡向气体分子数增大的方向移动。

③ 在反应系统总压力不变的情况下，加入惰性气体，相当于减小了参加反应物质的总压力，从而化学平衡向气体分子数增大的方向移动。

④ 当原料配比按反应方程式的计量系数比投入时，产物的产率最高。让一种价廉易得原料适当过量，当反应达平衡时，可以提高另一种原料的转化率。

思考题

1. 在 $\Delta_r G_m^{\ominus} = -RT\ln K^{\ominus}$ 中，$K^{\ominus}$ 是理想气体反应的标准平衡常数。$K^{\ominus}$ 与哪些因素有关？

2. 在等温方程式中 $\Delta_r G_m = \Delta_r G_m^{\ominus} + RT\ln Q_p$，$\Delta_r G_m^{\ominus}$、$K^{\ominus}$ 均是温度的函数，Q_p 亦是温度的函数，对吗？为什么？Q_p 与 $K^{\ominus}$ 有什么区别？

3. 比较 $\Delta_r G_m$、$\Delta_r G_m^{\ominus}$、$\Delta_f G_m^{\ominus}$ 三个物理量的异同，浅析它们之间的关系。

4. 凡是 $\Delta_r G_m > 0$ 的反应，在任何条件下均不能自发进行，而凡是 $\Delta_r G_m < 0$ 的反应，在任何条件下都能自发进行，这种说法是否正确？

5. 因为理想气体反应的标准平衡常数 $K^{\ominus}$ 仅与温度有关，所以温度一定时，在任何压力下化学反应的平衡组成都不变，这种说法对吗？

6. 若反应：$SO_2(g) + \dfrac{1}{2}O_2(g) \Longleftrightarrow SO_3(g)$ 的标准平衡常数为 $K_1^{\ominus}$，反应 $2SO_2(g) + O_2(g) \Longleftrightarrow 2SO_3(g)$ 的标准平衡常数为 $K_2^{\ominus}$，两者之间存在什么关系？两反应达平衡时，哪一个反应的转化率更高？

7. 在 1373K 下反应：

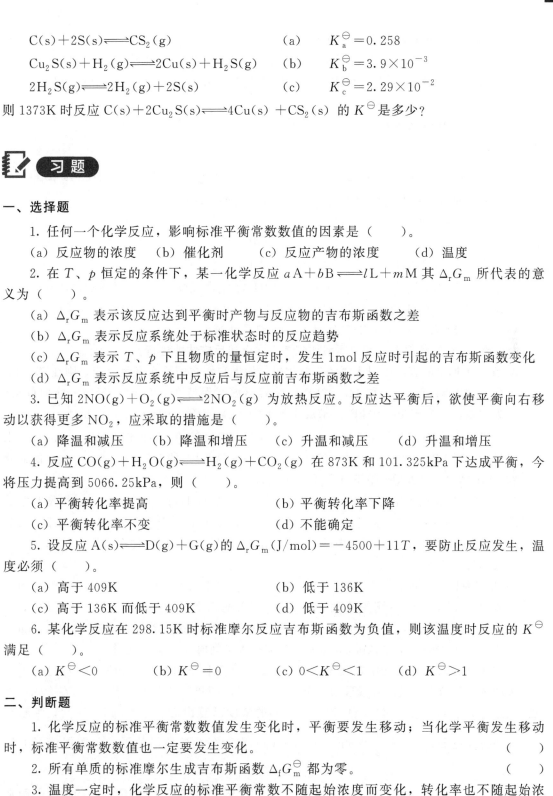

$$C(s)+2S(s) \Longleftrightarrow CS_2(g) \qquad (a) \qquad K_a^{\ominus}=0.258$$

$$Cu_2S(s)+H_2(g) \Longleftrightarrow 2Cu(s)+H_2S(g) \qquad (b) \qquad K_b^{\ominus}=3.9\times10^{-3}$$

$$2H_2S(g) \Longleftrightarrow 2H_2(g)+2S(s) \qquad (c) \qquad K_c^{\ominus}=2.29\times10^{-2}$$

则 1373K 时反应 $C(s)+2Cu_2S(s) \Longleftrightarrow 4Cu(s)+CS_2(s)$ 的 $K^{\ominus}$ 是多少？

习题

一、选择题

1. 任何一个化学反应，影响标准平衡常数数值的因素是（　　）。

(a) 反应物的浓度　　(b) 催化剂　　(c) 反应产物的浓度　　(d) 温度

2. 在 T、p 恒定的条件下，某一化学反应 $aA+bB \Longleftrightarrow lL+mM$ 其 $\Delta_r G_m$ 所代表的意义为（　　）。

(a) $\Delta_r G_m$ 表示该反应达到平衡时产物与反应物的吉布斯函数之差

(b) $\Delta_r G_m$ 表示反应系统处于标准状态时的反应趋势

(c) $\Delta_r G_m$ 表示 T、p 下且物质的量恒定时，发生 1mol 反应时引起的吉布斯函数变化

(d) $\Delta_r G_m$ 表示反应系统中反应后与反应前吉布斯函数之差

3. 已知 $2NO(g)+O_2(g) \Longleftrightarrow 2NO_2(g)$ 为放热反应。反应达平衡后，欲使平衡向右移动以获得更多 NO_2，应采取的措施是（　　）。

(a) 降温和减压　　(b) 降温和增压　　(c) 升温和减压　　(d) 升温和增压

4. 反应 $CO(g)+H_2O(g) \Longleftrightarrow H_2(g)+CO_2(g)$ 在 873K 和 101.325kPa 下达成平衡，今将压力提高到 5066.25kPa，则（　　）。

(a) 平衡转化率提高　　　　　　(b) 平衡转化率下降

(c) 平衡转化率不变　　　　　　(d) 不能确定

5. 设反应 $A(s) \Longleftrightarrow D(g)+G(g)$ 的 $\Delta_r G_m(J/mol)=-4500+11T$，要防止反应发生，温度必须（　　）。

(a) 高于 409K　　　　　　　　(b) 低于 136K

(c) 高于 136K 而低于 409K　　(d) 低于 409K

6. 某化学反应在 298.15K 时标准摩尔反应吉布斯函数为负值，则该温度时反应的 $K^{\ominus}$ 满足（　　）。

(a) $K^{\ominus}<0$　　　　(b) $K^{\ominus}=0$　　　　(c) $0<K^{\ominus}<1$　　　　(d) $K^{\ominus}>1$

二、判断题

1. 化学反应的标准平衡常数数值发生变化时，平衡要发生移动；当化学平衡发生移动时，标准平衡常数数值也一定要发生变化。（　　）

2. 所有单质的标准摩尔生成吉布斯函数 $\Delta_f G_m^{\ominus}$ 都为零。（　　）

3. 温度一定时，化学反应的标准平衡常数不随起始浓度而变化，转化率也不随起始浓度变化。（　　）

4. Q_p 表示化学反应在任意时刻的压力商，随着反应的不断进行，其数值不断接近标准平衡常数 $K^{\ominus}$，当反应达到平衡时 Q_p 等于 $K^{\ominus}$。（　　）

5. 升高温度对吸热的化学反应有利。   (   )

6. 因为 $\Delta_r G_m^{\ominus}=-RT\ln K^{\ominus}$，所以 $\Delta_r G_m^{\ominus}$ 是在平衡状态时吉布斯函数的变化值。   (   )

7. 从反应系统中将生成物移出，可以促使化学平衡向生成物方向移动，提高产率。
(   )

8. 当原料配比按化学方程式的计量系数比投入时，产物的产率最高。   (   )

三、计算题

1. 已知 $N_2O_4(g)$ 的分解反应 $N_2O_4(g)\Longleftrightarrow 2NO_2(g)$，在 298.15K 时，$\Delta_r G_m^{\ominus}=$ 4.75kJ/mol，试判断在此温度及下列条件下反应进行的方向：

(1) $N_2O_4(g)$ 1000kPa $NO_2(g)$ 100kPa

(2) $N_2O_4(g)$ 100kPa $NO_2(g)$ 1000kPa

(3) $N_2O_4(g)$ 300kPa $NO_2(g)$ 200kPa

2. 在 1000K 时，反应 $C(s)+2H_2(g)\Longleftrightarrow CH_4(g)$ 的 $\Delta_r G_m^{\ominus}=19397J/mol$，现有与碳反应的气体，其中含 $CH_4(g)$ 10%、$H_2(g)$ 80%、$N_2(g)$ 10%（摩尔分数），试问：

(1) $T=1000K$，$p=101.325kPa$ 时，甲烷能否生成？

(2) 在 (1) 的条件下，压力须增加到多少，上述反应才能进行？

3. 在一个抽空的容器中引入氯和二氧化硫，如果它们之间没有发生反应，则在 375.3K 时的分压分别为 47.866kPa 和 44.786kPa。将容器温度保持在 375.3K，经过一定时间后，压力变为常数，且等于 86.096kPa。求反应 $SO_2Cl_2(g)\Longleftrightarrow SO_2(g)+Cl_2(g)$ 的 $K^{\ominus}$。

4. $PCl_5(g)$ 的分解反应 $PCl_5(g)\Longleftrightarrow PCl_3(g)+Cl_2(g)$ 在 473K 时的 $K^{\ominus}=0.312$。求 (1) 473K 及 200kPa 下 $PCl_5(g)$ 的离解度；(2) 组成为 1:5 的 $PCl_5(g)$ 与 $Cl_2(g)$ 的混合物，在 473K 及 101.325kPa 下 $PCl_5(g)$ 的离解度。

5. 在 298.15K 的真空容器中的固态 NH_4HS 分解为 $NH_3(g)$ 与 $H_2S(g)$，平衡时容器内的压力为 66.66kPa。试计算当放入 $NH_4HS(s)$ 时，(1) 容器中已有 39.99kPa 的 $H_2S(g)$，求平衡时容器中的压力；(2) 容器中已有 6.666kPa 的 $NH_3(g)$，问需加多大压力的 $H_2S(g)$，才能形成 NH_4HS 固体。

6. 现有理想气体间的反应 $A(g)+B(g)\Longleftrightarrow C(g)+D(g)$，(1) 开始时，A 和 B 均为 1mol，在 298.15K 反应达到平衡时，A 与 B 物质的量各为 1/3mol，求此反应的 $K^{\ominus}$。(2) 开始时 A 为 1mol，B 为 2mol；(3) 开始时 A 为 1mol，B 为 1mol，C 为 0.5mol；(4) 开始时 C 为 1mol，D 为 2mol，分别求反应达到平衡时 C 的物质的量。

7. 某些工厂排出的废气中含有 SO_2，SO_2 在一定条件下可氧化为 SO_3，SO_3 进一步与大气中的水蒸气结合生成酸雾或酸雨，对农田、森林、建筑物及人体造成危害。在 298.15K 时，根据空气中 $O_2(g)$、$SO_2(g)$ 和 $SO_3(g)$ 的浓度已算出 Q_p 为 22.45×10^{-3}，判断在 298.15K 时反应 $SO_2(g)+\frac{1}{2}O_2(g)\longrightarrow SO_3(g)$ 能否发生？所需的 $\Delta_f G_m^{\ominus}$ 数据请查书后附录。

8. 在 200~400K 的温度区间内，反应 $NH_4Cl(s)\longrightarrow NH_3(g)+HCl(g)$ 的标准平衡常数与温度的关系为： $\ln K^{\ominus}=-\dfrac{21019K}{T}+37.3$

试计算：(1) 此温度范围内平均标准摩尔反应焓 $\Delta_r H_m^{\ominus}$；(2) 在温度为 300K 时反应的标准平

衡常数；(3) 温度为 300K 时反应的 $\Delta_r G_m^{\ominus}$。

9. 求气相反应 $2SO_2 + O_2 \longrightarrow 2SO_3$ 在温度为 1100K 时的标准平衡常数 $K^{\ominus}$。已知该反应在温度为 1000K 时的 $K^{\ominus}$ 为 3.45，该反应在此温度范围内的平均标准摩尔反应焓 $\Delta_r H_m^{\ominus}$ 为 -189.1 kJ/mol。

10. 在合成氨生产中，为了将水煤气中的 CO 和水蒸气转化为 H_2，需要进行变换反应：$CO(g) + H_2O(g) \longrightarrow CO_2(g) + H_2(g)$，已知该反应在温度为 500K 时的 $K^{\ominus}$ 为 126，在 800K 时的 $K^{\ominus}$ 为 3.07，试计算：(1) 在此温度范围内平均标准摩尔反应焓 $\Delta_r H_m^{\ominus}$；(2) 在 600K 时反应的标准平衡常数。

11. 在 100℃时，反应

$$COCl_2(g) \Longrightarrow CO(g) + Cl_2(g)$$

的 $K^{\ominus} = 8.1 \times 10^{-9}$，$\Delta_r S_m^{\ominus} = 125.6$ J/(K·mol)，计算：(1) 100℃、总压力为 200kPa 时 $COCl_2(g)$ 的离解度；(2) 100℃时反应的 $\Delta_r H_m^{\ominus}$。

12. 工业上用乙苯脱氢制苯乙烯

$$C_6H_5C_2H_5(g) \Longrightarrow C_6H_5C_2H_3(g) + H_2(g)$$

如果反应在 900K 下进行，其 $K^{\ominus} = 1.51$，试分别计算在下述情况下，乙苯的平衡转化率。反应系统压力为：(1) 100kPa；(2) 10kPa；(3) 101.325kPa，且加水蒸气使原料气中水蒸气与乙苯蒸气的物质的量比为 10:1。

13. 水煤气变换反应：$CO(g) + H_2O(g) \longrightarrow CO_2(g) + H_2(g)$，在温度为 1103K 时的标准平衡常数 $K^{\ominus}$ 为 1，试讨论在此温度下反应达平衡时，下列各条件下 CO 的转化率：(1) 在总压为 100kPa 下，1mol CO 和 1mol H_2O 进行反应；(2) 在总压为 100kPa 下，1mol CO 和 2mol H_2O 进行反应；(3) 在总压为 100kPa 下，1mol CO、1mol H_2O 和 1mol CO_2 进行反应；(4) 在总压为 1000kPa 下，1mol CO 和 1mol H_2O 进行反应；(5) 在总压为 100kPa 下，1mol CO、1mol H_2O 再加入 2mol N_2 进行反应。

第四章

电化学

1. 理解法拉第定律，并学会其有关计算。
2. 掌握电导、电导率、摩尔电导率的定义及浓度对电导率和摩尔电导率的影响。
3. 理解离子独立运动定律。
4. 了解电导测定的实际应用。
5. 了解原电池的表示方法，能根据电池写出相应的电极反应与电池反应。
6. 了解各类电极的特点、表示方法及电极电势的计算。
7. 理解可逆电池的概念，掌握能斯特方程及应用。
8. 掌握常用电极符号、电极和电极反应，掌握电极电势和电池电动势的计算及其应用。
9. 了解分解电压、极化作用的意义和超电势的概念及其产生的原因。

　　自然界中所有变化过程都是有方向的，有些化学反应在理论上来说是不能进行的。如果提供电能就能启动这个反应，这种过程称为电解。

　　电化学是物理化学的重要分支，是研究化学现象与电现象之间规律的科学。电化学涉及的范围很广，在生产方面，电化学对于冶金、化工及其化学电源等提供理论基础；在科学技术中，电化学方法如极谱分析、电位滴定、电导滴定、金属防护等都已经成为成熟的检测手段。本章主要研究内容有电解质溶液、原电池、电解和极化三部分。

第一节　法拉第定律

一、两类导体

　　按导电机理的不同，可将导体大致分为两类。

　　第一类导体是电子导体，包括金属、合金、石墨和某些固态金属化合物等，这类导体依靠自由电子的定向移动来导电，导电时导体本身不发生化学反应，但是会引起温度升高。温度升高，导体内部质点的热运动加剧，阻碍自由电子的定向移动，使电阻增大，导电能力降低。

第二类导体是离子导体，包括电解质溶液和熔融状态的电解质，由于自由电子不能穿过溶液，所以这类导体依靠带电离子的定向移动来导电，导电时电极与溶液的界面上要发生氧化还原反应。

若温度升高，液体黏度降低，离子运动阻力减小，此类导体导电能力增强。

实现化学能和电能相互转换的电化学装置有两种，一是原电池，它将化学能转化成电能；一是电解池，它将电能转变为化学能。无论是原电池还是电解池，要实现其能量之间的相互转化，都必须由三部分构成：

① 电解质溶液或熔融状态的电解质；

② 两个电极；

③ 外部由第一类导体构成的闭合回路。

电解质在溶液中解离成离子的现象叫电离。根据电解质电离度的大小，将电解质分为强电解质和弱电解质。强电解质在溶液中或熔融状态下几乎全部解离成正、负离子。弱电解质在溶液中部分解离成正、负离子，在一定条件下，正、负离子与未解离的电解质分子之间存在着电离平衡。电解质溶液的导电作用通过溶液中正负离子的迁移完成。电极一般是由金属或石墨等导体插入电解质溶液中构成的。

以 $CuCl_2$ 水溶液的电解为例，如图 4-1 所示，将两个 Pt 片浸入 $CuCl_2$ 水溶液中，电极与直流电源相连接。与外电源正极相连的 Pt 片为阳极，与外电源负极相连的 Pt 片为阴极。在外电场作用下，溶液中的 Cu^{2+} 向电势较低的阴极移动，而 Cl^- 向电势较高的阳极移动。溶液中的电流是靠离子的定向迁移来实现的。正、负离子的迁移方向虽然相反，但导电方向却是一致的。

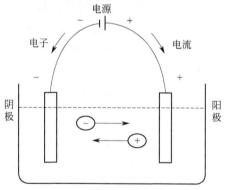

图 4-1 电解池示意图

当电子从电源负极通过外电路流至阴极时，在阴极与溶液的界面就发生阳离子与电子结合的还原反应，即 $Cu^{2+}+2e^- \longrightarrow Cu$；同时，在阳极上发生阴离子给出电子的氧化反应，即 $2Cl^- \longrightarrow Cl_2+2e^-$。氧化反应中放出的电子通过外电路流向电源的正极。这样整个电路才有电流通过。这样的装置称为电解池。

由此可知，电解池是将电能转化为化学能的装置。与电源负极相连的电极为阴极，发生还原反应；与电源正极相连的电极为阳极，发生氧化反应。

二、法拉第定律概述

法拉第根据电解实验的结果，于 1833 年归纳出电量与电极反应之间的规律，即法拉第定律。

法拉第定律：电流通过电解质溶液时，电极上发生化学反应所析出物质的物质的量与通入的电量成正比。可以表示为：

$$n_B = \frac{Q}{z_B F} = \frac{It}{z_B F} \qquad (4-1)$$

式中　Q——通过电解池的电量，C；

　　　z_B——电极反应中 B 得失电子数；

　　　n_B——发生电极反应所析出物质的物质的量，mol；

　　　F——法拉第常数，是指 1mol 电子所带电量，其数值为 $96485C/mol \approx 96500C/mol$。由此式可计算电极上所析出物质的质量。

　　法拉第定律是电化学的基本定律，适用于电解池和原电池中任一电极反应。它不受温度、压力、电解质浓度、电极材料和溶剂性质等因素的影响。因此常用于电解或电镀生产中电极上产品质量的计算。需要注意的是，在实际电解过程中，电极上常伴有副反应发生，消耗电能，使得实际消耗的电量比理论计算量要大些。两者之比为电流效率：

$$\eta = \frac{Q_{理论}}{Q_{实际}} \times 100\% = \frac{m_{实际}}{m_{理论}} \times 100\% \qquad (4-2)$$

式中　η——电流效率；

　　$Q_{理论}$——按法拉第定律计算的电量，C；

　　$Q_{实际}$——实际生产所消耗的电量，C；

　　$m_{实际}$——电极上实际所得产物的质量，kg；

　　$m_{理论}$——按法拉第定律计算的该产物的质量，kg。

　　【例 4-1】 用 Pt 电极电解 $CuCl_2$ 水溶液，电路中通 20A 电流 15min，试求理论上阴极能析出多少铜？

　　解：$CuCl_2$ 水溶液电解反应

$$阴极反应：Cu^{2+} + 2e^- \longrightarrow Cu(s)$$

$$阳极反应：2Cl^- \longrightarrow Cl_2(g) + 2e^-$$

$$I = 20A \quad t = 15min = 900s \quad M(Cu) = 63.546g/mol$$

阴极析出 Cu 的质量为：$m(Cu) = \dfrac{ItM(Cu)}{zF} = \dfrac{20 \times 900 \times 63.546}{2 \times 96500} = 5.94(g)$

　　所以理论上能析出 5.94g 铜。

　　【例 4-2】 某氯碱厂电解食盐水生产氢气、氯气和氢氧化钠。每个电解槽通过电流为 $1.00 \times 10^4 A$，求

　　（1）计算理论上每个电解槽每天生产氯气多少千克？

　　（2）如果电流效率为 97%，每天实际生产氯气多少千克？已知 $M(Cl) = 35.45g/mol$。

　　解：（1）阳极反应为：$2Cl^- \longrightarrow 2Cl_2(g) + 2e^-$

　　由法拉第定律可得

$$m(Cl_2) = \frac{MQ}{zF} = \frac{70.9 \times 10^{-3} \times 1.00 \times 10^4 \times 24 \times 60 \times 60}{2 \times 96500} = 317.4(kg)$$

　　（2）实际每天生产的氯气

$$m_{实际} = m(Cl_2) \times \eta = 317.4 \times 0.97 = 308(kg)$$

　　在实际生产中，应该尽量采取措施，消除或减少电解过程中的副反应，提高电流效率，以便降低产品能量的消耗。

第二节 电导、电导率和摩尔电导率

一、电导

第一类导体导电能力的强弱可以用电阻 R 表示，导体的电阻越大则导电能力越弱。而第二类导体，电解质溶液导电的难易程度通常用电导表示，电导是电阻的倒数，用符号 G 表示，定义式为：

$$G = \frac{1}{R} \tag{4-3}$$

式中　G——电导，S（西门子，简称西），$1S = 1\Omega^{-1}$；

　　　R——电阻，Ω（欧姆）。

电导越大，电解质溶液的导电能力越强。

二、电导率

电导率用 κ 表示，其定义式为：

$$\kappa = G \times \frac{L}{A} \tag{4-4}$$

式中　G——电导，S；

　　L/A——电导池常数，m^{-1}；

　　　κ——电导率，S/m。

κ 的数值与电解质的种类、浓度和温度等有关。对第一类导体，κ 表示长为 1m、截面积为 $1m^2$ 的导体所产生的电导；对第二类导体——电解质溶液，κ 则表示相距 1m、截面积 $1m^2$ 的两平行板电极间充满电解质溶液时所产生的电导。电导和电导率都可以相加。

图 4-2 是实验测出的若干电解质溶液在 18℃时的电导率随浓度的变化曲线。由图中可以看出：

① 相同温度条件下，强酸强碱的电导率最大，盐类次之，弱电解质如 HAc 的电导率最小；

② 对于强电解质，在低浓度时，κ 近似与浓度成正比；随着浓度的增大，离子间的距离缩短，相互作用加强，κ 的增加逐渐缓慢；在高浓度时，离子间的相互作用抑制了离子的定向移动，κ 随浓度的增加反而下降；

③ 对于弱电解质，κ 均很小，起导电作用的只是电离了的那部分离子，因受电离平衡的制约，κ 随浓度的变化很小。

对于同一强电解质来说，同一电导率下可能会有两个不同的浓度，因此不能直接用浓度来判断溶液的导电能力。

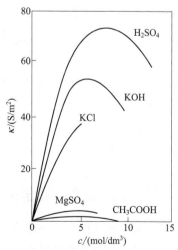

图 4-2　电导率与物质的量浓度的关系

三、摩尔电导率

摩尔电导率用 Λ_m 来表示

$$\Lambda_m = \frac{\kappa}{c} \tag{4-5}$$

式中 c——电解质溶液物质的量浓度，mol/m^3；

  κ——电导率，S/m；

  Λ_m——摩尔电导率，$S \cdot m^2/mol$。

必须注意：在使用摩尔电导率时，应注明物质的基本结构单元。例如，$\Lambda_m(MgCl_2)$ 与 $\Lambda_m\left(\frac{1}{2}MgCl_2\right)$ 都是 $MgCl_2$ 的摩尔电导率，只是所取的基本单元不同。显然 $\Lambda_m(MgCl_2) = 2\Lambda_m\left(\frac{1}{2}MgCl_2\right)$。一般，离子价数高于 1 的电解质，基本单元最好选 1 价离子。如 $MgCl_2$ 的 Λ_m 选 $\left(\frac{1}{2}MgCl_2\right)$，更能体现出用摩尔电导率表征电解质溶液导电能力的优越性。

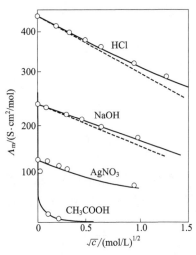

图 4-3   摩尔电导率与 $\sqrt{c}$ 的关系

摩尔电导率与浓度的关系由实验测得。图 4-3 是实验得出的 Λ_m 与 $\sqrt{c}$ 之间的关系。由图可知，无论是强电解质还是弱电解质，其摩尔电导率均随浓度的增大而减小，但减小规律及产生的原因不同。

对强电解质，Λ_m 随溶液浓度的减小而增大。这是由于浓度减小，离子间的距离增大，离子间的引力变小，离子的运动速率加快，使 Λ_m 增大。另外强电解质的 Λ_m 与浓度的关系曲线接近一条直线，由直线外推到 $c=0$，即可得该强电解质的无限稀释摩尔电导率 Λ_m^∞，又称为极限摩尔电导率。

弱电解质的 Λ_m 也随着浓度的减小而增大，但减小的规律不同。在溶液极稀时，弱电解质的电离度随浓度下降而增大，使得溶液中离子数目增多，并且正负离子间相互作用由于溶液极稀而很小，因此弱电解质的 Λ_m 在低浓度时随着浓度的减小而急剧增加；随着浓度增大，弱电解质的电离度减小，溶液中的离子数目仍然很少，所以 Λ_m 随浓度变化减缓。

弱电解质的 Λ_m^∞ 不能用外推法求得，但可利用科尔劳施离子独立运动定律，用强电解质的 Λ_m^∞ 计算得到。

四、离子独立运动定律

科尔劳施（1840—1910 年，德国化学家、物理学家）研究了大量的实验结果，认为无论是强电解质还是弱电解质，或者金属的难溶盐类，在溶液无限稀释时，均可认为其全部电离，并且离子间的相互作用均可忽略不计，即离子彼此独立运动，互不影响。也就是说每种离子的摩尔电导率不受其他离子的影响，它们对电解质的摩尔电导率都有独立的贡献。因而无限稀释电解质溶液的极限摩尔电导率可以认为是无限稀释溶液中正、负离子摩尔电导率之和。这个规律称为科尔劳施离子独立运动定律。其数学表达式为：

$$\Lambda_m^\infty = \nu_+ \Lambda_{m,+}^\infty + \nu_- \Lambda_{m,-}^\infty \tag{4-6}$$

从表 4-1 中数据可以看出：

表 4-1 一些离子在 25℃ 时无限稀释摩尔电导率

正离子	$\Lambda_{m,+}^\infty \times 10^4 / \text{S} \cdot \text{m}^2/\text{mol}$	负离子	$\Lambda_{m,-}^\infty \times 10^4 / \text{S} \cdot \text{m}^2/\text{mol}$
H^+	349.82	OH^-	198.0
Li^+	38.69	Cl^-	76.34
Na^+	50.11	Br^-	78.4
K^+	73.52	I^-	76.8
NH_4^+	73.4	NO_3^-	71.44
Ag^+	61.92	CH_3COO^-	40.9
$1/2Ca^{2+}$	59.50	ClO_4^-	68.0
$1/2Ba^{2+}$	63.64	$1/2SO_4^{2-}$	79.8
$1/2Mg^{2+}$	53.06	$1/2CO_3^{2-}$	83.00

① 离子无限稀释摩尔电导率都是单价离子的性质。阳离子无限稀释摩尔电导率以 H^+ 为最大，阴离子无限稀释摩尔电导率以 OH^- 最大。这是由于 H^+ 和 OH^- 在水溶液中导电方式不同于其他离子。

② Li^+、Na^+、K^+ 为同一主族元素，无限稀释摩尔电导率很接近，但随原子序数的增加而增大。原子序数越大，离子半径越大，离子运动速率理论上来说应该是越慢的。实验结果说明，它们在水中都是以水合离子的形式存在，而且原子序数越小，离子外围的水合分子数越多，造成运动缓慢，无限稀释摩尔电导率越小。

③ K^+ 与 Cl^- 具有很接近的无限稀释摩尔电导率，在实验室常用 KCl 溶液作盐桥，消除液接电势。

依据离子独立运动定律，可以用强电解质的极限摩尔电导率来计算弱电解质的极限摩尔电导率。

【例 4-3】 在 25℃ 时，已知 HCl 极限摩尔电导率为 $42.6 \times 10^{-3} \text{S} \cdot \text{m}^2/\text{mol}$，$CH_3COONa$ 及 NaCl 的极限摩尔电导率为 $9.1 \times 10^{-3} \text{S} \cdot \text{m}^2/\text{mol}$ 和 $12.7 \times 10^{-3} \text{S} \cdot \text{m}^2/\text{mol}$，计算 CH_3COOH 的极限摩尔电导率。

解：根据离子独立运动定律

$$\begin{aligned}
\Lambda_m^\infty(CH_3COOH) &= \Lambda_m^\infty(CH_3COO^-) + \Lambda_m^\infty(H^+) \\
&= \Lambda_m^\infty(HCl) + \Lambda_m^\infty(CH_3COONa) - \Lambda_m^\infty(NaCl) \\
&= (42.6 + 9.1 - 12.7) \times 10^{-3} \text{S} \cdot \text{m}^2/\text{mol} \\
&= 3.9 \times 10^{-2} \text{S} \cdot \text{m}^2/\text{mol}
\end{aligned}$$

第三节 电导测定的应用

采用惠斯顿电桥测量电解质溶液的电阻 R，就可以计算得出电导。电导测定在生产及科学研究中应用很广,如水纯度的检测、硫酸浓度的测定、钢铁中碳和硫的定量分析、大气中SO_2的检测及CO_2和CO气体的检测、锅炉用水含盐量的测定等。下面介绍几种重要的应用。

一、计算待测溶液的电导率和摩尔电导率

用已知浓度的标准溶液(通常用 KCl)放入电极距离和面积确定的电导池中,测出电阻,查表 4-1 可得到该浓度溶液的电导率,通过计算得出电导池常数;将待测溶液装入该电导池,同样测出电阻,计算可得该待测溶液的电导率和摩尔电导率(表 4-2)。

表 4-2   298. 15K 时 KCl 水溶液的电导率

$c/(\text{mol/m}^3)$	10^3	10^2	10	1.0	0.1
$\kappa/(\text{S/m})$	11. 19	1. 289	0.1413	0.01469	0.001489

二、检验水的纯度

在生产和科研中有时需要纯度很高的水,如果纯度达不到要求,就会影响产品的性能及分析结果。如普通蒸馏水的电导率 κ 约为 $1.00 \times 10^{-3} \text{S/m}$,重蒸馏水(蒸馏水经用 $KMnO_4$ 和 KOH 溶液处理,除去 CO_2 及其有机杂质,然后在石英器皿中重新蒸馏 1~2 次)和去离子水(用离子交换树脂处理过的水)的 κ 值可以达到小于 $1.00 \times 10^{-4} \text{S/m}$。

水本身是一种弱电解质,它存在如下电离平衡:$H_2O \Longrightarrow H^+ + OH^-$,但只是微弱的电离,纯水在 298.15K(理论计算)的 κ 最低为 $5.5 \times 10^{-6} \text{S/m}$。所以只要测出水的 κ,就可判断其纯度是否符合要求。在环境监测中,测量水的电导率是对水质监测的一个重要指标。在医药行业中,要求药用去离子水的电导率为 $1.00 \times 10^{-4} \text{S/m}$,而有些精密科学实验或电子工业中,要求水的 $\kappa < 1.00 \times 10^{-4} \text{S/m}$,此时的水相当纯净的,称为"电导水"。

另外,利用电导率可以求水的离子积。水只是微弱的解离,可以把纯水视为 H^+ 和 OH^- 的无限稀释溶液,把解离部分的水的浓度设为 c。其摩尔电导率 Λ_m 用极限摩尔电导率代替,由离子独立移动定律可求得水的离子积。

$$\Lambda_m = \Lambda_m^\infty = \Lambda_+^\infty(H^+) + \Lambda_-^\infty(OH^-)$$

因为
$$\Lambda_m = \frac{\kappa}{c}$$

其浓度
$$c = c(H^+) = c(OH^-) = \frac{\kappa}{\Lambda_{m,+}^\infty + \Lambda_{m,-}^\infty} = \frac{5.5 \times 10^{-6}}{0.03498 + 0.01983} \text{mol/m}^3$$

$$= 1.003 \times 10^{-4} \text{mol/m}^3 = 1.003 \times 10^{-7} \text{mol/L}$$

因此,水的离子积:$K_w = c(H^+) \cdot c(OH^-) = 1.01 \times 10^{-14}$

三、求弱电解质的电离度和电离常数

弱电解质在水溶液中,部分解离成离子,且离子与未解离的分子之间达成动态平衡。例如乙酸水溶液中,乙酸分子部分电离:

$$HAc \Longrightarrow H^+ + Ac^-$$

由于弱电解质的电离度很小,溶液中离子的浓度很低,可以认为离子运动速度受浓度改

变的影响极其微弱，因而某一浓度下，弱电解质溶液的摩尔电导率与其无限稀释时的摩尔电导率的差别主要来自于电离度的不同。如 1mol 乙酸在水溶液中无限稀释时，电离度趋近于 1，即有 1mol H^+、1mol Ac^- 同时参与导电，此时的摩尔电导率为 Λ_m^∞。当溶液的浓度为 c 时，电离度为 α，此时的摩尔电导率为 Λ_m。因为摩尔电导率仅取决于溶液中的离子数目，即是由电离度不同造成的，则有：

$$\alpha = \Lambda_m / \Lambda_m^\infty \tag{4-7}$$

利用电离度可进一步求出弱电解质的电离常数，见例 4-4。

【例 4-4】 298.15K 时，实验测得 0.10mol/L 乙酸溶液的摩尔电导率 Λ_m 为 $5.201 \times 10^{-4} S \cdot m^2/mol$。查表可得该温度下乙酸溶液的极限摩尔电导率 Λ_m^∞ 为 $390.7 \times 10^{-4} S \cdot m^2/mol$，求该溶液的电离度和平衡常数。

解： 根据 $\alpha = \Lambda_m / \Lambda_m^\infty$ 可知该乙酸溶液的电离度为：

$$\alpha = (5.201 \times 10^{-4} / 390.7 \times 10^{-4}) = 0.0133 = 1.33\%$$

$$HAc \rightleftharpoons H^+ + Ac^-$$

初始浓度 c 0   0

平衡时浓度 $c(1-\alpha)$ $c\alpha$ $c\alpha$

$$K_c = \frac{c_{H^+} \cdot c_{Ac^-}}{c_{HAc}} = \frac{(c\alpha)^2}{c(1-\alpha)} = \frac{c\alpha^2}{1-\alpha}$$

$$K_c = \frac{0.1000 \times 0.0133^2}{1 - 0.0133} = 1.79 \times 10^{-5}$$

四、求难溶盐的溶解度和溶度积

$BaSO_4$、AgCl 等微溶盐在水中的溶解度很小，很难用普通的滴定方法测定出来，但是可以用电导测定的方法求得。

$$\kappa(溶液) = \kappa(盐) + \kappa(水)$$

溶度积（也叫活度积）用 K_{sp} 表示。如 AgCl 微溶于水，溶解于水中的部分电离：

$$AgCl(s) \rightleftharpoons Ag^+ + Cl^-$$

AgCl 在水中的溶度积 $K_{sp} = c(Ag^+) \cdot c(Cl^-)$

【例 4-5】 AgCl 饱和水溶液在 25℃ 时的电导率 $\kappa(溶液) = 3.41 \times 10^{-4} S/m$，在此温度下，该溶液所用水的电导率 $\kappa(水) = 1.6 \times 10^{-4} S/m$，计算 AgCl 的溶解度。

解： 因为 AgCl 饱和水溶液的电导率是水和氯化银电导率的总和，则

$$\kappa(AgCl) = \kappa(溶液) - \kappa(水) = 3.41 \times 10^{-4} - 1.6 \times 10^{-4} = 1.81 \times 10^{-4} (S/m)$$

AgCl 饱和水溶液在 25℃ 时离子的浓度很小，其 Λ_m 可近似看作 Λ_m^∞，则

$$\Lambda_m(AgCl) \approx \Lambda_m^\infty(AgCl) = \Lambda_m^\infty(Ag^+) + \Lambda_m^\infty(Cl^-)$$

查表得：$\Lambda_m^\infty(Ag^+) = 61.92 \times 10^{-4} S \cdot m^2/mol$ $\Lambda_m^\infty(Cl^-) = 76.34 \times 10^{-4} S \cdot m^2/mol$

则
$$\Lambda_m(AgCl) \approx \Lambda_m^{\infty}(AgCl) = \Lambda_m^{\infty}(Ag^+) + \Lambda_m^{\infty}(Cl^-)$$
$$= (61.92 + 76.34) \times 10^{-4} \, S \cdot m^2/mol$$
$$= 138.26 \times 10^{-4} \, S \cdot m^2/mol$$

据 $\Lambda_m = \dfrac{\kappa}{c}$，则有 AgCl 的溶解度 $c = \dfrac{\kappa(AgCl)}{\Lambda_m^{\infty}(AgCl)}$

$$= \frac{1.81 \times 10^{-4}}{138.26 \times 10^{-4}} = 0.01309 \, (mol/m^3)$$

五、电导滴定

电导滴定通常是滴定试剂中一种离子与被滴定溶液中的一种离子相结合，生成离解度极小的弱电解质或沉淀，而使溶液的电导发生明显变化。在滴定终点附近，电导发生转折，转折即为滴定终点。这种利用滴定过程中溶液电导发生转折来确定滴定终点的方法称为电导滴定。若溶液混浊或有颜色而不能用指示剂时，这种方法就更显得有效。

如用 NaOH 溶液滴定 HCl 溶液，如图 4-4 所示，滴定前，溶液中只有 HCl 一种电解质，HCl 为强电解质，并且 H^+ 有很大的电导率，所以溶液的电导很大。开始逐渐滴加 NaOH，溶液中 H^+ 与滴入的 OH^- 结合生成了 H_2O，电导率较小的 Na^+ 逐渐代替了电导率较大的 H^+，所以溶液的电导随 NaOH 的滴入而逐渐下降（如图中 AB 所示）。当 HCl 全部被 NaOH 中和时，溶液的电导最小，即为滴定终点（B 点）。此后再滴入 NaOH，由于 OH^- 的电导率很大，溶液的电导开始逐渐增加（图中 BC 段）。由滴定终点 B 点所对应的 NaOH 溶液的体积就可计算 HCl 溶液的浓度。

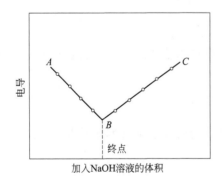

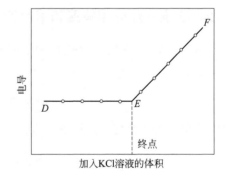

图 4-4　强酸强碱的电导滴定　　　　图 4-5　沉淀反应的电导滴定

另外，一些沉淀反应也可以用电导滴定的方法。如 KCl 与 $AgNO_3$ 溶液的反应：
$$AgNO_3 + KCl \longrightarrow AgCl \downarrow + KNO_3$$

在滴定过程中溶液中的 Ag^+ 被 K^+ 代替，由于它们的电导率差别不大，因而溶液的电导变化很小。当 Ag^+ 完全被沉淀，继续滴加而出现过量的 KCl 时，溶液的电导又开始增加，如图 4-5 所示，图中的转折点 E 就是滴定的终点。

注：在化学动力学中，常用滴定反应系统的电导随时间的变化数据来建立反应动力学方程，求算反应级数。在工业生产中，还可以利用电导测定给出的不同电流信号，进行自动记录和自动控制。

第四节　原 电 池

一、原电池概述

将锌片放入到硫酸铜溶液中，就发生下列的氧化还原反应：$Zn + Cu^{2+} \longrightarrow Zn^{2+} + Cu$。这样一个氧化还原反应在氧化剂和还原剂之间直接进行，物质间虽有电子得失，但由于电子直接转移，不能从中获得电能；这时化学能全部表现为反应的热效应。

要从中获得电能，需要将氧化、还原反应分开进行。在一个容器中间以多孔隔膜将其分成左右两部分，如图 4-6 所示。左侧内装硫酸锌溶液，右侧内装硫酸铜溶液。多孔隔膜的作用有二，一是使离子能够通过以保持通路，二是防止两侧溶液大量的扩散混合而使氧化还原反应直接进行。分别在硫酸锌和硫酸铜溶液中插入一块锌片和铜片，以导线将两极连通，如果在导线上串联一个小灯泡，会发现小灯泡亮了。说明有电流通过小灯泡，构成了原电池。这就是最典型的原电池——铜-锌原电池，也叫丹尼耳电池。氧化

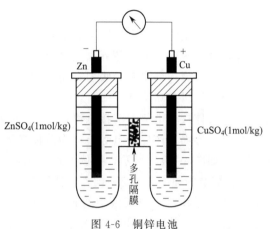

图 4-6　铜锌电池

还原反应分别在两个极板进行，由于锌比铜活泼，因此在锌片上发生反应：$Zn - 2e^- \longrightarrow Zn^{2+}$，电子无法穿过溶液，通过外闭合回路到达铜片上，因此铜片上反应：$Cu^{2+} + 2e^- \longrightarrow Cu$。因此原电池阳极为负极，阴极为正极。

由此可见，原电池是把化学能转化为电能的装置，与电解池的作用正好相反。

二、原电池的书写

为了科学方便地表示原电池的结构和组成，规定如下。

① 阳极（发生氧化反应的电极，负极）写在左边，阴极（发生还原反应的电极，阳极）写在右边。

② 电极材料写在两头，电解质溶液写在中间，并注明浓度（活度）。同时还要注明温度、压力（如不写明，一般指 298.15K 和标准压力 $p^{\ominus}$）和电极的物态。这些因素都会影响电池电动势的数值。

③ 用单竖线"｜"表示相界面；用","表示混合溶液中的不同物质；用双竖线"‖"表示盐桥。盐桥是实验室用来连接两种不同的电解质溶液，或者浓度不同的两种相同电解质溶液的装置，用来消除液接电势。如铜-锌电池的图式应为：

$$Zn(s)|ZnSO_4(1mol/L) \parallel CuSO_4(1mol/L)|Cu(s)$$

④ 气体不能直接作电极，必附以不活泼金属（如 Pt、Au）。电极旁的溶液均假定被

电极上的气体所饱和，不活泼的金属可写出，也可省略。但气体的压力必须注明。如：

$$(Pt)H_2(101.3kPa)|HCl(c_1)\|HCl(c_2)|Cl_2(101.3kPa)(Pt)$$

常见金属如 Zn、Cu、Ag 等可不注明相态，不参加反应的离子如 SO_4^{2-} 等可不写。

三、原电池电动势

原电池中两个电极的电极电势不相等，即两极间必然存在着电势差。这个电势差是原电池电动势的主要组成部分，因此，原电池电动势 E 就等于两极的电势差，即 $E=E_+-E_-$。

（1）电极电势　是金属电极与其所浸入溶液界面上的电势差。若金属失去电子变成离子进入溶液，则金属表面带过剩的负电荷，而溶液中就有过剩的正离子。从金属表面到溶液间的电势称为电极电势。

（2）接触电势　原电池电动势除了两极间电势差外，还有一种接触电势，用铜线将外线路连通，则在不同金属的相界面上会产生接触电势，因为不同金属的电子逸出功不同（电子逸出要克服金属内部对它的吸引力而做功），故在相界面上产生的电势称为接触电势。但接触电势很小，可忽略不计。

（3）液体接界电势（液接电势）　不同的两种电解质溶液或同一电解质而浓度不同的溶液接触时，界面上产生的电势差称为液体接界电势，其产生的原因是离子在溶液中的扩散速度不同。如图 4-7(a) 所示，隔膜两边分别为 0.1mol/L 的 HCl 溶液和 KCl 溶液。在界面上 H^+ 向右扩散的速率大于 K^+ 向左扩散的速率，故在相同的时间内迁移到 KCl 溶液中的 H^+ 的数目要比迁移到 HCl 溶液中的 K^+ 的数目多，造成隔膜右侧带正电荷，左侧带负电荷。在界面两边产生电势差。图 4-7(b) 表示的是同一电解质不同浓度下的情况，隔膜两侧分别为 0.1mol/L 和 0.01mol/L 的 $AgNO_3$ 溶液。左侧 $AgNO_3$ 溶液浓度较大，将向右扩散，由于 Ag^+ 的扩散速率比 NO_3^- 快得多，结果使右侧带正电荷，左侧有过剩的 NO_3^- 而带负电荷，同样产生电势差。

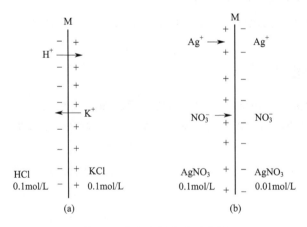

图 4-7　液接电势产生示意图

液接电势的大小一般不超过 0.03V，为保证测量的精确度，应尽量减少液体接界电势。常用的方法是在两溶液之间放置一个盐桥。盐桥是一个 U 形管，管内装满与正、负离子极限摩尔电导率相近的电解质溶液，常用饱和 KCl 溶液或 NH_4NO_3 溶液。由于盐桥是沟通两种不同溶液或者不同浓度的两种相同溶液的桥梁，需要倒置，两端分别浸入两种不同溶液中。为了防止 KCl 溶液倒流，在制备饱和 KCl 溶液时常常加入琼脂，使之成为胶冻状。这样在界面上主要是 K^+ 和 Cl^- 同时向溶液扩散，由于正、负离子的扩散速度接近，因此液接电势很小，可以忽略。因此电池电动势就等于正负两极电极电势之差。

四、可逆电池

电池分为可逆电池和不可逆电池。可逆电池必须具备以下条件。

① 充放电反应互为逆反应。

② 充放电时电流必须为无限小。只有通过电池的电流十分微弱，才不会有电能变为热能损失掉。

如电池：$Pt\mid H_2(p)\mid HCl(c)\mid AgCl(s)\mid Ag(s)$

原电池放电，电池发生如下反应：

阳极（负极）　　　　　　　　　$H_2(p,g)\longrightarrow 2H^+(c)+2e^-$

阴极（正极）　　　　　$2AgCl(s)+2e^-\longrightarrow 2Ag(s)+2Cl^-$

电池反应为：$H_2(p,g)+2AgCl(s)\longrightarrow 2Ag(s)+2HCl(c)$

原电池充电，变为电解池：

阳极（正极）　　　　　$2Ag(s)+2Cl^-\longrightarrow 2AgCl(s)+2e^-$

阴极（负极）　　　　　$2H^+(c)+2e^-\longrightarrow H_2(p,g)$

电池所发生的反应为原电池放电时的逆反应。充放电均在电流无限趋近于零的条件下进行，也就是充放电过程都是在无限接近平衡的条件下进行，因此它是一个可逆电池。

实际过程中的电池一般都是不可逆的，后面研究原电池电动势，都是仅限于可逆电池。

第五节　　电极种类

构成可逆电池的两个电极，其本身也必须是可逆的。可逆电极一般分为以下三类。

一、第一类电极

第一类电极一般是将某金属或吸附了某种气体的惰性金属置于含有该元素离子的溶液中构成的，包括金属电极、氢电极、氧电极和卤素电极等。

1. 金属电极和卤素电极

金属电极和卤素电极均较简单，例如：

$$Zn^{2+}\mid Zn \qquad\qquad Zn^{2+}+2e^-\Longleftrightarrow Zn$$
$$Cl^-\mid Cl_2(g)\mid Pt \qquad\qquad Cl_2(g)+2e^-\Longleftrightarrow 2Cl^-$$

2. 氢电极

将镀有铂黑的铂片浸入含有 H^+ 的溶液中，并不断通入 H_2。

$$H^+\,|\,H_2(g)\,|\,Pt \qquad 2H^+ + 2e^- \longrightarrow H_2(g)$$

氢电极的最大优点是其电极电势随温度改变很小。但它的使用条件比较苛刻，既不能用在含有氧化剂的溶液中，也不能用在含有汞或砷的溶液中。

通常所说的氢电极是在酸性溶液中，但也可将镀有铂黑的铂片浸入碱性溶液中并通入 H_2，此时即构成碱性溶液中的氢电极：

$$H_2O,OH^-\,|\,H_2(g)\,|\,Pt$$

其电极反应为：

$$2H_2O + 2e^- \rightleftharpoons H_2(g) + 2OH^-$$

3. 氧电极

氧电极在结构上与氢电极类似，也是将镀有铂黑的铂片浸入酸性或碱性（常见）溶液中，但通入的是 $O_2(g)$。

酸性氧电极：$H_2O,H^+\,|\,O_2(g)\,|\,Pt$

电极反应：$O_2(g) + 4H^+ + 4e^- \rightleftharpoons 2H_2O$

碱性氧电极：$H_2O,OH^-\,|\,O_2(g)\,|\,Pt$

电极反应：$O_2(g) + 2H_2O + 4e^- \rightleftharpoons 4OH^-$

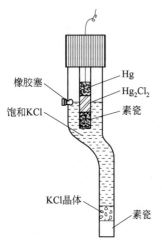

橡胶塞
饱和KCl
Hg
Hg_2Cl_2
素瓷
KCl晶体
素瓷

图 4-8　甘汞电极

二、第二类电极

第二类电极包括金属-难溶盐电极和金属-难溶氧化物电极。

1. 金属-难溶盐电极

这类电极是在金属上覆盖一层该金属的难溶盐，然后将它浸入含有与该难溶盐具有相同阴离子的溶液中而构成的。最常用的有银-氯化银电极和甘汞电极（图 4-8）。

甘汞电极可表示为：$Cl^-\,|\,Hg_2Cl_2(s)\,|\,Hg$

电极反应　　　$Hg_2Cl_2(s) + 2e^- \rightleftharpoons 2Hg + 2Cl^-$

甘汞电极的电极电势只与温度和 Cl^- 的浓度有关。298.15K 时三种不同 Cl^- 浓度的甘汞电极的电极电势见表 4-3。

表 4-3　不同 Cl^- 浓度甘汞电极的电极电势

KCl 溶液浓度	$E(T)/V$	$E(298.15K)/V$
0.1mol/L	$0.3337 - 7\times10^{-5}(T-298.15)$	0.3337
1mol/L	$0.2801 - 2.4\times10^{-4}(T-298.15)$	0.2801
饱和 KCl	$0.2412 - 7.6\times10^{-4}(T-298.15)$	0.2412

甘汞电极的优点是容易制备，电极电势稳定。在测量电池电动势时，常用甘汞电极作为参比电极。

2. 金属-难溶氧化物电极

这类电极是在金属表面覆盖一层该金属的难溶氧化物，然后浸入含有 OH^-（或 H^+）的溶液中所构成的电极。如锑-氧化锑电极，在锑棒上覆盖一层三氧化二锑，将其浸入含有

H^+ 或 OH^- 的溶液中就构成了锑-氧化锑电极。

酸性溶液中：$H^+, H_2O \mid Sb_2O_3(s) \mid Sb$

电极反应：$Sb_2O_3(s) + 6H^+ + 6e^- \Longrightarrow 2Sb + 3H_2O$

碱性溶液中：$OH^-, H_2O \mid Sb_2O_3(s) \mid Sb$

电极反应：$Sb_2O_3(s) + 3H_2O + 6e^- \Longrightarrow 2Sb + 6OH^-$

锑-氧化锑电极为固体电极，应用起来很方便，直接浸入溶液中即可。但不能应用于强酸性溶液中。

三、第三类电极

这类电极主要包括氧化还原电极。

任何电极均发生氧化还原反应。这里所说的氧化还原电极专指如下一类电极：由惰性金属铂片浸入含有同一元素不同价态离子的溶液中构成，即电极反应是在同一溶液中不同价态的离子间进行的，如 $Fe^{3+}, Fe^{2+} \mid Pt$；$MnO_4^-, Mn^{2+}, H^+, H_2O \mid Pt$。

两电极的电极反应分别为：$Fe^{3+} + e^- \Longrightarrow Fe^{2+}$

$$MnO_4^- + 8H^+ + 5e^- \Longrightarrow Mn^{2+} + 4H_2O$$

用于测定溶液 pH 值的醌氢醌电极也属于氧化还原电极。醌氢醌是等分子比的醌 $C_6H_4O_2$（用 Q 代表）和氢醌 $C_6H_4(OH)_2$（用 H_2Q 代表）结合成的复合物，即 $C_6H_4O_2 \cdot C_6H_4(OH)_2$。它是墨绿色晶体，在水中的溶解度甚小，如 25℃时约为 0.005mol/L。已溶解的 $Q \cdot H_2Q$ 在水溶液中是完全分解的：

$$C_6H_4O_2 \cdot C_6H_4(OH)_2 \Longrightarrow C_6H_4O_2 + C_6H_4(OH)_2$$

在含有 H^+ 的溶液中加入少许 $Q \cdot H_2Q$，插入惰性金属 Pt 就构成了醌氢醌电极，其电极表示和电极反应为：$H^+, Q \cdot H_2Q$ 饱和溶液 $\mid Pt$

$$C_6H_4O_2 + 2H^+ + 2e^- \Longrightarrow C_6H_4(OH)_2$$

【例 4-6】 写出下列原电池的电极反应和电池反应

(1) $Pt, H_2(g) \mid HCl(c) \mid AgCl(s), Ag(s)$

(2) $Pt \mid Sn^{4+}, Sn^{2+} \parallel Ti^{3+}, Ti^+ \mid Pt$

(3) $Pt, H_2(g) \mid NaOH(c) \mid O_2(g), Pt$

解：（1）负极反应：$\quad 1/2\ H_2(g) \longrightarrow H^+(c) + e^-$

正极反应：$\quad AgCl(s) + e^- \longrightarrow Ag(s) + Cl^-(c)$

电池反应：$\quad 1/2H_2(g) + AgCl(s) \longrightarrow Ag(s) + HCl(c)$

（2）负极反应：$\quad Sn^{2+} \longrightarrow Sn^{4+} + 2e^-$

正极反应：$\quad Ti^{3+} + 2e^- \longrightarrow Ti^+$

电池反应：$\quad Sn^{2+} + Ti^{3+} \longrightarrow Ti^+ + Sn^{4+}$

（3）负极反应：$\quad H_2(g) + 2OH^- \longrightarrow 2H_2O + 2e^-$

正极反应：$\quad 1/2O_2(g) + H_2O + 2e^- \longrightarrow 2OH^-$

电池反应：$\quad H_2(g) + 1/2O_2(g) \longrightarrow H_2O(l)$

【例 4-7】 写出下列电池的化学反应

(1) $Pt|H_2(g)|H^+, H_2O|O_2(g)|Pt$

(2) $Zn|ZnCl_2|Hg_2Cl_2(s)|Hg$

解: 负极发生氧化反应, 正极发生还原反应, 二者之和即电池反应。

(1) 负极 $\qquad\qquad\qquad 2H_2(g) \longrightarrow 4H^+ + 4e^-$

正极 $\qquad O_2(g) + 4H^+ + 4e^- \longrightarrow 2H_2O$

电池反应 $\qquad 2H_2(g) + O_2(g) \longrightarrow 2H_2O$

(2) 负极 $\qquad\qquad\qquad Zn \longrightarrow Zn^{2+} + 2e^-$

正极 $\qquad Hg_2Cl_2(s) + 2e^- \rightleftharpoons 2Hg + 2Cl^-$

电池反应 $\qquad Zn + Hg_2Cl_2(s) \longrightarrow 2Hg + Zn^{2+} + 2Cl^-$

第六节　电极电势与能斯特方程

电池电动势等于正负两极电极电势的差值, 但至今仍无法单独测量单个电极的电极电势。为了计算电池电动势, 选定标准氢电极作基准, 用标准氢电极与某电极组成电池, 将该电池电动势定义为某电极的标准电极电势。

一、标准电极电势

国际上采用的标准电极是标准氢电极, 标准氢电极为:

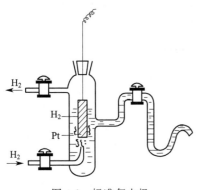

图 4-9　标准氢电极

① 镀铂黑的铂片插入氢离子浓度为 1mol/L 的溶液中 (铂片镀铂黑是为了增大电极的表面积, 有利于氢气在电极表面的吸附, 促使电极反应加速达到平衡)。

② 以标准压力 ($p^\ominus$) 的干燥氢气不断冲击到铂电极上, 这样的氢电极称为标准氢电极, 其构造如图 4-9 所示。规定: $E^\ominus(H^+/H_2) = 0$。

某电极的标准电极电势是指某电极为正极 (相应离子浓度为 1mol/L), 标准氢电极为负极组成原电池, 该原电池的电动势即为此电极的标准电极电势。如铜电极, 将铜电极 $Cu^{2+}[c(Cu^{2+})]|Cu(s)$ 作正极, 标准氢电极作负极, 构成原电池: $Pt|H_2(p^\ominus)|H^+[c(H^+) = 1mol/L] \parallel Cu^{2+}[c(Cu^{2+})]|Cu(s)$

负极反应: $\qquad\qquad H_2(p^\ominus) \longrightarrow 2H^+ + 2e^-$

正极反应: $\qquad Cu^{2+}[c(Cu^{2+})] + 2e^- \longrightarrow Cu(s)$

电池反应: $\qquad\qquad H_2 + Cu^{2+} \longrightarrow 2H^+ + Cu(s)$

标准状态下 $E^\ominus = E_+^\ominus - E_-^\ominus$, $E^\ominus(H^+/H_2) = 0$, 则电池电动势为铜电极标准电极电势。用此方法得到书后 (附录六) 一些电极的标准电极电势。

二、电极电势

电极电势还与溶液中离子浓度有关，气体电极与气体压力有关。对于任意指定电极，规定其电极反应均写成下面的通式，

$$氧化态 + ze^- \longrightarrow 还原态$$

因此，电极电势的表达通式为

$$E(电极) = E^\ominus(电极) - \frac{RT}{zF}\ln\frac{c(还原态)}{c(氧化态)} \tag{4-8}$$

如 298.15K 时，当 $c(Cu^{2+}) = 1mol/L$ 时，铜电极的 $E^\ominus = 0.3400V$；若 $c(Cu^{2+}) = 0.1mol/L$ 时，铜电极的 $E(Cu^{2+}/Cu) = E^\ominus(Cu^{2+}/Cu) - \frac{RT}{2F}\ln\frac{1}{c(Cu^{2+})}$，计算得 $E = 0.31V$。

铜电极 $E^\ominus(Cu^{2+}/Cu) = 0.3400V$，说明铜电极的确作为正极发生了还原反应，而对于 $c(Zn^{2+}) = 1mol/L$ 的锌电极与标准氢电极所组成的电池，在 298.15K 时，测得标准电动势 $E^\ominus$ 为 $-0.763V$，则锌的标准电极电势为 $-0.763V$。说明锌电极实际是作为负极，进行的是氧化反应。

电极电势越高，表明电极中氧化态物质得电子能力越强；电极电势越低，表明电极中还原态物质失电子能力越强。

三、电池电动势的计算与能斯特方程

电池电动势 $E = E_+ - E_-$，需先根据 $E(电极) = E^\ominus(电极) - \frac{RT}{zF}\ln\frac{c(还原态)}{c(氧化态)}$ 计算出 E_+ 和 E_-。当 $T = 298.15K$ 时，$\frac{RT}{zF} = \frac{0.02569}{Z}$，可直接代入。

【例 4-8】 计算 298.15K 时，下列电池的电动势

$$Zn | Zn^{2+}(c = 0.1875mol/L) \| Cd^{2+}(c = 0.0137mol/L) | Cd$$

解： 阳极（负极） $\qquad\qquad Zn \longrightarrow Zn^{2+} + 2e^-$

阴极（正极） $\qquad\qquad Cd^{2+} + 2e^- \longrightarrow Cd$

电池反应 $\qquad\qquad Zn + Cd^{2+} \longrightarrow Zn^{2+} + Cd$

查表查出两个电极的标准电极电势 $E^\ominus(电极)$，代入公式计算：

$$E(Zn^{2+}/Zn) = E^\ominus(Zn^{2+}/Zn) - \frac{RT}{zF}\ln\frac{c(Zn)}{c(Zn^{2+})}$$

$$= -0.763 + \frac{0.02569}{2}\ln\frac{1}{0.1875}$$

$$= -0.784(V)$$

$$E(Cd^{2+}/Cd) = E^\ominus(Cd^{2+}/Cd) - \frac{RT}{zF}\ln\frac{c(Cd)}{c(Cd^{2+})}$$

$$= -0.403 - \frac{0.02569}{2}\ln\frac{1}{0.0137}$$

$$= -0.458(V)$$

再根据 $E = E_+ - E_-$ 计算电池电动势：

$$E = E_+ - E_- = E(Cd^{2+}/Cd) - E(Zn^{2+}/Zn) = -0.458 - (-0.784) = 0.326(V)$$

其实，电动势还可以这样计算

根据 $\qquad E^{\ominus}=E^{\ominus}_{+}-E^{\ominus}_{-}=(-0.403)-(-0.763)=0.36(\mathrm{V})$

后面两项合并得，$E=E^{\ominus}-\dfrac{RT}{2F}\ln\dfrac{c(\mathrm{Zn}^{2+})}{c(\mathrm{Cd}^{2+})}=0.360-\dfrac{0.02569}{2}\ln\dfrac{0.1875}{0.0137}=0.326(\mathrm{V})$

结果一致。

【例 4-9】 试计算下列电池在 298.15K 时的电动势。

$$\mathrm{Zn}\,|\,\mathrm{Zn}^{2+}\,(c=0.10\mathrm{mol/L})\,|\,\mathrm{Cu}^{2+}\,(c=0.30\mathrm{mol/L})\,|\,\mathrm{Cu}$$

解：第一种方法：

（1）写出电极反应与电池反应

阳极（负极） $\qquad\qquad\qquad\qquad \mathrm{Zn}\longrightarrow\mathrm{Zn}^{2+}+2\mathrm{e}^{-}$

阴极（正极） $\qquad\qquad \mathrm{Cu}^{2+}+2\mathrm{e}^{-}\longrightarrow\mathrm{Cu}$

电池反应 $\qquad\qquad \mathrm{Zn}+\mathrm{Cu}^{2+}\longrightarrow\mathrm{Zn}^{2+}+\mathrm{Cu}$

（2）由书后附表六查得 $\qquad E^{\ominus}(\mathrm{Zn}^{2+}/\mathrm{Zn})=-0.763\mathrm{V}$

$\qquad\qquad\qquad\qquad\qquad E^{\ominus}(\mathrm{Cu}^{2+}/\mathrm{Cu})=0.340\mathrm{V}$

（3）计算两个电极的电极电势

$$E(\mathrm{Cu}^{2+}/\mathrm{Cu})=E^{\ominus}(\mathrm{Cu}^{2+}/\mathrm{Cu})-\dfrac{RT}{zF}\ln\dfrac{c(\mathrm{Cu})}{c(\mathrm{Cu}^{2+})}$$

$$=0.340-\dfrac{0.02569}{2}\ln\dfrac{1}{0.300}$$

$$=0.3245(\mathrm{V})$$

$$E(\mathrm{Zn}^{2+}/\mathrm{Zn})=E^{\ominus}(\mathrm{Zn}^{2+}/\mathrm{Zn})-\dfrac{RT}{zF}\ln\dfrac{c(\mathrm{Zn})}{c(\mathrm{Zn}^{2+})}$$

$$=-0.763-\dfrac{0.02569}{2}\ln\dfrac{1}{0.100}$$

$$=-0.7926(\mathrm{V})$$

（4）计算电池电动势 E 为

$$E=E_{+}-E_{-}=0.3245-(-0.7926)=1.117(\mathrm{V})$$

第二种方法：

电池反应 $\qquad\qquad\qquad \mathrm{Zn}+\mathrm{Cu}^{2+}\longrightarrow\mathrm{Zn}^{2+}+\mathrm{Cu}$

由书后附表六查得 $\qquad E^{\ominus}(\mathrm{Zn}^{2+}/\mathrm{Zn})=-0.763\mathrm{V}$

$\qquad\qquad\qquad\qquad\quad E^{\ominus}(\mathrm{Cu}^{2+}/\mathrm{Cu})=0.340\mathrm{V}$

计算此电池的标准电极电势 $E^{\ominus}=E^{\ominus}_{+}-E^{\ominus}_{-}=0.340-(-0.763)=1.103(\mathrm{V})$

所以 $\qquad\qquad\qquad E=E^{\ominus}-\dfrac{RT}{2F}\ln\dfrac{c(\mathrm{Zn}^{2+})c(\mathrm{Cu})}{c(\mathrm{Cu}^{2+})c(\mathrm{Zn})}$

$$=1.103-\dfrac{0.02569}{2}\ln\dfrac{0.100}{0.300}$$

$$=1.117(\mathrm{V})$$

其实两种方法是一致的，就是用能斯特方程来计算电池电动势。

$$E=E^{\ominus}-(RT/zF)\ln\Pi(c_{\mathrm{B}})^{\nu_{\mathrm{B}}} \qquad\qquad (4\text{-}9)$$

若 $T=298.15\mathrm{K}$ 上式变为

$$E = E^{\ominus} - \frac{0.02569}{z}\ln\Pi(c_B)^{\nu_B} \tag{4-10}$$

或可以称下式为电极电势的能斯特方程

$$E(电极) = E^{\ominus}(电极) - (RT/zF)\ln\frac{c(还原态)}{c(氧化态)}$$

第七节　电池电动势的应用

电池电动势可由实验测出，也可用能斯特方程计算得到，它在实际工作中有多方面的应用，现介绍几种。

一、计算电池反应的摩尔反应吉布斯函数，并由 E 的符号判断电池反应的方向

根据热力学原理，在恒温恒压条件下，任意化学反应进行时其摩尔反应吉布斯函数（$\Delta_r G_m$）等于该化学反应在可逆条件下进行时所做的最大非体积功，可逆电池电动势 E 与 $\Delta_r G_m$ 的关系：

$$\Delta_r G_m = W_r' = -zFE \tag{4-11}$$

$E > 0$，$\Delta_r G_m < 0$　说明电池反应在所给条件下可以自发进行。

$E < 0$，$\Delta_r G_m > 0$　说明电池反应在所给条件下不能自发进行。

$E = 0$，$\Delta_r G_m = 0$　说明电池反应在所给条件下达到平衡。

若电池反应处于标准状态，则有：

$$\Delta_r G_m^{\ominus} = -zFE^{\ominus} \tag{4-12}$$

二、计算电池反应的 $K^{\ominus}$

根据 $\Delta_r G_m^{\ominus} = -zFE^{\ominus}$，又由于 $\Delta_r G_m^{\ominus}$ 与标准平衡常数存在着如下关系：

$$\Delta_r G_m^{\ominus} = -RT\ln K^{\ominus}$$

则电池标准电动势与电池反应标准平衡常数的关系如下：

$$E^{\ominus} = \frac{RT}{zF}\ln K^{\ominus} \tag{4-13}$$

应用式(4-13)可由电池标准电动势 $E^{\ominus}$ 计算电池反应的标准平衡常数 $K^{\ominus}$。

【例 4-10】　有一电池表示为

$$Cd \,|\, Cd^{2+}(c = 0.010\,mol/L) \,\|\, Cl^-(c = 0.500\,mol/L) \,|\, Cl_2(101.3\,kPa), Pt$$

(1) 写出该电池的电极反应和电池反应；(2) 计算 298.15K 时电池反应的 $K^{\ominus}$；
(3) 计算该电池反应的 $\Delta_r G_m^{\ominus}$，已知该电池的标准电动势 $E^{\ominus}$ 为 1.761V。

解：(1) 该电池的电极反应为：

阳极　　　　　　　　　　$Cd \longrightarrow Cd^{2+} + 2e^-$

阴极　　　　　　　　　　$Cl_2 + 2e^- \longrightarrow 2Cl^-$

电池反应
$$Cd + Cl_2 \longrightarrow Cd^{2+} + 2\,Cl^-$$

（2）由式(4-13)求 $K^\ominus$

$$\ln K^\ominus = \frac{ZFE^\ominus}{RT} = \frac{2 \times 96500 \times 1.761}{8.314 \times 298} = 137.18$$

$$K^\ominus = 3.77 \times 10^{59}$$

（3）由式(4-12)得

$$\Delta_r G_m^\ominus = -zFE^\ominus = -2 \times 96500 \times 1.761 = -339.9(\text{kJ/mol})$$

$\Delta_r G_m^\ominus < 0$，说明该电池反应可自发进行。

【例 4-11】 用电池电动势的能斯特方程进行计算。写出电池 $Cd(s)\,|\,Cd^{2+}\,(c = 0.01mol/L)\,\|\,Cl^-\,(c = 0.5mol/L)\,|\,Cl_2\,(p^\ominus)$，Pt 的电极反应和电池反应，并计算 298.15K 时该电池反应的标准平衡常数。

解： 负极反应：
$$Cd(s) \longrightarrow Cd^{2+} + 2e^-$$

正极反应：
$$Cl_2\,(p^\ominus) + 2e^- \longrightarrow 2Cl^-$$

电池反应：
$$Cd(s) + Cl_2\,(p^\ominus) \longrightarrow Cd^{2+} + 2Cl^-$$

查表可知：$E^\ominus(Cd^{2+}/Cd) = -0.4029V$；$E^\ominus(Cl_2/Cl^-) = +1.3595V$

则 $E^\ominus = E^\ominus(Cl_2/Cl^-) - E^\ominus(Cd^{2+}\,|\,Cd) = +1.7624V$

根据
$$E^\ominus = (RT/zF)\,\ln K^\ominus$$

$$\ln K^\ominus = zFE^\ominus/RT = 2 \times 96500 \times 1.7624/(8.314 \times 298.15)$$
$$= 137.22$$

所以
$$K^\ominus = 3.925 \times 10^{59}$$

【例 4-12】 计算电池 $Sn\,|\,Sn^{2+}\,(0.600mol/L)\,|\,Pb^{2+}\,(0.300mol/L)\,|\,Pb$ 在 298.15K 时的 ①电池电动势 E、②$\Delta_r G_m^\ominus$、③$\Delta_r G_m$，④计算 $K^\ominus$，⑤判断反应能否自动进行。

解： ① 计算电池电动势

电极反应为：
阳极
$$Sn \longrightarrow Sn^{2+} + 2e^-$$
阴极
$$Pb^{2+} + 2e^- \longrightarrow Pb$$

电池反应为：
$$Sn + Pb^{2+} \longrightarrow Sn^{2+} + Pb$$

查出标准电极电势 $E^\ominus(Sn^{2+}/Sn) = -0.140V$，$E^\ominus(Pb^{2+}/Pb) = -0.126V$ 并计算标准电池电动势。

$$E^\ominus = E_+^\ominus - E_-^\ominus = -0.126 - (-0.140) = 0.0140(V)$$

由电池电动势能斯特方程计算 E

$$E = E^\ominus - \frac{0.02569}{2}\ln\frac{c(Sn^{2+})c(Pb)}{c(Pb^{2+})c(Sn)}$$

$$= 0.014 - \frac{0.02569}{2}\ln\frac{0.6}{0.3} = 0.0051(V)$$

② $\Delta_r G_m^\ominus = -zE^\ominus F = -2 \times 0.014 \times 96500 = -2702(J)$

③ $\Delta_r G_m = -zEF = -2 \times 0.0051 \times 96500 = -984.3(J)$

④ $\lg K^\ominus = \dfrac{zE^\ominus F}{2.303RT} = \dfrac{2 \times 0.014}{0.0592} = 0.473$

解出　$K^\ominus = 2.97$

⑤ 因为上述计算结果中 $E>0$，$\Delta_r G_m<0$，所以在该条件下，电池反应能够自动正向进行，且该电池设计合理。

三、计算溶液的 pH 值

溶液中氢离子浓度的测定，可以采用测定电池电动势的方法间接测定。该方法测定 pH 值的关键是选择对氢离子可逆的电极（如氢电极、醌/氢醌电极、玻璃电极及锑电极等），与一个参比电极相联组成电池，测得该电池的电动势即可求出溶液中的氢离子浓度。常采用醌/氢醌电极或玻璃电极与参比电极（常用摩尔甘汞电极）组成电池，测定电池的电动势从而求出溶液的 pH 值。

醌/氢醌电极的电极反应为：$C_6H_4O_2+2H^++2e^- \rightleftharpoons C_6H_4(OH)_2$

$$E_{醌/氢醌}=E^{\ominus}_{醌/氢醌}+0.0592\lg c(H^+)$$

实验测得 298.15K 时 $E^{\ominus}_{醌/氢醌}=0.6993V$，则醌/氢醌电极的电极电势为：

$$E_{醌/氢醌}=0.6993+0.0592\lg c(H^+)$$

由于 $$\lg[1/c(H^+)]=pH$$

因此 $$E_{醌/氢醌}=0.6993-0.0592pH$$

将醌/氢醌电极与甘汞电极组成电池，就可以测定溶液的 pH，在 pH<7.1 时醌/氢醌电极作正极。

$$甘汞电极 \parallel 待测溶液[c(H^+)]|醌/氢醌电极|(Pt)$$

在 25℃时摩尔甘汞电极的电极电势为 0.2801V，则组成电池电动势为：

$$E=E_{醌/氢醌}-E_{甘汞}=0.6995-0.0592pH-0.2801$$
$$=0.4194-0.0592pH$$

所以 $$pH=\frac{0.4194-E}{0.0592} \tag{4-14}$$

在 pH>7.1 时醌/氢醌电极作负极

$$(Pt)|醌/氢醌电极|待测溶液[c(H^+)] \parallel 甘汞电极$$

在 25℃时，电池电动势为：

$$E=E_{甘汞}-E_{醌/氢醌}=0.2801-(0.6995-0.0592pH)$$
$$=-0.4194+0.0592pH$$

$$pH=\frac{0.4194+E}{0.0592} \tag{4-15}$$

醌/氢醌电极不能用于碱性溶液中，在碱性溶液中醌/氢醌电极容易被氧化，影响测定结果，所以一般不用于 pH>8.5 溶液的测定。

【例 4-13】 在药物酸度检验中，在药液中放入醌/氢醌后构成醌/氢醌电极，将其与一个摩尔甘汞电极组成电池。在 25℃时测得电池的电动势为 0.2121V。计算该药液的 pH 值。

解：根据 $pH=(0.4194-E)/0.0592$

该药液的 pH 值为

$$pH=(0.4194-0.2121)/0.0592=3.497$$

另外，玻璃电极也是测定溶液 pH 值常用的一种指示电极。其结构如图 4-10 所示。在一支玻璃管下端焊接一个由特殊玻璃（在 SiO_2 中加入 Na_2O 和少量 CaO 烧结而成，它对

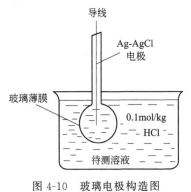

图 4-10 玻璃电极构造图

H$^+$ 浓度变化敏感，并能将其转变成为电信号反映在 pH 计上）制成的玻璃薄膜球，球内盛有一定 pH 值的缓冲溶液，或用 0.1mol/kg 的盐酸溶液，溶液中浸入一根 Ag-AgCl 电极（作为内参比电极），玻璃电极是可逆电极，其图式符号表示为

$$Ag, AgCl(s) \mid HCl(0.1mol/kg) \mid 玻璃薄膜 \mid H^+(c)$$

玻璃电极的电极电势为

$$E_{玻璃} = E_{玻璃}^{\ominus} - \frac{RT}{F} \ln \frac{1}{c(H^+)}$$
$$= E_{玻璃}^{\ominus} - 0.0592 pH$$

如果玻璃电极与摩尔甘汞电极组成电池如下：

$$Ag(s), AgCl(s) \mid HCl(0.1 mol/kg) \mid 玻璃膜 \mid H^+(c) \mid 摩尔甘汞电极$$

测得 25℃时电池的电动势 E_{MF} 后，即可求出待测液体的 pH 值。

$$E_{MF} = E_{甘汞} - E_{玻璃} = 0.2801 - (E_{玻璃}^{\ominus} - 0.0592 pH)$$
$$pH = (E_{MF} - 0.2801 + E_{玻璃}^{\ominus}) / 0.0592 \tag{4-16}$$

其中 $E_{玻璃}^{\ominus}$ 对于某给定玻璃电极是一个常数，其值对于不同的玻璃电极有所不同。一般用已知 pH 值的缓冲溶液，测得其电动势 E 值，就可以求出所用玻璃电极的 $E_{玻璃}^{\ominus}$，然后就可以对未知液体进行测定。pH 计就是玻璃电极与毫伏计组成的装置。一般的玻璃电极可用于 pH 在 1～9 的范围。若改变玻璃的组成，其应用范围 pH 可达 12 至 14。玻璃电极不易中毒，不受氧化剂、还原剂的影响，不污染溶液，工业上得到广泛应用。

第八节　电解与极化

前面研究的都是可逆电池，其电极反应和电池反应都是在电池中几乎没有电流通过的无限接近平衡的条件下进行的，此时的电极电势为可逆电极电势或平衡电极电势。但是，实际上进行电解操作或使用化学电源时，无论是原电池放电还是电解池的电解过程，都有一定大小的电流通过电极，其电极变化都是不可逆过程，造成电极电势偏离平衡电极电势，即有极化作用发生。从本节开始，将以电解池为例讲述这种偏离现象产生的原因及在实际生产中的作用。

一、分解电压

1. 电解实验

图 4-11 为测定分解电压的装置，将两个 Pt 片作为电极放入某电解质水溶液中，分别连接直流电源的正极和负极形成电解池，连接电压表和电流表，观察电流随加电压的变化规律。以电解 1mol/kg 的 HCl 溶液为例，将电压从零开始逐渐加大，记录电流变化，如图 4-12 所示。当电流发生逆转时，原电池变成电解池。

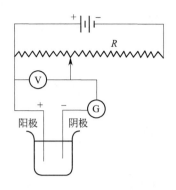

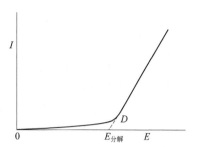

图 4-11　测定分解电压装置图　　　　　图 4-12　测定分解电压的电流-电压图

当外加电压很小时，电池中几乎没有电流通过，随着电压的逐渐加大，电流开始只是很小地增加，当电压加大到一定值时，两极的极板上开始出现气泡，即电解出氢气和氧气，若再增大电压，则电流呈直线增长，此时的电压，是使电解质溶液发生明显电解作用时所需的最小外加电压，称其为该电解质的分解电压，用 $E_{分解}$ 表示。

分解电压的数值可由电流-电压曲线求得，将曲线上的直线部分向下延长与横坐标相交，交点处的电压即为分解电压。存在分解电压的原因是电解产物形成了原电池，而此原电池的电动势与外加电压相互对抗。

在外加电压的作用下，溶液中的正、负离子分别向电解池的阴、阳两极迁移，并且发生电极反应。

阴极反应：　　　　　　　　　$2H^+ + 2e^- \longrightarrow H_2(g)$

阳极反应：　　　　　　　　　$2Cl^- \longrightarrow Cl_2(g) + 2e^-$

电解池反应：　　　　　　　　$2H^+ + 2Cl^- \longrightarrow H_2(g) + Cl_2(g)$

电解产物与原电解质溶液形成的原电池为：

$$Pt \mid H_2(100kPa) \mid HCl(1mol/L) \mid Cl_2(100kPa) \mid Pt$$

2. 分解电压的计算

分解电压在数值上应等于相应原电池的电动势，由理论计算出原电池电动势的数值，称为理论分解电压。计算方法如例 4-14 所示。

【例 4-14】　计算 H_2SO_4 溶液在 25℃和常压下的理论分解电压，知 25℃时 $E^\ominus$（H^+，H_2O/O_2）为 1.229V。

解　计算 H_2SO_4 溶液的理论分解电压，实际就是计算由电解产物 H_2 及 O_2 所构成的原电池的电动势。因为电解时进行的反应为

阴极　　　　　　　　　　　　$2H^+ + 2e^- \longrightarrow H_2(p^\ominus)$

阳极　　　　　　　　　　　　$H_2O \longrightarrow 2H^+ + \dfrac{1}{2}O_2(p^\ominus) + 2e^-$

电解反应　　　　　　　　　　$H_2O \longrightarrow H_2(p^\ominus) + \dfrac{1}{2}O_2(p^\ominus)$

所以由产物 H_2 和 O_2 构成的原电池的反应为

阳极　　　　　　　　　　　　$H_2(p^\ominus) \longrightarrow 2H^+ + 2e^-$

阴极　　　　$\dfrac{1}{2}O_2(p^{\ominus})+2H^{+}+2e^{-}\longrightarrow H_2O$

电池反应　　　　$H_2(p^{\ominus})+\dfrac{1}{2}O_2(p^{\ominus})\longrightarrow H_2O$

将 $E^{\ominus}(H^{+},H_2O/O_2)=1.229V$　$a(H_2)=p^{\ominus}/p^{\ominus}=1$　$a(O_2)=p^{\ominus}/p^{\ominus}=1$
代入能斯特方程,此原电池的电动势为

$$E=E^{\ominus}-\dfrac{RT}{2F}\ln\dfrac{a(H_2O)}{[a(O_2)]^{1/2}a(H_2)}$$

$$=[E^{\ominus}_{+}-E^{\ominus}_{-}]-\dfrac{RT}{2F}\ln\dfrac{1}{1\times1}=E^{\ominus}_{+}$$

$$=1.229V$$

此电动势相对于电解而言就是反电动势,即电解 H_2SO_4 溶液的理论分解电压,就是要使 H_2SO_4 溶液进行电解时,外加电压至少应克服此原电池的反电动势。实践证明,理论分解电压常小于实际分解电压。表 4-4 列出了一些电解质溶液的分解电压。

表 4-4　电解质溶液的分解电压

电解质	浓度 $c/(mol/dm^3)$	电解产物	$E_{分解}/V$	$E_{理论}/V$
HNO_3	1	H_2 和 O_2	1.69	1.23
H_2SO_4	0.5	H_2 和 O_2	1.67	1.23
$NaNO_3$	1	H_2 和 O_2	1.69	1.23
KOH	1	H_2 和 O_2	1.67	1.23
$CdSO_4$	0.5	Cd 和 O_2	2.03	1.26
$NiCl_2$	0.5	Ni 和 Cl_2	1.85	1.64

可见,分解电压比理论电压大很多,这说明水的电解是热力学不可逆过程,这是由于电极的极化作用造成的。

二、极化作用和超电势

1. 电极的极化

电解过程实际上都是在不可逆的情况下进行的,都有一定的电流通过。随着电极上电流密度的增大,电极电势偏离其平衡电极电势的程度越大,电解过程的不可逆程度越大。将电流通过电极时,电极电势偏离平衡电极电势的现象称为电极的极化。

根据极化产生的原因不同,极化分为浓差极化和电化学极化。

(1) 浓差极化　顾名思义即由于浓度差而造成实际电极电势偏离平衡电极电势的极化,即电极反应速率大于离子的扩散速率造成的。如银电极电解 $AgNO_3$ 溶液,当一定电流通过电极时,发生电极反应,阳极上 Ag 失去电子被氧化为 Ag^{+} 进入溶液;阴极上,溶液中的 Ag^{+} 得到电子被还原成银沉积在银电极上。由于溶液中离子扩散速率较慢,阳极附近的溶液中反应生成的 Ag^{+} 来不及扩散,使得 Ag^{+} 浓度大于本体溶液的浓度,而阴极附近溶液中反应消耗的 Ag^{+} 不能及时得到补充,使得 Ag^{+} 浓度低于本体溶液的浓度。结果造成阴极电极电势比平衡电极电势更低一些,阳极电极电势则比平衡电极电势更高一些,这就是浓差极化。

若要提高离子扩散速率，应采取的措施是：不断搅拌，这样可大大减小浓差极化，但不能够完全消除。

（2）电化学极化　电极化学反应速率远远小于电流速率引起的极化称为电化学极化。在电流通过电极时，电极反应速率是有限的，这就使得在阴极上有过多的电子来不及与 Ag^+ 反应，多余的电子在阴极表面上积累，使阴极的电极电势低于平衡电极电势。而阳极氧化反应速率慢时，会使得电极电势高于平衡电极电势。

总之：电极极化的结果，使阴极的电极电势更低，阳极的电极电势更高，从而使实际分解电压大于理论分解电压。实验证明，电极的极化与通过电极的电流密度有关。电流密度越大，极化作用越强。描述极化电极电势与电流密度关系的曲线称为极化曲线。

2. 极化曲线

可以利用图 4-13 所示的装置图来测定电极的极化曲线。如图 4-13 所示，在电解池 A 中装有电解质溶液、搅拌器和两个表面积确定的已知电极。两个电极通过开关 K、安培计 M 和可变电阻 D 与外电源 B 相连接。调节 D 可以改变通过电极的电流，电流的数据可以由 M 读出，将得到的该电流数据除以浸入电解质溶液中待测电极的表面积，即得到电流密度 $J(A/m^2)$。为了测定不同电流密度下电极电势的大小，还要在电解池中加入一个参比电极（常用甘

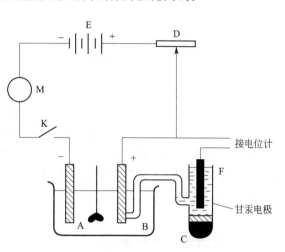

图 4-13　测量超电势的装置图

汞电极）。将待测电极与参比电极连接在电位计上，测定出不同电流密度时的电动势。因为参比电极的电极电势是已知的，因此，可以得到不同电流密度时待测电极的电极电势。将测定的数据作图就得到电解池阳极、阴极的极化曲线。

3. 超电势

如图 4-14 所示，极化的结果使电解池阴极的不可逆电极电势小于可逆电极电势，阴极电势变得更负，以增加对正离子的吸引力，使还原反应的速率加快。同样极化的结果使电解池阳极不可逆电极电势大于可逆电极电势，阳极电势变得更正，以增加对负离子的吸引力，使氧化反应的速率加快。通常将在某一电流密度下的电极电势与其平衡电极电势之差的绝对值称为该电极的超电势或过电势，用 η 表示。

$E_{阳,平}$ 和 $E_{阴,平}$ 分别代表电解池阳极、阴极的平衡电极电势，$E_平$ 为电解池的理论分解电压，即电解池所形成原电池的电动势。

$$E_平 = E_{阳,平} - E_{阴,平}$$

$\eta_阳$ 与 $\eta_阴$ 分别代表电解池阳极、阴极在一定电流密度下的超电势。在一定电流密度下

$$\eta_阳 = E_阳 - E_{阳,平} \tag{4-17}$$

$$\eta_阴 = E_{阴,平} - E_阴 \tag{4-18}$$

超电势的测定常常不能得到完全一致的结果，因为，有很多因素会对测量结果产生影响，如电极材料、电极的表面状态、电流密度、温度、电解质溶液性质和浓度以及溶液中的

杂质等都会影响测定，使得测定的结果不一致。

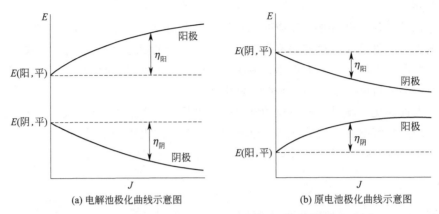

(a) 电解池极化曲线示意图　　　　(b) 原电池极化曲线示意图

图 4-14　电解池极化曲线示意图与化学电池极化曲线示意图

塔费尔 1905 年根据实验总结出氢气的超电势 η 与电流密度的关系式：

$$\eta = a + b\lg(J/[J]) \tag{4-19}$$

式中，a、b 为经验常数；$[J]$ 为电流密度的单位，A/m^2。

另外，温度升高，超电势减小；电极材料对超电势的影响较大，同一气体在不同电极上析出，超电势不同。如氢气在阴极上析出，若为铂电极，超电势很小，若为汞铅电极，超电势很大。

三、电解时的电极反应

电解质水溶液在电解时，既要考虑溶液中存在的电解质离子发生电极反应，又要考虑 H^+ 和 OH^- 可能参与电极反应。如果阳极是可溶性电极，如 Cu、Hg、Ag 等，还要考虑到电极可能发生电极反应。

电解时，当外加电压缓慢增加时，在电解池阳极上，总是极化电极电势最小的电极优先进行氧化反应；在阴极上，总是极化电极电势最大的电极优先进行还原反应。

首先计算出各个电极反应的平衡电极电势，再考虑是否有超电势，按照下式可以计算极化电势。

$$E_阳 = E_{阳,平} + \eta_阳 \qquad\qquad E_阴 = E_{阴,平} - \eta_阴$$

由此，可以判断电解时的电解产物。

【例 4-15】　25℃时用铜电极电解 $0.1mol/L$ 的 $CuSO_4$ 和 $0.1mol/L$ 的 $ZnSO_4$ 混合溶液。当电流密度为 $0.01A/cm^2$ 时，氢在铜电极上的超电势为 $0.584V$，Zn 与 Cu 在铜电极上的超电势很小忽略不计。请判断电解时阴极上各物质的析出顺序。

解：溶液中可能在阴极发生反应的离子有 Cu^{2+}、Zn^{2+} 和 H^+，查表可得

$$E^\ominus(Cu^{2+}/Cu) = 0.340V; E^\ominus(Zn^{2+}/Zn) = -0.7630V; E^\ominus(H^{2+}/H_2) = 0$$

如果阴极反应为：$Cu^{2+} + 2e^- \longrightarrow Cu$

$$E(Cu^{2+}/Cu) = E^\ominus(Cu^{2+}/Cu) - \frac{RT}{2F}\ln\frac{1}{c(Cu^{2+})}$$

$$= 0.340 - \frac{8.314 \times 298.15}{2 \times 96500}\ln\frac{1}{0.1} = 0.310(V)$$

如果阴极反应为：$Zn^{2+} + 2e^- \longrightarrow Zn$

$$E(Zn^{2+}/Zn) = E^{\ominus}(Zn^{2+}/Zn) - \frac{RT}{2F}\ln\frac{1}{c(Zn^{2+})}$$

$$= -0.7630 - \frac{8.314 \times 298.15}{2 \times 96500}\ln\frac{1}{0.1}$$

$$= -0.7926(V)$$

该溶液可以认为是中性的，pH＝7

$$E(H^+/H_2) = -\frac{RT}{2F}\ln\{[p(H_2,g)/p^{\ominus}]/c^2(H^+)\}$$

电解在常压 $p^{\ominus}=100kPa$ 下进行，如若要氢气析出必须 $p(H_2,g)$ 为 100kPa，则

$$E(H^+/H_2,\text{平}) = -\frac{8.314 \times 298.15}{2 \times 96500}\ln\frac{1}{(10^{-7})^2} = -0.414(V)$$

又因为氢气在铜电极上有超电势，则有

$$E(H^+/H_2) = E(H^+/H_2,\text{平}) - \eta_{\text{阴}}$$

$$= (-0.414 - 0.584)V = -0.998V$$

显然 $\qquad E(Cu^{2+}/Cu) > E(Zn^{2+}/Zn) > E(H^+/H_2)$

所以在阴极铜首先析出，其次是锌，最后是氢气。若氢气在铜电极上没有超电势则铜首先析出，其次析出的则是氢气，然后是锌。

第九节　金属的腐蚀

金属腐蚀可分为化学腐蚀和电化学腐蚀。金属直接与干燥气体、有机物等接触而变质损坏的现象是化学腐蚀，而大部分金属腐蚀是电化学原因造成的。各种金属部件在工作环境中与水或潮湿空气接触，空气中的 CO_2 和其他物质溶于水中形成电解质溶液。金属与其中所含的杂质电极电势不同，形成两个电极，加上电解质溶液作为离子导体，共同组成微电池。这些微电池数量很多，且外电路短路、电流不断，造成金属腐蚀。在实际工作中往往采用在金属表面覆盖保护层、电化学方法保护、缓蚀剂保护、金属钝化等方法进行金属防腐。

一、电化学腐蚀的机理

电化学腐蚀，实际上是由大量微小的电池构成的微电池群自发放电的结果。图 4-15(a)是由不同金属（如 Fe 与 Cu 接触）构成的微电池，图 4-15(b) 是金属与其自身的杂质（如 Zn 中含杂质 Fe）构成的微电池。当它们的表面与溶液接触时，就会发生原电池反应，导致金属被氧化而腐蚀。产生电化学腐蚀的微电池称为腐蚀电池。

微电池如图 4-15(a) 反应为：

阳极过程：$\qquad\qquad\qquad Fe \longrightarrow Fe^{2+} + 2e^-$

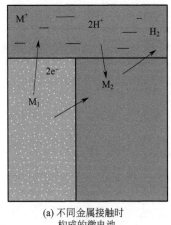 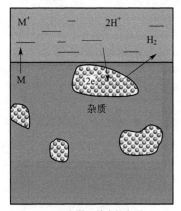

| (a) 不同金属接触时
构成的微电池 | (b) 金属与其中的杂质
构成的微电池 |

图 4-15　电化学腐蚀

阴极过程：在阴极 Cu 上可能有下列两种反应：

① $$2H^+ + 2e^- \longrightarrow H_2 \uparrow$$

② $$O_2 + 4H^+ + 4e^- \longrightarrow 2H_2O$$

若阴极反应为①，则电池反应为：$Fe + 2H^+ \longrightarrow Fe^{2+} + H_2$

若阴极反应为②，则电池反应为：$Fe + (1/2)O_2 + 2H^+ \longrightarrow Fe^{2+} + H_2O$

利用能斯特方程可算得 25℃时酸性溶液中上述电池反应的 E_1、E_2 均为正值，表明电池反应是自发的，且 $E_1 < E_2$，说明有氧存在时，腐蚀更为严重。通常把反应①叫析 H_2 腐蚀，反应②叫吸 O_2 腐蚀。

二、腐蚀电流与腐蚀速率

当微电池中有电流通过时，阴极和阳极分别发生极化作用，如图 4-16 所示。

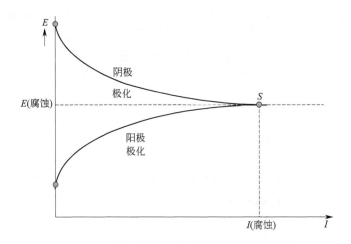

图 4-16　腐蚀电池极化曲线示意图

由于腐蚀电池的外电阻为零（两电极金属直接接触），溶液内阻很小，因而腐蚀金属的表面是等电势的，流经电池的电流等于 S 点处的电流 I（腐蚀），称为腐蚀电流，相应的电极电势 zFE 叫做腐蚀电势。

三、金属的防腐

（1）非金属保护层　在被保护的金属表面涂有非金属材料的保护涂层，使金属与腐蚀介质隔开，从而达到保护金属的目的。常用的非金属材料有油漆、搪瓷、陶瓷、沥青、玻璃以及高分子涂料等。

（2）金属保护层　在被保护的金属外面镀一层耐腐蚀金属或者合金，可以防止或减缓金属被腐蚀。常用方法是在黑金属上镀锌、锡、铜、铬、镍等金属；在铜制品上镀镍、银、金等金属。

（3）金属的钝化　铁易溶于稀硝酸，但不溶于浓硝酸。把铁预先放在浓硝酸中浸过后，即使再把它放在稀硝酸中，其腐蚀速率也比原来未处理前有显著的下降甚至不溶解。这种现象叫做化学钝化。

（4）电化学保护

① 牺牲阳极保护法。将被保护金属与电极电势比被保护金属的电极电势更低的金属连接起来，构成原电池。电势低的金属为阳极而保护了被保护金属。例如在海上航行的轮船船体常镶上锌块，在海水中形成原电池，锌块被腐蚀，以保护船体。

② 阴极电保护法。利用外加直流电，负极接在被保护金属上成为阴极，正极接废钢。例如一些装酸性溶液的管道常用这种方法。

③ 阳极电保护法。把直流电的电源正极连接在被保护的金属上，使被保护的金属进行阳极极化，电极电势向正的方向移动，使金属"钝化"而得保护。

④ 缓蚀剂的防腐作用。许多有机化合物，如胺类、吡啶、喹啉、硫脲等能被金属表面所吸附，可以使阳极或阴极的极化程度增大，大大降低阳极或阴极的反应速率，缓解金属的腐蚀，这些物质叫做缓蚀剂。

📖 本章小结

1. 法拉第定律

当电流通过电解质溶液时通过的电量与在电极上发生反应的量（物质的量）及其电荷数成正比：

$$Q = z n_B F$$

2. 电流效率

$$\eta = \frac{Q(\text{理论})}{Q(\text{实际})} \times 100\% = \frac{m(\text{实际})}{m(\text{理论})} \times 100\%$$

3. 电导、电导率 κ、摩尔电导率 Λ_m

$$G = \frac{1}{R} = \kappa \frac{A}{L} \qquad \kappa = G \frac{L}{A} \qquad \Lambda_m = \frac{\kappa}{c}$$

4. 离子独立移动定律　　$\Lambda_m^\infty = \nu_+ \Lambda_{m,+}^\infty + \nu_- \Lambda_{m,-}^\infty$

5. 可逆电池电动势的计算

（1）电池反应的能斯特方程　　$E = E^\ominus - \frac{RT}{zF} \ln \prod_B c_B^{\nu_B}$

(2) 电池电动势与电极电势的关系　$E = E_+ - E_-$

(3) 标准电池电动势与标准电极电势的关系：$E^\ominus = E_+^\ominus - E_-^\ominus$

6. 电极电势和标准电极电势的关系

$$E(\text{电极}) = E^\ominus(\text{电极}) - \frac{RT}{zF}\ln\frac{c(\text{还原态})}{c(\text{氧化态})}$$

7. 电池电动势的应用

(1) 通过 E 判断反应方向　$\Delta_r G_m = -zFE$

若 $E > 0$，$\Delta_r G_m < 0$　电池反应在所给条件下可以自发进行。

若 $E < 0$，$\Delta_r G_m > 0$　电池反应在所给条件下不能自发进行。

若 $E = 0$，$\Delta_r G_m = 0$　电池反应在所给条件下达到平衡。

(2) 利用 $E^\ominus$ 计算 $K^\ominus$　$E^\ominus = (RT/zF)\ln K^\ominus$

(3) 计算溶液 pH

① 醌/氢醌电极与饱和甘汞电极组成电池

在 pH < 7.1 时　　　　　　　　　$pH = \dfrac{0.4194 - E}{0.0592}$

在 pH > 7.1 时　　　　　　　　　$pH = \dfrac{0.4194 + E}{0.0592}$

② 玻璃电极与摩尔甘汞电极组成电池

$$pH = (E_{MF} - 0.2801 + E_{玻璃}^\ominus)/0.0592$$

8. 分解电压与电极极化　$E_{阳} = E_{阳,平} + \eta_{阳}$　　　$E_{阴} = E_{阴,平} - \eta_{阴}$

9. 金属的防腐

思考题

1. 摩尔电导率就是溶液中含有正负离子各 1mol 时的电导吗？

2. 怎样求强电解质溶液和弱电解质溶液的极限摩尔电导率？

3. 电导测定在生产实际中有何应用？

4. 可逆电池的条件是什么？举例说明。

5. 电解池和原电池有何异同？原电池形成的条件有哪些？

6. 电池书写符号有何规定？举例说明。

7. 正极的电极电势总是正的，负极的电极电势总是负的，对不对？

8. 标准氢电极及其电极电势规定为零的条件是什么？为什么常用甘汞电极作为参比电极，而不用标准氢电极？

9. 实验室测溶液的 pH 值时常用什么方法？

10. 什么叫极化？产生极化作用的原因主要有哪些，极化作用产生什么样的结果？

11. 金属的电化学腐蚀机理是什么？如何防护？

习 题

1. 在 300K、100kPa 下，用 20A 的电流电解氯化铜溶液，经 10min 后，问（1）在阴极上能析出多少铜？（2）在阳极上能析出多少体积氯气？

2. 要在总表面积为 $0.01m^2$ 的金属物体上面镀一层 0.30mm 厚的镍，溶液中的镍离子为 Ni^{2+}，用 3.0A 直流电进行电镀要花多少时间？设电流效率为 92%，镍的体积质量为 $8.9g/cm^3$。

3. 在一个炼铜厂电解车间的电解槽中，通过的电流为 4000A，电流效率为 91%，问一天 24h 能生产多少铜？

4. 298K 时，将某电导池充以 0.020mol/L 的 KCl 溶液，测得电阻为 453.0Ω，然后在该电导池中换上同样体积的 $CaCl_2$ 溶液，浓度为 0.555g/L 时，测得电阻为 1050Ω。试计算：（1）电导池常数 $\frac{l}{A}$；（2）$CaCl_2$ 溶液的电导率；（3）$CaCl_2$ 的摩尔电导率。已知 0.020mol/L KCl 溶液的 κ 为 0.2768S/m。

5. 298K 时，电导池内装入电导率为 0.141S/m 的 KCl 溶液（c 为 $0.01mol/dm^3$），测得电阻为 484Ω。用同一电导池测定 0.005mol/L 的 NaCl 溶液，其电阻为 1128.9Ω。计算 NaCl 的摩尔电导率为多少？

6. 测得 0.001028mol/L 的醋酸溶液在 298K 时的摩尔电导率为 $4.815 \times 10^{-3} S \cdot m^2/mol$，计算：（1）醋酸的解离度；（2）解离常数。（已知醋酸的极限摩尔电导率为 $390.72 \times 10^{-4} S \cdot m^2/mol$。）

7. 298K 时，水的离子积 $K_w = 1.008 \times 10^{-14}$，以及同温度下 NaOH、HCl 和 NaCl 的无限稀释摩尔电导率分别为 $0.02478S \cdot m^2/mol$、$0.042616S \cdot m^2/mol$ 和 $0.012645S \cdot m^2/mol$，求 298K 纯水的电导率。

8. 在 298.15K 时，测得 $0.010mol/dm^3$ 磺胺($C_6H_8O_2N_2S$) 水溶液的摩尔电导率为 $0.1103 \times 10^{-3} S \cdot m^2/mol$，知该温度下磺胺的极限摩尔电导率为 $40.27 \times 10^{-3} S \cdot m^2/mol$，则该条件下磺胺的解离度为多少？（可进一步求出磺胺的解离平衡常数是多少）

9. 测得 292K CaF_2 饱和水溶液的电导率为 $3.86 \times 10^{-3} S/m$，配制该溶液所用纯水的电导率为 $1.50 \times 10^{-4} S/m$。已知 292K 时 $\left(\frac{1}{2}CaCl_2\right)$、NaCl、NaF 极限摩尔电导率分别为 $116.7 \times 10^{-4} S \cdot m^2/mol$、$108.9 \times 10^{-4} S \cdot m^2/mol$、$90.2 \times 10^{-4} S \cdot m^2/mol$，求此温度下 CaF_2 的溶解度。

10. 写出下列电池的电极和电池反应：
(1) $Pt | H_2(g) | H^+(c_1) \| Ag^+(c_2) | Ag(s)$
(2) $Pt, H_2(g) | HI | I_2(s), Pt$
(3) $Pb | Pb^{2+}(c_1) \| Cu^{2+}(c_2) | Cu(s)$
(4) $Zn | Zn^{2+}(c_1) \| Sn^{2+}, Sn^{4+} | Pt$
(5) $Pt, H_2(g) | H_2SO_4 | Hg_2SO_4(s) | Hg, Pt$

11. 已知下列电池
$$Cd | Cd^{2+}(c=1mol/L) \| I^-(c=1mol/L) | I_2(s), Pt$$

写出电池反应，并计算 25℃时的 E、$E^{\ominus}$、$\Delta_r G_m^{\ominus}$ 和 $K^{\ominus}$。

12. 计算反应　　　　　$H_2(100kPa)+I_2(s) \Longleftrightarrow 2HI(a=1)$

在 298.15K 时 $E^{\ominus}$、$\Delta_r G_m^{\ominus}$ 和 $K^{\ominus}$，并判断反应方向。

13. 写出下列电池的反应式

$$Zn|Zn^{2+}(c_+=0.001mol/L) \| I^-(c_-=0.1mol/L)|I_2,Pt$$

并计算 298.15K 时的 E、$\Delta_r G_m$ 和 $K^{\ominus}$。

14. 已知下列电池在 298.15K 时的 $E^{\ominus}=1.2391V$，

$$Fe|Fe^{2+}(c=2.0mol/L) \| Ag^+(c=0.1mol/L)|Ag$$

写出电池反应式并计算 298.15K 时的 E、$\Delta_r G_m$ 和 $K^{\ominus}$。

15. 298.15K 时有一电池

$$Cu|Cu^{2+}(c_+=0.1mol/L) \| H^+(c_+=0.01mol/L)|H_2(90kPa),Pt$$

（1）写出电极反应；（2）写出电池反应；（3）计算 $E(H^+/H_2)$、$E(Cu^{2+}/Cu)$ 及 E；（4）计算 $\Delta_r G_m$；（5）判断此反应自发方向。

16. 醌-氢醌电极与饱和甘汞电极组成电池，在 298.15K 时，测得电池电动势为 0.3944V，求溶液的 pH。

17. 已知 25℃时，浓差电池

$$Pb,PbSO_4(s)|SO_4^{2-}(c=0.022mol/L) \| SO_4^{2-}(c=0.0064mol/L)|PbSO_4(s),Pb$$

求该电池电动势。

第五章

分离提纯基础

学习目标

1. 理解相、相平衡和自由度等基本概念；
2. 掌握拉乌尔定律和亨利定律及其适用条件；
3. 掌握稀溶液的气液平衡关系和依数性，掌握吸收的原理，理解其操作工艺；
4. 掌握水的相图，掌握两相平衡时温度与压力的关系及其减压蒸馏和升华的原理；
5. 掌握理想液体混合物及其相图，掌握精馏的原理；
6. 掌握液态完全不互溶系统的特点，掌握水蒸气蒸馏的原理；
7. 掌握分配定律及其萃取手段；
8. 掌握简单的低共熔点系统的固液平衡相图，掌握重结晶的原理及低熔点合金、冷冻剂的配制。

其实，化工生产中并不都是化学反应，大多数工段都是物理过程。如吸收、蒸馏、精馏、萃取、结晶等都是物理变化，它们利用混合物的溶解度、熔沸点等物理性质的差异，通过改变温度、压力等物理参数，实现物质的分离。本章主要介绍气体混合物、液体混合物和固体混合物的分离原理，介绍吸收、升华、精馏、重结晶等重要的化工单元操作，介绍分离过程的物理参数控制和安全生产的理论等。

第一节　基本概念

一、相与相平衡

1. 相与相数

体系中物理和化学性质完全相同的均匀部分称为相。同为一相，不一定仅含有一种物质；一种物质可以分布于两相或多相。对于多种物质混合的体系，均匀的含义是指分散成分子、原子或离子级别。相与相间有明显的界面，在界面处性质突变。相平衡是两相或者两相以上共存于一密闭容器中，处于相同的 T、p 下，且两相之间达到动态平衡。各相物质的量不再发生变化。如同一物质的液态和气态在一密闭容器中共存，称为两相平衡共存状态。

体系中相的数目称为相数，用 Φ 表示。体系中相数的判断：

① 对于气体混合物，不论有多少种气体混合在一起，因为混合达到了分子级别，所以为一个气相。

② 对于液体混合物，按其互溶程度，完全互溶为一相，不能互溶可以为两相或多相。例如，乙醇和水能以任意比例完全互溶，所以为一相，$\Phi=1$；水和油为完全不互溶液体，为两个液相平衡共存，$\Phi=2$。

③ 对于固体混合物，一般有几种物质的固体便有几个相。两种固体粉末无论混合得多么均匀，仍是两个相（固体溶液除外），同一物质的不同晶型也各成一相。

2. 相平衡

相平衡的含义：

① 相平衡的两相具有相同的温度和压力；

② 相平衡的两相相互转化，达到动态平衡。

如气液平衡，在一密闭容器中，经过足够长的时间，气液达到平衡共存状态。此时的气体和液体具有相同的温度；同时气体和液体在不断相互转化，从微观角度看，一方面，液体中一部分动能较大的分子，要挣脱分子间引力逸出到气相中变成蒸气分子；另一方面，气相中一部分蒸气分子在运动中受到液相分子的吸引，重新回到液相中液化为液态分子。当液体蒸发速率与蒸气液化速率相等时，就达到了气液平衡。这是一种动态平衡，各自的物质的量不再变化。

3. 自由度

在不引起旧相消失和新相产生的前提下，体系中可自由变动的变量个数，称为体系在指定条件下的"自由度"，用符号"f"表示。其中变量包括温度、压力、浓度等。

例如液态某物质，若保持其液相存在，温度、压力可以在一定范围内任意改变，而不会发生汽化和凝固现象，这说明它有两个独立可变的变量，自由度 $f=2$。而对于气液两相平衡体系，若保持体系始终为气液两相平衡，则温度、压力两变量中只能有一个可以独立变动。如水在 100℃ 下，压力必须保持在 100℃ 的饱和蒸气压 101.325kPa，若压力小于 101.325kPa 就全部变成了水蒸气，液相消失了；压力大于 101.325kPa 就全部变成了液态水。所以压力不是一个可以自由变动的变量。若体系压力和温度同时变，温度降至 90℃，压力也要随着保持在 90℃ 的蒸气压 70.117kPa，体系仍然维持气液两相平衡共存。所以说压力和温度不能单独变化，一个变化，另外一个要随着发生变化，即 $f=1$，或者理解为温度和压力只有一个是自由的。温度确定以后，压力就不能随意变动，必须保持在该温度下的蒸气压；反之，指定平衡压力，温度就不能随意选择，必须保持在该压力下的沸点温度，否则必将导致两相平衡状态的破坏而产生新相或有旧相消失。

二、混合液体的组成表示法

1. 摩尔分数 x_B（B 代表混合液体中任意一种液体）

混合液体中 B 的摩尔分数，即 B 种液体的物质的量与混合液体总的物质的量之比。用公式表示为：

$$x_B = \frac{n_B}{\sum\limits_B n_B}$$ （5-1）

式中 x_B——混合液体中任一种液体 B 的摩尔分数，无量纲；

n_B——混合液体中任一种液体 B 的物质的量，mol；

n——混合液体总的物质的量，mol。

与前面气体的摩尔分数 y_B 相比较，二者都是摩尔分数，x_B 用于表示液相组成，y_B 用于表示气相组成。

2. 质量分数 w_B

混合液体中 B 的质量分数，即 B 种液体的质量与混合液体总质量之比。用公式表示为：

$$w_B = \frac{m_B}{\sum\limits_B m_B}$$ （5-2）

式中 w_B——混合液体中任一种液体 B 的质量分数，无量纲；

m_B——混合液体中任一种液体 B 的质量，kg；

m——混合液体总的质量，kg。

质量分数 w_B 与摩尔分数 x_B 一样，都是无量纲的纯数。$\sum\limits_B x_B = 1$，$\sum\limits_B w_B = 1$。即同一相中，各组分的摩尔分数、质量分数加和均为 1。

3. 物质的量浓度 c_B

单位体积液体中含溶质 B 的物质的量，称为溶质 B 的物质的量浓度。用公式表示为：

$$c_B = \frac{n_B}{V}$$ （5-3）

式中 c_B——混合液体中任一种液体 B 的物质的量浓度，mol/m^3；

n_B——混合液体中任一种液体 B 的物质的量，mol；

V——混合液体总的体积，m^3。

4. 质量摩尔浓度 b_B

每千克溶剂中所溶有溶质 B 的物质的量，称为溶质 B 的质量摩尔浓度。用公式表示为：

$$b_B = \frac{n_B}{m_A}$$ （5-4）

式中 b_B——混合液体中任一种液体 B 的质量摩尔浓度，mol/kg；

n_B——混合液体中任一种液体 B 的物质的量，mol；

m_A——溶剂 A 的质量，kg。

三、拉乌尔定律和亨利定律

1. 拉乌尔定律

1887 年，法国物理学家拉乌尔于在大量实验的基础上发现，稀溶液中溶剂的蒸气压与纯溶剂的饱和蒸气压之间存在比例关系，提出了拉乌尔定律。拉乌尔定律的表达式为：

$$p_A = p_A^* x_A \tag{5-5}$$

式中 p_A——气相中溶剂的蒸气分压；

p_A^*——纯溶剂在相同温度下的饱和蒸气压；

x_A——溶液中溶剂的摩尔分数。

在一定温度下，稀溶液中溶剂的蒸气压等于纯溶剂的蒸气压与溶剂的摩尔分数之积。该定律适用于稀溶液中的溶剂和理想液态混合物中任一组分。

2. 亨利定律

1803 年，亨利根据大量的实验总结出稀溶液中挥发性溶质在气液两相平衡时，遵守的规律，就是亨利定律。亨利定律的表达式为：

$$p_B = k_x x_B \tag{5-6}$$

式中 p_B——所溶解气体在溶液液面上的平衡分压；

x_B——气体溶于溶液中的摩尔分数；

k_x——以摩尔分数表示溶液浓度时的亨利常数。

溶质在溶液中的浓度以质量摩尔浓度 b_B 或物质的量浓度 c_B 表示时，则亨利定律形式变为：

$$p_B = k_b \cdot b_B \tag{5-7}$$

$$p_B = k_c \cdot c_B \tag{5-8}$$

式中 b_B——溶质的质量摩尔浓度，单位为 mol/kg；

c_B——溶质的物质的量浓度，单位为 mol/m^3；

k_b——用质量摩尔浓度表示的亨利常数；

k_c——用物质的量浓度表示的亨利常数。

溶质浓度表示方法不同时，相对应的亨利系数数值不同，但是不管用哪种方式来表示，结果是一致的。

亨利定律适用于稀溶液中的挥发性溶质，且溶质在气相和液相有相同的分子状态。如 HCl 溶于水中，气相为 HCl 分子形式，液相中 HCl 是以 H^+ 和 Cl^- 形式分散于水分子中，所以不能用亨利定律；若将 HCl 溶于苯中，气相和液相都是分子形式，故可用亨利定律。

稀溶液溶解的气体的量与该气体达到平衡时，该溶质在溶液中的浓度与其在液面上的平衡压力成正比，称为亨利定律。

气体能或多或少溶于某一溶剂，溶解的量与气体和溶剂的性质有关，还与温度有关。当气液两相达到平衡时，液相中的气体溶解的量与气相中该气体的蒸气分压符合亨利定律。

四、混合物和溶液

气体、固体、液体均可以相互混合，混合后的表现既与各物质纯态时性质有关，还有混合后两种物质间是否产生了相互作用（如形成氢键、配合物等）有关系，这种体系随着物质种类的增加性质也比较复杂，宏观表现为其蒸气压和沸点会服从不同规律。将这类体系大致分为两类：混合物和溶液。

1. 混合物

混合物分气态混合、液态混合物和固态混合物。气态混合物由于彼此间能够以分子形式混合，所以为一相；液态混合物根据其互溶情况分为完全互溶、部分互溶和完全不互溶的液态混合物。完全互溶的液态混合物又分理想和实际液态混合物。理想液态混合物忽略了分子大小、分子间作用力的差别，认为所有分子大小相等，所有分子间作用力也相等。当然是一种假想状态。实际液态混合物，若两种或者两种以上的液体结构相似，能够完全互溶，则混合后各组分不论含量多少无主次之分，服从相同的规律，如乙醇和丙醇，苯和甲苯等。

2. 溶液

通常溶液多指液态溶液，即气体、液体或固体溶于液体溶剂中形成的体系称为溶液。溶液中有溶质和溶剂之分。习惯上用 A 表示溶剂，B 表示溶质。将气态或固态物质溶于某一液态物质，则液态物质称为溶剂，气态或固态物质称为溶质。如果都是液态，则把含量多的一种称为溶剂，含量少的称为溶质。溶质和溶剂的性质是有差别的，分别服从不同的规律。如 HCl 溶于苯中，达气液平衡时，HCl 服从亨利定律，苯服从拉乌尔定律。溶液可分为气态溶液（萘溶解于高压二氧化碳中）、液态溶液（盐水）、固态溶液（如单体溶解于聚合物中）。根据溶液中溶质的导电性又可分为电解质溶液（在电化学中讨论）和非电解质溶液，如 NaCl 水溶液和蔗糖水溶液等。

第二节　气体混合物的分离

去除气体混合物中某一气体时，通常选取一种液体溶剂，利用各气体在液态溶剂中溶解度的差异实现分离，这种单元操作称为吸收。理论上来说，多种气体溶于某一液体溶剂时，气相的蒸气分压与该气体在液相中的溶解度均服从亨利定律。多种气体溶于某一液体溶剂中，液相形成的体系一般按照稀溶液处理。

理想稀溶液是指溶剂服从拉乌尔定律，挥发性溶质服从亨利定律的稀溶液。实际上较稀的实际溶液（溶质浓度趋于零，溶剂浓度趋于 1 时的体系）都可以按理想稀溶液来对待。

一、稀溶液

1. 稀溶液的气液平衡关系

只要溶液足够稀，任何溶液中溶剂的蒸气压都严格遵守拉乌尔定律。也就是说拉乌尔定律对于不挥发性、挥发性非电解质溶质的稀溶液中的溶剂都能适用。若溶质是不挥发的，则 p_A 是溶液的蒸气压；若溶质是挥发性的，则溶液的蒸气压由溶剂蒸气压和溶质蒸气压共同组成，p_A 是溶剂 A 的蒸气分压。

【例 5-1】　50℃时，纯水的蒸气压为 7.94kPa。在该温度下 924g 的 H_2O 中溶解 0.3mol 某种非挥发性有机化合物 B，求该溶液的蒸气压。

解： 把水设为 A。

根据题意有 $n_B=0.3mol$　　　$n_A=924/18=51.3(mol)$

$$x_A = \frac{n_A}{n_A + n_B} = \frac{51.3}{51.3 + 0.3} = 0.994$$

$$p = p_A + p_B = p_A = p_A^* \cdot x_A = 7.94 \times 0.994 = 7.89 (kPa)$$

【例 5-2】 20℃时，当 HCl 的分压力为 1.013×10^5 Pa 时，它在苯中的摩尔分数为 0.0425。若 20℃时纯苯的蒸气压为 1.00×10^4 Pa，问苯和 HCl 的总压力为 1.013×10^5 Pa 时，苯中最多可溶解 HCl 的摩尔分数。

解：由式(5-6)，HCl 在苯中亨利常数为

$$k_x = \frac{p(HCl)}{x(HCl)} = \frac{101300}{0.0425} = 2.38 \times 10^6 (kPa \cdot m^3/kg)$$

苯中 HCl 的分压为：

$$p(HCl) = 101300 - 10000 = 91300 (Pa)$$

所以

$$x(HCl) = \frac{p(HCl)}{k_x} = \frac{91300}{2.38 \times 10^6} = 0.0384$$

讨论：

① 亨利定律适用于稀溶液中挥发性溶质。气体溶于某一溶剂，气体均为挥发性溶质。在相同温度下，气体在某一确定溶剂中溶解的亨利系数因气体种类不同而不同。

表 5-1 列出了部分气体 25℃时溶解于水和苯中的亨利常数。

表 5-1 25℃时部分气体溶解于水和苯中的亨利常数

气体	亨利常数 k_x/Pa		气体	亨利常数 k_x/Pa	
	水为溶剂	苯为溶剂		水为溶剂	苯为溶剂
H_2	7.12315×10^9	3.66797×10^9	CO	5.78566×10^9	1.63133×10^9
N_2	8.68355×10^9	2.39127×10^9	CO_2	1.66173×10^9	1.14497×10^9
O_2	4.39715×10^9	—	CH_4	4.18472×10^9	5.69447×10^9

② 亨利定律表达式中，p_B 是溶质 B 在液面上的气体分压力。对于混合气体，当总压力不大时，每种气体都可应用亨利定律。如空气中氧气、氮气可分别使用亨利定律。

③ 溶质分子在液态溶剂中和气相中应当具有相同的分子形式。如果溶质发生电离、缔合，则不能应用亨利定律。如氯化氢在水中电离成离子，气相中是分子，不适用亨利定律。而氯化氢溶解于苯等非极性溶剂中则适用亨利定律。但若把在溶液中已电离或缔合的分子除外，只计算与气相中形态相同分子，亨利定律仍适用。

④ 用不同方法表示溶质浓度时，虽然 k 值不同，但平衡分压 p_B 不变。

表 5-2、表 5-3 是实验得到的数据。

表 5-2 不同温度下氧气在水中的溶解度（100kPa）

温度/℃	0	20	40	60	80
溶解度（以 100g 水中溶解氧的克数表示）	0.00694	0.00443	0.00311	0.00221	0.00135

表 5-3 不同压力下氧气在水中的溶解度（25℃）

p/Pa	$c/(g/m^3)$	$k = p/c$	p/Pa	$c/(g/m^3)$	$k = p/c$
23331	9.5	2456	55195	22.0	2510
26913	10.7	2516	81326	32.5	2501
39997	16.0	2501	101325	40.8	2482

由表 5-2 可知，一定压力下亨利常数随温度的升高而减小；由表 5-3 数据知道，一定温度下气体的溶解度随压力的增加而增大。工业上利用这一特点选择低温高压的条件进行吸收操作。

2. 稀溶液的依数性

人们在长期的实践中发现，加入少量溶质引起溶剂性质改变（蒸气压降低、沸点升高、凝固点降低并呈现渗透压力）的大小，仅与溶质的数量有关，而与溶质的种类和性质无关，这种性质称为稀溶液的依数性。

（1）溶剂的蒸气压下降　稀溶液与纯溶剂相比较，蒸气压下降，其下降值为：

$$\Delta p = p_A^* - p_A = p_A^* x_B \tag{5-9}$$

式中　x_B——非挥发性溶质 B 在液相中的摩尔分数；

Δp——形成稀溶液后，溶剂的蒸气压下降值。

由上式看出，溶液蒸气压降低的数值与溶质在液相中的摩尔分数成正比，而比例系数是纯溶剂的饱和蒸气压，说明蒸气压下降值与溶质的种类和本性无关。

式(5-9)适用于理想液态混合物中任一组分和稀溶液中的溶剂。

【例 5-3】　6.4g 蔗糖（$C_{12}H_{22}O_{11}$）溶于 100g H_2O 中，计算该溶液在 100℃时的蒸气压，以及蒸气压下降了多少？

解：蔗糖是非挥发性溶质，此溶液较稀，可以用拉乌尔定律计算。

$$M_{水} = 0.018kg/mol \qquad M_{蔗糖} = 0.342kg/mol$$

100℃时 $p_{水}^* = 101.3kPa$

$$x_{蔗糖} = \frac{n_{蔗糖}}{n_{蔗糖} + n_{水}} = \frac{6.4/342}{6.4/342 + 100/18} = 0.0034$$

$$p_{溶液} = p_{水}^* x_{水} = 101.3 \times (1 - 0.0034) = 101.0 (kPa)$$

$$\Delta p = p_{水}^* - p_{溶液} = 101.3 - 101.0 = 0.3 (kPa)$$

正因为溶剂的蒸气压降低，所以引起了溶液的沸点升高、凝固点降低以及产生渗透压等现象。

（2）沸点升高　在一定温度下，当液体的饱和蒸气压等于外压时，液体就会沸腾。此时对应的温度为该外压下液体的沸点。当外压为 101.3kPa 时的沸点称为液体的正常沸点。

含有非挥发性溶质的稀溶液，由于蒸气压降低，加热到原来的沸点温度时蒸气压小于外压，不能沸腾。只有继续升高温度，蒸气压等于外压才能沸腾。所以沸点就升高了。实验证明，其沸点升高值与溶液中溶质 B 的质量摩尔浓度成正比。

$$\Delta T_b = T_b - T_b^* = k_b b_B \tag{5-10}$$

式中　b_B——溶质 B 在液相的质量摩尔浓度；

ΔT_b——沸点升高值；

k_b——沸点升高常数，它只与溶剂的性质有关。

表 5-4 给出了几种常用溶剂的沸点升高常数的数值。

表 5-4　几种常用溶剂的沸点升高常数

溶剂	水	甲醇	乙醇	丙酮	氯仿	苯	四氯化碳
纯溶剂沸点/℃	100.00	64.51	78.33	56.15	61.20	80.10	76.72
k_b/(K·kg/mol)	0.52	0.83	1.19	1.73	3.85	2.60	5.02

【**例 5-4**】　将 $0.46 \times 10^{-3} kg$ 的某不挥发物质溶于 $27 \times 10^{-3} kg$ 乙醇中，测得该溶液的沸点为 78.45℃，试计算该物质的摩尔质量。已知纯乙醇的正常沸点为 78.33℃。

解：根据题意，沸点升高值为

$$\Delta T_b = 78.45 - 78.33 = 0.12(℃)$$

由式(5-10) 得

$$M_B = k_b \frac{m_B}{\Delta T_b m_水} = 1.19 \times \frac{0.46 \times 10^{-3}}{0.12 \times 27 \times 10^{-3}} = 0.142(kg/mol)$$

（3）凝固点下降　物质的凝固点是该物质处于固-液两相平衡时的温度。按多相平衡的条件，在凝固点时固相和液相的蒸气压相等。由于溶质溶于溶剂形成稀溶液后溶剂的蒸气压会降低，所以纯溶剂固相蒸气压在较低的情况下就等于稀溶液的蒸气压，即较低的温度开始析出固体。所以稀溶液的凝固点低于纯溶剂的凝固点。与沸点升高一样，经验证明，凝固点下降值与溶液中溶质的质量摩尔浓度成正比，用数学公式表示为

$$\Delta T_f = k_f b_B \tag{5-11}$$

式中　ΔT_f——凝固点降低值；

k_f——凝固点降低常数，只与溶剂的性质有关。

此式适用于稀溶液，且凝固时析出纯溶剂 A(s)，即无固溶体生成。此原理可用于测定物质的摩尔质量，因为 k_f 较 k_b 大，测量物质的摩尔质量时凝固点下降法的误差小，且此法于低温测量也易于进行，所以凝固点下降法更为准确和方便。表 5-5 给出了几种常用溶剂的凝固点降低常数的数值。

表 5-5　几种常用溶剂的凝固点降低常数

溶剂	水	乙酸	环己烷	萘	樟脑	苯	环己醇
纯溶剂凝固点/℃	0.00	16.63	6.50	80.25	178.4	5.53	6.544
k_b/(K·kg/mol)	1.86	3.90	20.2	6.9	37.7	5.12	39.3

【**例 5-5**】　如果在 100g 环己烷中溶解 2.2g $C_{12}H_{22}O_{11}$（蔗糖）时，$\Delta T_f = 0.770℃$，求 $C_{12}H_{22}O_{11}$ 的摩尔质量 M。

解：设环己烷为溶剂 A，蔗糖为溶质 B。

由式(5-7)，有

$$M_B = \frac{m_B k_f}{\Delta T_f m_A} = \frac{2.2 \times 10^{-3} \times 20.2}{0.770 \times 100 \times 10^{-3}} = 0.342(kg/mol)$$

（4）渗透压　半透膜对物质的透过具有选择性，只允许某些小离子或溶剂分子通过而不允许较大的离子或溶质分子通过。在等温等压条件下，用半透膜将纯溶剂与溶液隔开，经过一定时间，发现溶液端的液面会上升至某一高度，而纯溶剂端液面下降，如图 5-1(a) 所示，如果溶液浓度改变，液面上升的高度也随之改变。这种溶剂通过半透膜渗透到溶液一边，使溶液端的液面升高的现象称为渗透现象。如果想使两侧液面高度相同，则需要在溶液端施加额外压力。如图 5-1(b) 所示，在等温等压下，当溶液一侧所施加外压力为 π 时，两侧液面可持久保持同一水平，也就是达到渗透平衡，这个压力 π 称为渗透压。在溶液一端施加超过渗透压的压力，会使溶剂由溶液向溶剂方渗透，称为反渗透。反渗透可用于海水淡化、污水处理等许多方面，这种方法也称为膜技术。

大量实验结果表明，稀溶液的渗透压数值与溶液中所含溶质的数量成正比。

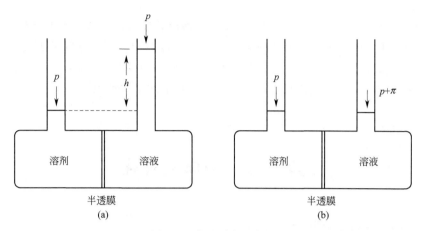

图 5-1 渗透平衡示意图

$$\pi = c_B RT \tag{5-12}$$

此式称为范特霍夫渗透压公式,适用于在一定温度下稀溶液与纯溶剂之间达到渗透压平衡时溶液的渗透压 π 及溶质的物质的量浓度 c_B 的计算。渗透压的测定也可用来求得溶质的摩尔质量,常用于测定高分子物质的摩尔质量。

【例 5-6】 求 4.40mol/L 葡萄糖($C_6H_{12}O_6$)的水溶液在 300.2 K 时的渗透压。

解: $\pi = c_B RT = 4.40 \times 10^3 \times 8.314 \times 300.2 = 1.10 \times 10^8 \, (\text{Pa})$

计算结果表明,稀溶液的几个依数性中渗透压是最显著的。利用此原理,可以用于测定物质的摩尔质量。

亨利定律是化工单元操作"吸收"的理论基础。吸收是利用混合气体中各种气体在溶剂中溶解度的差别,有选择地把溶解度大的气体吸收下来,从而将该气体从混合气体中分离出来。

二、吸收

吸收是化工生产中回收或者去除气体混合物中某种气体的分离手段,已经成为重要的化工单元操作,其理论基础为亨利定律。吸收过程在吸收塔内完成,如图 5-2 所示。液体或者称为吸收剂由塔顶加入,自上而下流动;气体混合物由塔底加入,自下而上流动,在吸收塔内气液充分接触,完成吸收过程,净化后的气体由塔顶排出,吸收液由塔底排出。

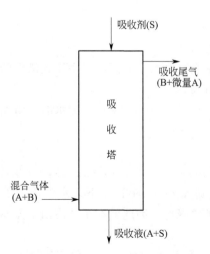

图 5-2 吸收塔操作示意图

吸收工艺要求,气液接触面积大,接触时间长,使被去除气体尽可能多的由气相进入液相。

由亨利定律 $p_B = k_x x_B$ 分析,若使气体溶于某一液体,应采取高压、低温措施。

工业应用:

① 净化或精制气体。如在合成氨工艺中,采用碳酸丙烯酯(或碳酸钾水溶液)脱除合成气中的二氧化碳。

② 制取某种气体的液态产品。如用水吸收氯化氢气

体制取盐酸。

③ 回收混合气体中所需的组分。如用洗油处理焦炉气以回收其中的芳烃等。

④ 工业废气的治理。在工业生产所排放的废气中常含有少量的 SO_2、H_2S、HF 等有害气体成分，若直接排入大气，则对环境造成污染。因此，在排放之前必须加以治理，工业生产中通常采用吸收的方法，选用碱性吸收剂除去这些有害的酸性气体。

第三节　液体的纯化

一、纯液体的饱和蒸气压

在某一温度下，纯液体与其自身蒸气达到平衡状态时，平衡蒸气的压力称为此液体在该温度下的饱和蒸气压，简称蒸气压。

从微观角度看，气液平衡是一种动态平衡。一方面液体中一部分动能较大的分子，要挣脱分子间引力逸出到气相中变成蒸气分子；另一方面，气相中一部分蒸气分子在运动中受到液面分子的吸引，重新回到液体中液化。当液体蒸发速率与蒸气液化的速率相等时，就达到了气液平衡。也就是说：

① 此时的气体和液体具有相同的温度；

② 气体和液体虽然在相互转化，但各自的物质的量不再变化。因此蒸气分子碰撞器壁产生的压强为定值，称为此液体在该温度下的饱和蒸气压。

饱和蒸气压是纯液体的一种重要属性，可以用来度量液体分子的逸出能力，即液体的挥发能力。相同温度下，挥发性越强的物质饱和蒸气压越大。如水和乙醇在相同温度下，乙醇的饱和蒸气压要大于水的饱和蒸气压。因为乙醇比水易挥发。

注意：只有纯液体才有饱和蒸气压，混合液体称蒸气压。混合液体的蒸气压还与组成有关系。

二、液体的沸点与正常沸点

液体的沸点是指液体的蒸气压与外界压强相等（相平衡）时对应的温度。由于纯液体的饱和蒸气压与温度有关，因此纯液体的沸点与外界压力有关。

每一组温度-蒸气压数据为一组气液平衡数据。如（100℃，101.325kPa）为水的一组相平衡数据，包含两层含义：

① 水在 100℃时，饱和蒸气压为 101.325kPa；

② 外压为 101.325kPa 时，水的沸点为 100℃。同样道理，（60℃，19.92kPa），一方面是说水在 60℃时饱和蒸气压为 19.92kPa；另一方面是说水在 19.92kPa 下，水的沸点为 60℃。山上空气稀薄，大气压强逐渐减小，水的沸点也随之降低。因此就有了"高山上煮不熟鸡蛋"的说法。

通常把一个标准大气压（101.325kPa）下液体的沸点称为正常沸点。一种液体沸点有无数多个，取决于外压；但是正常沸点只有一个。如水的正常沸点为 100℃，苯的正常沸点为 80.1℃，乙醇的正常沸点为 78.4℃，甲苯的正常沸点为 110.6℃。

沸点-外压的关系（或者说饱和蒸气压-温度的关系）可以用克拉佩龙方程和克劳修斯-克拉佩龙方程来描述。下面以水为例说明纯物质的两相平衡关系。

三、水的相图

1. 水相图的绘制

水在一定温度、压力下可以形成两相平衡，即水-冰，冰-蒸汽，水-蒸汽。在特定条件下还可以建立冰-水-蒸汽的三相平衡体系。表 5-6 的实验数据表明了水在各种平衡条件下，温度和压力的对应关系。水的相图就是根据这些数据描绘而成的。

表 5-6　水的压力-温度平衡关系

温度 /℃	体系的水蒸气压力/kPa		水-冰 /kPa	温度 /℃	体系的水蒸气压力/kPa		水-冰 /kPa
	水-蒸汽	冰-蒸汽			水-蒸汽	冰-蒸汽	
−20	—	0.103	1.996×10^5	0.00989	0.610	0.610	0.610
−15	0.191	0.165	1.611×10^5	20	2.338	—	
−10	0.286	0.259	1.145×10^4	100	101.3	—	
−5	0.421	0.401	6.18×10^4	374	2.204×10^4	—	

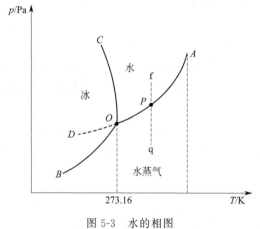

图 5-3　水的相图

水的相图如图 5-3 所示，OA、OB、OC 三条线将平面分成三个区，点 O 是三条线的交点。

2. 水的相图分析

水的相图由三条线构成，三条线交于一点，三条线把平面分成三个区。每条线为两相平衡线，称为两相线，下面分别加以说明。

① OA 线是气液两相平衡线，它代表气-液平衡时，温度与蒸气压的对应关系，称为"蒸气压曲线"。显然，水的饱和蒸气压随温度的升高而增大。OA 线不能向上无限延伸，只能到水的临界点即 374℃ 与 $22.3 \times 100\text{kPa}$ 为止，因为在临界温度以上，气、液处于连续状态。

OB 线是冰与水蒸气两相平衡共存的曲线，它表示冰的饱和蒸气压与温度的对应关系，称为"升华压曲线"，由图 5-3 可见，冰的饱和蒸气压随温度的升高而增大。OB 线在理论上可向左下方延伸到绝对零点附近，但向右上方不得越过交点 O，因为事实上不存在升温时该熔化而不熔化的过热冰。

OC 线是固液两相平衡线，它表示冰的熔点随外压的变化关系，故称之为冰的"熔化曲线"。熔化的逆过程就是凝固，因此它又表示水的凝固点随外压的变化关系，故也可称为水的"凝固曲线"。该线略向左倾，斜率呈负值，意味着外压剧增，冰的熔点略有降低，大约是每增加 1 个标准压力 $p^{\ominus} = 100\text{kPa}$，冰的熔点下降约 0.0075℃。大多数物质的 OC 线斜率为正值。OC 线向上，会出现多种晶型的冰，称为"同质多晶现象"，情况较复杂。

OD 线是 OA 线的反向延长线，是应该结冰而未结冰的过冷水与水蒸气共存的状态，是一种不稳定状态，称为"亚稳状态"。OD 线在 OB 线之上，表示过冷水的蒸气压比同温度下处于稳定状态的冰蒸气压大，其稳定性较低，稍受扰动或投入晶种将会有冰析出。

② 三条线将平面分成三个区域：每个区域代表一个单相区，其中 AOB 为气相区，COB 为固相区，AOC 为液相区。在这些区域内，T、p 均可在一定范围内自由变动而不会引起新相形成或旧相消失。如 H_2O 在 25℃，100kPa 条件下为液态，在液相区，若将体系在恒压条件下升温至 50℃，水仍然是液态。若将水升温至 100℃，则体系为气液两相平衡共存状态。所以在 0~100℃ 之内温度可以自由变化。换句话说要同时指定 T、p 两个变量才能确定体系的状态。

③ 三相点：三条两相线的交点 O 点，是水蒸气、水、冰三相平衡共存的点，称为"三相点"。三相点的温度、压力皆恒定，不能变动，否则会破坏三相平衡。其数值大小与物质种类有关，如水的三相点为压力 $p=0.610$kPa，温度 $t=0.00989$℃，近似为 0.01℃。

注意：区别水的三相点与冰点。三相点温度与平时所说的水的冰点不相等。水的冰点是指敞露于空气中的冰-水两相平衡时的温度，这时，冰-水已被空气中的组分（CO_2、N_2、O_2 等）所饱和，成为了多组分系统。因为溶解了其他组分造成原来单组分体系水的冰点下降约 0.00242℃；另外，压力从 0.610kPa 增大到 101.325kPa，根据克拉佩龙方程式可计算其相应冰点温度又将降低 0.00747℃，这两种效应之和就是 0.00989℃ ≈ 0.01℃。而三相点是纯水单组分系统三相平衡共存。以上两种原因使得水的冰点从原来的三相点处即 0.00989℃（或 273.16K）下降到通常的 0℃（或 273.15K）。

3. 纯物质两相平衡时温度-压力对应关系

由水的相图可以看出，纯物质在两相平衡时，温度和压力是一一对应的，可以用一个方程来描述。人们经过长期的实验研究，克拉佩龙提出了克拉佩龙方程，克劳修斯在克拉佩龙方程的基础上提出了克劳修斯-克拉佩龙方程。

（1）克拉佩龙方程　纯物质处于两相平衡状态，气-液、气-固或者液-固平衡，如水相图中的三条线，表示的是温度和压力两个变量之间的关系。这种关系可用克拉佩龙方程来表示：

$$\frac{dp}{dT}=\frac{\Delta_\alpha^\beta H_m}{T\Delta_\alpha^\beta V_m} \tag{5-13}$$

式中　$\Delta_\alpha^\beta V_m$——体系由 α 相变到 β 相时摩尔体积的变化，$\Delta_\alpha^\beta V_m=V_m^\beta-V_m^\alpha$；

T——相变温度；

$\Delta_\alpha^\beta H_m$——摩尔相变焓；

$\dfrac{dp}{dT}$——饱和蒸气压（或升华压）随温度的变化率。

上式可应用于纯物质任意两相平衡，如蒸发、熔化、升华、晶型转变过程。下面进一步进行讨论。

对于固-液平衡系统，由式(5-13)可得到熔点随压力的变化。

$$\frac{dT}{dp}=\frac{T\Delta_s^l V_m}{\Delta_s^l H_m} \tag{5-14}$$

式中　$\dfrac{dT}{dp}$——熔点随压力的变化率；

$\Delta_s^l V=V_m^l-V_m^s$——熔化时体积的变化；

T——熔点；

$\Delta_s^l H_m$——固体熔化时的摩尔相变焓。

【例 5-7】 乙酸的熔点为 16℃，压力每增加 1kPa 其熔点上升 2.9×10^{-4} K，已知乙酸的熔化热为 194.2J/g，试求 1g 乙酸熔化时体积的变化。

解： 已知 $\Delta_s^l H_m = 194.2$ J/g，$\dfrac{\mathrm{d}T}{\mathrm{d}p} = 2.9 \times 10^{-4}$ K/kPa $= 2.9 \times 10^{-7}$ K/Pa

代入克拉佩龙方程，得

$$\Delta V = \frac{\Delta H \, \mathrm{d}T}{T \, \mathrm{d}p} = \frac{194.2}{16 + 273.15} \times 2.9 \times 10^{-7} = 1.95 \times 10^{-7} \, (\mathrm{m}^3/\mathrm{g})$$

（2）克劳修斯-克拉佩龙方程　两相平衡中如果有一相为气相，如气液平衡，将克拉佩龙方程用于气-液平衡时有

$$\frac{\mathrm{d}p}{\mathrm{d}T} = \frac{\Delta_l^g H_m}{T \Delta_l^g V_m} = \frac{\Delta_l^g H_m}{T(V_m^g - V_m^l)} \tag{5-15}$$

由于 $V_m^g \gg V_m^l$，V_m^l 可略而不计，$\Delta_l^g V_m$ 可用 V_m^g 代替。又因液体的饱和蒸气压一般不太高，可将蒸气看作理想气体，即 $V_m^g = \dfrac{RT}{p}$。

代入到式（5-13），得 $\dfrac{\mathrm{d}p}{\mathrm{d}T} = \dfrac{\Delta_l^g H_m \times p}{RT^2}$，即 $\mathrm{d}\ln p = \dfrac{\Delta_l^g H_m}{RT^2} \mathrm{d}T$

在温度变化不大时，$\Delta_l^g H_m$ 可认为是常数，将上式不定积分，得：

$$\ln p = -\frac{\Delta_l^g H_m}{RT} + C \tag{5-16a}$$

$$\lg p = -\frac{\Delta_l^g H_m}{2.303RT} + C' \tag{5-16b}$$

式中，C、C' 为积分常数。

若将克拉佩龙方程在 $T_1 \sim T_2$ 区间进行定积分，得：

$$\ln \frac{p_2}{p_1} = -\frac{\Delta_l^g H_m}{R} \left(\frac{1}{T_2} - \frac{1}{T_1} \right) \tag{5-17a}$$

$$\lg \frac{p_2}{p_1} = -\frac{\Delta_l^g H_m}{2.303R} \left(\frac{1}{T_2} - \frac{1}{T_1} \right) \tag{5-17b}$$

以上各式对固-气平衡同样适用。

【例 5-8】 求苯甲酸乙酯（$C_9H_{10}O_2$）在 26.6kPa 时的沸点。已知苯甲酸乙酯的正常沸点为 213℃，苯甲酸乙酯气化时的摩尔相变焓为 $\Delta_l^g H_m = 44.20$ kJ/mol。

解： 根据题中条件，已知 $T_1 = 273.15 + 213 = 486.15$（K），$p_1 = 101.3$ kPa，$p_2 = 26.6$ kPa，$\Delta_l^g H_m = 44.20$ kJ/mol

代入式（5-17a）有

$$\ln \frac{p_2}{p_1} = -\frac{\Delta_l^g H_m}{R} \left(\frac{1}{T_2} - \frac{1}{T_1} \right)$$

$$\ln \frac{26.6}{101.3} = -\frac{44200}{8.314} \left(\frac{1}{T_2} - \frac{1}{486.15} \right)$$

$$T_2 = 433\mathrm{K}$$

四、减压蒸馏与升华

1. 减压蒸馏

通过水的相图中蒸气压曲线看到，液体沸点随着外压的增大而升高，这个规律在日常生活和生产中都起着很大的作用。如做饭用的压力锅，加大外压，使水的沸点升高，大大缩短煮饭的时间。高温消毒也是这个道理，有些细菌或者病毒在130℃才能被杀死，这时用普通的蒸煮办法无法杀死细菌或病毒，只能增加外压，提高沸点，才能杀死细菌。另外，化工生产中有些有机物，在达到沸点前就会分解掉，不能用普通蒸馏的方法进行纯化。这时工业上采用减压蒸馏的方法，依靠减压装置降低沸点，使之汽化达到提纯的目的。如甘油的提纯是在1.3kPa和180℃进行的。

也有为了提纯沸点很低的物质而采取加压的措施。如乙烯（正常沸点－103.7℃）及丙烯（正常沸点－47.4℃），它们的沸点都比室温低很多，为了减少设备造价（低温设备需要特殊钢材），简化操作，通常采取加压措施以提高沸点，提纯时采用加压蒸馏。

2. 升华

从水的相图中可以看出，当压力低于三相点压强时，冰可以不经过熔化过程直接蒸发成气体，这就是升华。三相点的压力是确定升华提纯的重要数据。在精细化工、医药化工、食品加工中可以通过升华从冻结的样品中去除水分或溶剂，达到冷冻干燥的目的。升华可以在较低温度下进行，保留了样品的化学结构、营养成分、生物活性，以得到理想的产品。

第四节 完全互溶液态混合物的分离

工业生产中大多数的液体都是两种或者两种以上的混合物或溶液，要想选取合适的工艺进行分离，首先需要了解液体混合后的性质。液体混合通常会出现三种情况：一是完全互溶，如水和乙醇；二是部分互溶，如水和苯酚；三是完全不互溶，如水和油。要实现液体混合物的分离，应当根据两种液体的互溶情况采取不同的手段实现分离。对于完全不互溶的液体，采用分液漏斗，工程中用分层器即可分离，还可以用水蒸气蒸馏；部分互溶的液体可以用萃取手段，选取合适的萃取剂实现分离；完全互溶的液体则需要用蒸馏或者精馏的方法进行分离，有的体系也可用萃取的方法。

两种或两种以上完全互溶的液体，若混合后，各组分不论含量多少无主次之分，服从相同的规律，称为液态混合物。根据此类液态混合物是否符合拉乌尔定律又分为理想液态混合物和实际液态混合物。

一、理想液态混合物

溶液中所有组分在全部浓度范围内都服从拉乌尔定律的液态混合物称为理想液态混合

物。理想液态混合物中每一组分，不管浓度多大，都服从拉乌尔定律。假定：理想液态混合物中各组分的分子结构非常相似，系同系物，且分子之间的相互作用力完全相同，分子大小也完全相同。宏观表现为两种或多种液体能以任意比例完全互溶，混合前后体积不变，没有吸、放热现象，这种体系为理想液态混合物。理想状态是不存在的，其实许多真实液态混合物的性质很接近理想液态混合物，如同系物所组成的液态混合物，乙醇和丙醇、苯和甲苯等。

1. 理想液态混合物的气-液平衡

（1）p-x_B 关系　对于两个组分 A、B 组成的理想液态混合物，$p_A = p_A^* x_A$，$p_B = p_B^* x_B$。

气相为 A、B 的混合蒸气，平衡蒸气压力不高，可视为理想气体，遵守分压定律。则蒸气总压

$$p = p_A + p_B = p_A^* x_A + p_B^* x_B$$
$$= p_A^* (1 - x_B) + p_B^* x_B$$

因此

$$p = p_A^* + (p_B^* - p_A^*) x_B \tag{5-18}$$

同一温度条件下，p_A^* 与 p_B^* 为常数，所以上式反映了 p-x_B 之间的定量关系。

（2）p-y_B 关系　由分压定律有

$$y_B = \frac{p_B}{p} = \frac{p_B^* x_B}{p} = \frac{p_B^* x_B}{p_B^* x_B + p_A^* x_A} \tag{5-19a}$$

$$y_A = \frac{p_A}{p} = \frac{p_A^* x_A}{p} = \frac{p_A^* x_A}{p_B^* x_B + p_A^* x_A} \tag{5-19b}$$

【例 5-9】　已知 413.15K 时，纯 C_6H_5Cl 和纯 C_6H_5Br 的蒸气压分别为 125.2kPa 和 66.1kPa。计算该温度下 C_6H_5Cl 和 C_6H_5Br 摩尔分数分别为 0.4 和 0.6 的混合溶液（当作理想液态混合物）达气液两相平衡时的蒸气总压以及气相组成。

解：当溶液达气液两相平衡时，蒸发气相量较少，可以认为液相组成变化不大。因此，根据式（5-18）可计算气液两相平衡时的蒸气总压为

$$p = p^*(C_6H_5Cl) + [p^*(C_6H_5Br) - p^*(C_6H_5Cl)] x(C_6H_5Br)$$
$$= 125.2 + (66.1 - 125.2) \times 0.6 = 89.7 (kPa)$$

根据式（5-19a）可以计算气相组成

$$y(C_6H_5Cl) = \frac{p(C_6H_5Cl)}{p} = \frac{p^*(C_6H_5Cl) x(C_6H_5Cl)}{p} = \frac{125.2 \times 0.4}{89.7} = 0.56$$

$$y(C_6H_5Br) = 1 - y(C_6H_5Cl) = 1 - 0.56 = 0.44$$

（3）气-液平衡时蒸气总压 p 与气相组成 y_B 的关系

结合式（5-18）和式（5-19a）可得

$$p = \frac{p_A^* p_B^*}{p_B^* - (p_B^* - p_A^*) y_B} \tag{5-20}$$

2. 理想液态混合物的压力-组成图

以总压 p 对液相组成 x_B 作图可得到一直线，即压力-组成图上的液相线。如图 5-4 所示。$p_B^* - p_A^*$ 为斜率，p_B^* 为截距。理想液态混合物的液相线为一条直线。

由式（5-19）可以看出，理想液态混合物气液平衡时气相的蒸气总压与气相组成之间不是直线关系。以 y_B 为横坐标、总压 p 为纵坐标，得到的是一条曲线，即压力-组成图上的气相线。结论，理想液态混合物的压力-组成图由两线、三区和两点构成。两线为一条直线和一条曲线。

液相线：$p\text{-}x_B$ 线，表示蒸气总压随液相组成的变化，是直线。

气相线：$p\text{-}y_B$ 线，表示蒸气总压随气相组成的变化，是曲线。设 B 比 A 挥发能力强，则 $p_B^* > p_A^*$，由图 5-4 可知，因为 $0 < x_B < 1$，所以理想液态混合物的蒸气总压总是介于两个纯组分的饱和蒸气压之间，即 $p_B^* > p > p_A^*$。

液相区：液相线以上的区域。当体系的压力和组成处于液相区时，压力大于蒸气压，应全部冷凝为液体。

气相区：气相线以下的区域。当体系的组成和压力处于气相区时，其压力小于蒸气压，全部为气体。

气液两相平衡区：液相线与气相线之间的区域。当体系处于这个区内，则处于气液两相平衡状态。

在一定温度下测得苯和甲苯溶液的压力-组成数据，并绘制出压力-组成图，如图 5-5 所示，接近理想液态混合物。

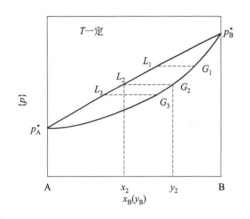

图 5-4　理想液态混合物的压力-组成图

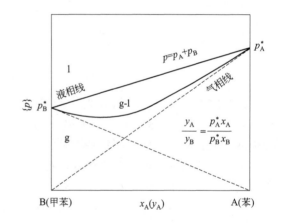

图 5-5　甲苯（B）-苯（A）溶液的压力-组成图

3. 理想液态混合物的温度-组成图

温度-组成图又称为沸点-组成图，沸点-组成图一般由实验数据直接绘制。

理想液态混合物的沸点-组成图是恒压条件下，以混合物的沸点 t 为纵坐标、组成 x（或 y）为横坐标制得的相图。通过实验测得甲苯（A）-苯（B）二组分体系在 100kPa 下不同组成的沸点，描点连线得到两条曲线，分别为液相线和气相线。液相线在下方，气相线在上方（图 5-6）。

液相线：$T\text{-}x_B$ 线，沸点随液相组成的变化曲线，称为"泡点线"。一定组成的液态混合物升温至泡点开始沸腾起泡。

气相线：$T\text{-}y_B$ 线，饱和蒸气组成与温度的关系曲线，称为"露点线"。当一定组成的气体混合物降温至线上温度时开始冷凝，如生成露水一样。

液相区：液相线以下的区域。当体系组成和温度处于液相区时，因为温度低于该组成溶液的沸点，所以全部为液态。

气相区：气相线以上的区域。当体系组成和温度处于气相区时，表现为气态。

气液两相平衡区：气相线和液相线包围的区域为气液两相平衡区。当体系状态点在此区域时为气液两相平衡状态，过体系状态点作水平线与气相线和液相线的交点称为相点，各相点对应的横坐标为各相组成，由横轴读出。

相平衡的两相，若 $y_B > x_B$，说明 B 组分在气相的含量大于其在液相的含量，称为易挥发组分；反之若 $y_A < x_A$，A 称为难挥发组分。

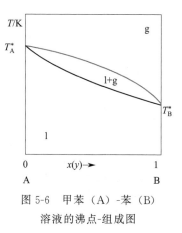

图 5-6 甲苯（A）-苯（B）
溶液的沸点-组成图

二、实际液态混合物

实际液态混合物行为偏离理想液态混合物，蒸气压与组成之间的关系并不完全服从拉乌尔定律。实际液态混合物的相图完全由实验得出。

1. 实际液态混合物偏离理想液态混合物的原因

因为分子间相互作用的不同，实际液态混合物的蒸气压不服从拉乌尔定律。当体系的蒸气总压和蒸气分压的数值均大于拉乌尔定律的计算值时，称发生了"正偏差"，若小于拉乌尔定律的计算值，称发生了"负偏差"。产生偏差的原因大致有如下三方面：

（1）分子间作用力改变而引起挥发性的改变　当同类分子间引力大于异类分子间引力时，混合后作用力降低，挥发性增强，产生正偏差，反之则产生负偏差。

（2）由于混合后分子发生缔合或解离现象引起挥发性改变　若解离度增加或缔合度减少，溶液中分子数目增加，蒸气压增大，产生正偏差。如乙醇溶解到苯中，缔合的乙醇分子发生解离，分子数目增加，蒸气压增大而产生正偏差。反之，出现负偏差。

（3）由于二组分混合后生成化合物，蒸气压降低，产生负偏差。

2. 实际液态混合物的相图

实际液态混合物对理想液态混合物产生偏差，根据偏差程度不同大致可分成以下几种类型，各类型的 p-x 图及 T-x 图如图 5-7 所示。

（1）一般正偏差系统　这一类实际液态混合物，比拉乌尔定律的计算值要高，并且对拉乌尔定律产生的偏差不大，溶液的蒸气总压介于两纯组分蒸气压之间，体系的沸点也介于两个纯组分沸点之间，如图 5-7（b）所示。

（2）一般负偏差系统　这一类实际液态混合物，比拉乌尔定律的计算值要低，并且对拉乌尔定律产生的偏差不大，溶液的蒸气总压介于两纯组分蒸气压之间，体系的沸点也介于两个纯组分沸点之间，如图 5-7（c）所示。

（3）最大正偏差系统　这一类实际液态混合物，比拉乌尔定律的计算值要高，并且溶液的蒸气总压高于纯组分蒸气压高的组分，出现了最高点。相应的沸点-组成图上出现了最低点，如图 5-7（d）所示，例如水-乙醇、水-氯仿、甲醇-氯仿、甲醇-苯、乙醇-苯、环己烷-乙醇等都属于此类体系。

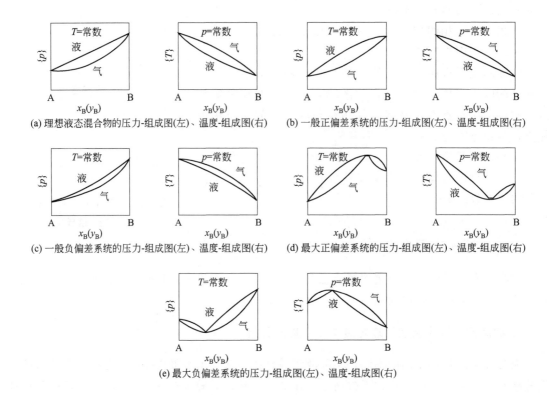

(a) 理想液态混合物的压力-组成图(左)、温度-组成图(右)　　(b) 一般正偏差系统的压力-组成图(左)、温度-组成图(右)

(c) 一般负偏差系统的压力-组成图(左)、温度-组成图(右)　　(d) 最大正偏差系统的压力-组成图(左)、温度-组成图(右)

(e) 最大负偏差系统的压力-组成图(左)、温度-组成图(右)

图 5-7　实际液态混合物的相图

（4）最大负偏差系统　这一类实际液态混合物，比拉乌尔定律的计算值要低，并且溶液的蒸气总压低于纯组分蒸气压低的组分，出现了最低点。相应的沸点-组成图上出现了最高点，如图 5-7（e）所示，例如 H_2O-HCl、H_2O-HNO_3、氯仿-乙酸甲酯、氯仿-丙酮等属于此类体系。

注意：最大正偏差和最大负偏差系统沸点组成图上，气相线和液相线的交点称为恒沸点，恒沸点的组成随压力变化而改变，说明恒沸混合物是混合物而非化合物。

三、精馏

在实验室或工业生产中，常用蒸馏或精馏来分离二组分液态混合物，这是最常用的一种方法。在化工生产过程中，精馏操作是在恒压条件下进行的。因此，对沸点-组成图讨论更有实际意义。

1. 简单蒸馏原理

实际液态混合物中，对于一般正偏差和一般负偏差系统，加热达气液平衡即沸腾时，沸点低组分易挥发，气相中就含有较多的该轻组分，可冷却凝结并收集，得到含较多轻组分的溶液，这就是蒸馏原理。也可以再进行蒸馏，反复进行，可得到纯度很高或纯的轻组分溶液。

2. 精馏原理

如图 5-8 所示。若原始溶液的组成为 x_M，加热到 T_3 时处于气液两相平衡，此时气相组成为 y_3，液相组成为 x_3。很显然气相中易挥发组分 B 的含量比原始溶液高，而液相中难挥发组分 A 的含量比原始溶液高。

将气相冷却到温度 T_2，则气相中的一部分冷凝为液体，组成为 x_2，可以看到含 B 组分减少，说明 A 组分增加；此时气相组成为 y_2，看到气相中易挥发组分 B 的含量又有所增加。依次类推，气相经过多次部分冷凝，最后得到的蒸气的组成接近纯 B。

将组成为 x_3 的液体加热，温度升高到 T_4，此时又达到了气液两相平衡，液相组成为 x_4，从图中可以看出，液相中难挥发组分 A 的含量升高。依次类推，液相经过多次部分蒸发，最终在液相能得到难挥发组分纯 A。

上述反复进行的过程在相图中表现为气相组成沿气相线下降，最终得到纯的易挥发组分 B；液相组成沿液相线上升，最终得到难挥发的纯组分 A。

工业上精馏过程是在精馏塔里完成的，是连续的过程。图 5-9 为精馏塔的示意图，在塔内，蒸发的气相往上走，液相往下流。在每一层塔板上气相与液相可以进行热量、质量交换，液相中轻组分得到热量，有部分蒸发；气相温度降低，其中重组分被部分冷凝。经过整个过程，分别从塔顶和塔釜得到了产品，达到分离的目的。

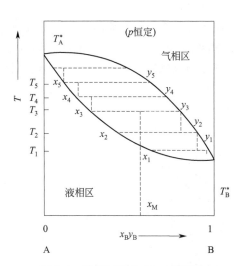

图 5-8　精馏过程的 T-x 示意图

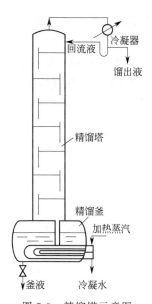

图 5-9　精馏塔示意图

对于最大正偏差和最大负偏差的真实液态混合物，通过精馏不能同时得到两个纯组分，而是得到一个纯组分和恒沸混合物。

例如水-乙醇混合液，在 100kPa 下其最低恒沸点为 78.13℃，恒沸组成（质量分数）含 C_2H_5OH 为 95.6%，若所取混合液含 C_2H_5OH 小于此质量分数，则精馏结果只能得到纯水和恒沸物，而得不到纯乙醇。若所取混合液含 C_2H_5OH 大于此质量分数，则精馏结果只能得到纯乙醇和恒沸物，而得不到纯水。目前工业上常采用加入适量的苯形成乙醇-水-苯三元体系进一步精馏以得到无水乙醇。实验室中制备无水乙醇时，在 95.6% 乙醇中加入生石灰（CaO）加热回流，使乙醇中的水跟氧化钙反应，生成不挥发的氢氧化钙来除去水分，然后再蒸馏，这样可得 99.5％的无水乙醇。如果还要去掉残留的少量的水，可以加入金属镁来处理，可得 100％乙醇，叫做绝对酒精。

第五节　完全不互溶液体

如果两种液体彼此之间溶解度非常小，可忽略不计时，可近似地看作完全不互溶系统。如水-油、水-CS_2 所形成的两组分液体，在容器中分为两纯物质液层。

一、完全不互溶液体的特征

对于这种不互溶的液体，每个组分在气相的分压等于它在纯态时的饱和蒸气压，而与另一组分的存在与否以及数量无关。因此，互不相溶的液体（设为 A、B）混合物的蒸气总压，等于在相同温度下，各纯组分单独存在时蒸气压之和，即：

$$p = p_A^* + p_B^* \tag{5-21}$$

由上式看到，在一定温度下，互不相溶液体混合物的蒸气总压恒大于任一纯组分的蒸气压。因此不互溶液体混合物的沸点也低于任一纯组分的沸点。

如图 5-10 所示，同一温度下，水和溴苯混合物的蒸气压是水和溴苯的饱和蒸气压加和。当外压为 100kPa 时，水的沸点为 373.15K，溴苯的沸点是 429K，水和溴苯混合物沸点是 368.15K。这是因为在 368.15K 时，水和溴苯的蒸气压之和已经达到 100kPa（外压），混合物就沸腾了。

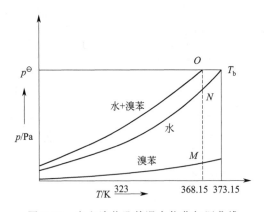

图 5-10　水和溴苯及其混合物蒸气压曲线

二、水蒸气蒸馏

化学工业上用蒸馏方法提纯某些高温时分解或聚合的有机化合物时，需要降低蒸馏时的温度。除了可以使用减压蒸馏方法外还可以利用水蒸气蒸馏的方法。

采用水蒸气蒸馏的有机化合物必须是和水不互溶的。具体操作时，可以使水蒸气以鼓泡的形式通入有机液体，这样能同时起到供给热量和搅拌液体的作用。蒸发出来的蒸气经冷凝后分为水和有机物两层，分离掉水层可得有机物产品。

进行水蒸气蒸馏时，压力不高，可把蒸气看作理想气体，可用分压定律计算。

$$p^*(H_2O) = py(H_2O) = p \times \frac{n(H_2O)}{n(H_2O) + n_B} \tag{5-22}$$

$$p_B^* = py_B = p \times \frac{n_B}{n(H_2O) + n_B} \tag{5-23}$$

综合式（5-22）和式（5-23）可得

$$\frac{m(H_2O)}{m_B} = \frac{p^*(H_2O)M(H_2O)}{p_B^* M_B} \tag{5-24}$$

式中，$\dfrac{m(H_2O)}{m_B}$——表示蒸馏出单位质量有机物 B 所需的水蒸气用量，称为水蒸气消耗系数。该系数越小，则水蒸气蒸馏效率越高。由式（5-24）可知有机物的蒸气压越高，摩尔质量越大，水蒸气消耗系数越小。

由式（5-24）得到

$$\frac{m_B}{m(H_2O)} = \frac{p_B^* M_B}{p^*(H_2O)M(H_2O)} \tag{5-25}$$

上式中 $\dfrac{m_B}{m(H_2O)}$ 表示一定量水蒸气蒸馏出有机物 B 的质量。同样可得到结论，若有机物的蒸气压越高，摩尔质量越大，单位水蒸气消耗量蒸馏出有机物 B 的质量越多。

第六节　分配定律和萃取

一、分配定律

在一定温度下两种互不相溶的液体混合物 α 和 β，溶质 i 在两液层间达到平衡时，浓度之比为一常数，这种规律称为分配定律。这一定律是在 1891 年由能斯特发现的。表示为：

$$K = \frac{c_i^\alpha}{c_i^\beta} \tag{5-26}$$

式中　c_i^α——溶质在 α 相的平衡浓度；

c_i^β——溶质在 β 相的平衡浓度；

K——分配系数，它与平衡时的温度及溶质，溶剂的性质有关。

碘在二硫化碳和水的混合体系中达到平衡时，碘在二硫化碳相中的浓度是水相中的418 倍。如果保持温度不变，再增加碘，倍数不变，说明碘在二硫化碳和水的浓度都会增加。

二、萃取

分配定律在实际中的具体应用是萃取。用一种与溶液不相溶的溶剂，将溶质从溶液中提取出来的过程称为萃取。萃取所用的溶剂称为萃取剂。在水中可加入一定量的与水不相溶的萃取剂，使水中少量的某种溶质在两溶剂中重新分配，达到平衡。这样溶质就在该溶剂中有了一定的浓度，溶解度越大，萃取效果越好。

如果 V_a 溶液中含有某种溶质 m_0，用 V_b 的某溶剂进行萃取，萃取后残留在原液中的溶质为 m_1，根据式（5-26）整理后得

$$m_1 = m_0 \frac{KV_a}{KV_a + V_b} \qquad (5\text{-}27)$$

如每次用 V_b 溶剂萃取，进行 n 次萃取，最后在残液内剩余的溶质的量为 m_n，有

$$m_n = m_0 \left(\frac{KV_a}{KV_a + V_b} \right)^n \qquad (5\text{-}28)$$

【例 5-10】 以 CCl_4 萃取 20mL 水溶液中的 I_2，水中有碘 20g，已知碘在水与 CCl_4 的分配系数为 0.012，试比较用 30mL CCl_4 一次萃取及每次用 15mL CCl_4 分两次萃取，萃取出来碘的质量。

解：设水为 a，CCl_4 为 b。

（1）一次萃取后水中残留 I_2 的质量为 m_1（g）

$$m_1 = m_0 \frac{KV_a}{KV_a + V_b} = 20 \times \frac{0.012 \times 20}{0.012 \times 20 + 30} = 0.16 \text{（g）}$$

萃取出碘为：$20 - 0.16 = 19.84$（g）

（2）分两次萃取后水中残留 I_2 的质量为 m_2（g）

$$m_2 = m_0 \left(\frac{KV_a}{KV_a + V_b} \right)^2 = 20 \times \left(\frac{0.012 \times 20}{0.012 \times 20 + 15} \right)^2 = 0.0050 \text{（g）}$$

萃取出碘为：$20 - 0.0050 \approx 20$（g）

通过计算知道，如果用同样数量的溶剂，萃取次数越多，从溶液中萃取出来的溶质也越多。

对沸点靠近或有共沸现象的液体混合物，可以用萃取的方法分离。

萃取剂的选择：①选择萃取用的溶剂应考虑对产物有较大的溶解度和较好的选择性；②溶剂与被萃取液的互溶度要小，黏度要低，界面张力适中，对相的分散和相的分离有利；③溶剂的化学稳定性高，两者沸点差要大，回收和再生容易；④价格低廉，安全（如无毒、闪点高）。常用的萃取剂有乙酸乙酯、乙酸丁酯、丁醇等。

例如轻油裂解和铂重整产生的芳烃混合物的分离，常用二乙二醇醚为萃取剂，分离极难分离的金属，如锆和铪、钽和铌、铜和铁、钴和镍等。此外常用脂类溶剂萃取乙酸，用丙烷萃取润滑油中的石蜡。青霉素的生产，用玉米发酵得到的含青霉素的发酵液，可以乙酸丁酯为溶剂，经过多次萃取得到青霉素的浓溶液。

工业上，萃取是在塔中进行的。塔内有多层筛板，萃取剂从塔顶加入，混合原料在塔下部输入。它们在上升与下降过程中可以充分混合，反复萃取。萃取方式有单级萃取、多级错流萃取、多级逆流萃取。近 20 年来研究溶剂萃取技术与其他技术相结合从而产生了一系列新的分离技术，如：微波辅助萃取、超临界萃取、逆胶束萃取、液膜萃取。

第七节 固态混合物的分离

本节主要介绍简单双组分凝聚系统的固液平衡相图。凝聚体系是指固、液平衡的相图，不涉及气相。"简单"的含义是指凝聚相不生成固溶体、化合物。

一、合金相图——热分析法

1. 绘制相图

绘制原理是先将二组分体系加热熔化，记录冷却过程中温度随时间的变化数据，绘制成步冷曲线。当体系有新相凝聚，放出相变热，步冷曲线的斜率改变，出现转折点或水平线段。据此在 $t\text{-}x$ 图上标出对应的位置，得到低共熔 $t\text{-}x$ 图。

如图 5-11 所示，以邻硝基氯苯-对硝基氯苯体系相图为例。如降温过程中体系不发生相变，则体系的温度随时间的变化将是均匀的。若降温过程中发生了相变，则在凝固过程中会有放热现象，这时体系温度随时间的变化速度将变慢，步冷曲线出现转折即拐点。当溶液继续冷却到某一点时，由于此时溶液的组成已达到最低共熔混合物的组成，会有最低共熔混合物结晶析出，在最低共熔混合物完全凝固以前，体系温度保持不变，因此步冷曲线出现水平线段即平台。当溶液完全凝固后，温度才迅速下降。

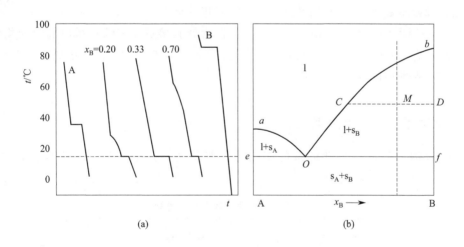

图 5-11 邻硝基氯苯-对硝基氯苯体系相图的绘制

将纯邻硝基氯苯的试管加热熔化，记录数据并绘制出步冷曲线，如图 5-11（a）中曲线 A 所示。在 32.5℃时出现水平线段，说明有邻硝基氯苯（s）出现，是纯组分凝固过程，说明邻硝基氯苯的熔点处体系温度不变，放出的热量全部由凝固热抵消了。当邻硝基氯苯全部凝固后，温度继续下降，说明温度和组成中只有一个量可任意改变。步冷曲线 B 是纯对硝基氯苯降温曲线，过程与曲线 A 类似，83℃是它的熔点。两个熔点分别标在 $t\text{-}x$ 图上的相应位置。

如果是邻硝基氯苯-对硝基氯苯混合的双组分体系，在步冷曲线上先出现拐点，然后出现水平线段。如图 5-11（a）中 $x_B = 0.20$ 曲线所示，拐点是因为在该温度时开始析出邻硝基氯苯固体。当温度继续降低，两种固体同时析出时在步冷曲线上出现平台。组成不同的邻硝基氯苯-对硝基氯苯的双组分体系，会在不同的温度出现拐点，而都在温度约为 14.6℃出现平台。由 $x_B = 0.33$ 曲线看到，温度降低过程中没有拐点，在温度约为 14.6℃出现平台。这是因为降温过程中没有析出哪一种固体，而在约为 14.6℃两种固体同时析出。$x_B = 0.70$ 的曲线形状与 $x_B = 0.20$ 曲线类似，只是在拐点处析出的是对硝基氯苯。这样可得到一系列的相变点，连接这些点可得邻硝基氯苯-对硝基氯苯的 t-x 图，如图 5-11（b）所示。

2. 相图分析

邻硝基氯苯-对硝基氯苯的 t-x 图上有 4 个相区：

aOb 线之上，为溶液（l），单相区；aOe 之内，两相区，邻硝基氯苯（s+l）；

bOf 之内，为两相区，对硝基氯苯(s)+l；eOf 线以下，两相区，邻硝基氯苯(s)＋对硝基氯苯(s)。

aO 线，邻硝基氯苯(s)+l共存时，溶液组成线；

bO 线，对硝基氯苯(s)+l共存时，溶液组成线；

eOf 线，邻硝基氯苯(s)＋对硝基氯苯(s)+l　三相平衡线。

有三个特殊点：

a 点，纯邻硝基氯苯（s）的熔点；b 点，纯对硝基氯苯（s）的熔点；

O 点，邻硝基氯苯(s)＋对硝基氯苯(s)+l三相共存点。

因为 O 点温度均低于 a 点和 b 点的温度，称为低共熔点。在该点析出的混合物称为低共熔混合物。它不是化合物，由两相组成，只是混合得非常均匀，该点组成为低共熔组成。O 点的温度会随外压的改变而改变。

二、水盐系统——溶解度法

一些化合物、金属、水-盐体系的相图是具有低共熔点的二组分体系相图，如表 5-7 所示。

表 5-7　简单低共熔混合物系统

组分 A	A 的熔点 /K	组分 B	B 的熔点 /K	共熔混合物	
				共熔点/K	B 物质的物质的量分数
Sb	903	Pb	600	540	0.87
Sn	505	Pb	600	456.3	0.38
Si	1685	Al	930	851	0.89
Be	1555	Si	1685	1363	0.32
KCl	1063	AgCl	724	579	0.69

以 H_2O-$(NH_4)_2SO_4$ 体系为例，测定不同温度下盐的溶解度，获得大量实验数据，见表 5-8。同样方法绘制出水-盐的 t-x 图，如图 5-12 所示。

表 5-8　不同温度下 $(NH_4)_2SO_4$ 在水中的溶解度

温度 t/℃	液相组成 $w[(NH_4)_2SO_4]$	固相
0	0	冰
−1.99	0.0652	冰
−5.28	0.1710	冰
−10.15	0.2897	冰
−13.99	0.3447	冰
−18.50	0.3975	冰＋$(NH_4)_2SO_4$
0	0.4122	$(NH_4)_2SO_4$
10	0.4211	$(NH_4)_2SO_4$
20	0.4300	$(NH_4)_2SO_4$
30	0.4387	$(NH_4)_2SO_4$
40	0.4480	$(NH_4)_2SO_4$
50	0.4575	$(NH_4)_2SO_4$
60	0.4664	$(NH_4)_2SO_4$
70	0.4754	$(NH_4)_2SO_4$
80	0.4847	$(NH_4)_2SO_4$
90	0.4944	$(NH_4)_2SO_4$
100	0.5042	$(NH_4)_2SO_4$
108.50(沸点)	0.5153	$(NH_4)_2SO_4$

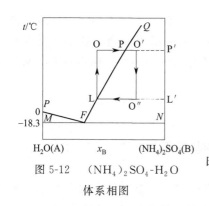

图 5-12　$(NH_4)_2SO_4$-H_2O
体系相图

H_2O-$(NH_4)_2SO_4$ 体系相图中有四个相区：

PFQ 以上，溶液单相区；

PFM 之内，冰＋溶液两相区；

QFN 以上，$(NH_4)_2SO_4$（s）和溶液两相区；

MFN 线以下，冰与 $(NH_4)_2SO_4$（s）两相区。

相图中有三条曲线：

PF 线　冰＋溶液平衡两相共存曲线，即冰点下降曲线；

FQ 线　$(NH_4)_2SO_4$（s）＋溶液两相平衡共存曲线；

MFN 线　冰＋$(NH_4)_2SO_4$（s）＋溶液三相共存线。

图中有两个特殊点：

P 点　冰的熔点。盐的熔点非常高，在图上无法标出。

F 点　冰＋（NH$_4$）$_2$SO$_4$（s）＋溶液三相共存点。溶液组成在 *F* 点左侧降温，先析出冰固体；在 *F* 点以右者降温，先析出（NH$_4$）$_2$SO$_4$（s）。

三、应用

1. 低熔点合金的制备

工业上常利用 Sn 和 Pb 制成低熔点合金，其低共熔点为 183.3℃。而 Sn 和 Pb 的熔点分别为 232℃ 和 327℃。利用低共熔合金可以制造保险丝和焊锡等，如 Sn-Pb-Bi 三组分合金，其低共熔点为 96℃，可用于制造自动灭火栓。

2. 低温冷冻液的制备

在化工生产和科学研究中常要用到低温浴，配制合适的水-盐体系，可以得到不同的低温冷冻液。如表 5-9 所示。

表 5-9　某些盐和水的最低共熔点及其组成

盐	最低共熔点/℃	最低共熔物组成 $w/\%$
NaCl	−21.1	23.3
NaBr	−28.0	40.3
NaI	−31.5	39.0
KCl	−10.7	19.7
KBr	−12.6	31.3
KI	−23.0	52.3
(NH$_4$)$_2$SO$_4$	−18.3	39.8
MgSO$_4$	−3.9	16.5
Na$_2$SO$_4$	−1.1	3.84
KNO$_3$	−3.0	11.20
CaCl$_2$	−5.5	29.9
FeCl$_3$	−55	33.1
NH$_4$Cl	−15.4	19.7

例如，只要把冰和食盐（NaCl）混合，当有少许冰熔化成水，就会三相共存，溶液的浓度将逐渐变成最低共熔物的组成，同时体系通过冰的熔化而降低温度最后达到最低共熔点。只要冰、水和盐三相共存，则体系就保持最低共熔点温度（−21.1℃）恒定不变。水盐体系是化工生产中常用的冷冻循环液。

3. 盐类的提纯

利用水-盐体系的相图可选择用结晶法分离提纯盐类的最佳工艺条件，一般可采取蒸发浓缩、降温或加热等各种不同的方法。

如图 5-12 所示，将粗盐溶于水，滤去不溶杂质，系统在 O，等温加热去除部分水，系统点右移 O′点，纯（NH$_4$）$_2$SO$_4$（s）析出，系统为 P 溶液和 P′两相平衡，盐的析出量由杠杆规则计算。系统降温，（NH$_4$）$_2$SO$_4$（s）溶解度下降，（NH$_4$）$_2$SO$_4$（s）析出，溶液浓度沿 *QF* 线下降。降温至 O″，相点为 L 的溶液和 L′溶液，再加入粗盐和水，继续重结晶过程，如此循环多次，可将（NH$_4$）$_2$SO$_4$（s）纯化。

本章小结

1. 拉乌尔定律：$p_A = p_A^* x_A$

2. 亨利定律：$p_B = k_x x_B$，$p_B = k_m m_B$，$p_B = k_c c_B$

3. 稀溶液的依数性

① 蒸气压下 $\Delta p_A = p_A^* - p_A = p_A^* x_B$

② 沸点升高 $\Delta T_b = T_b - T_b^* = k_b m_B$

③ 凝固点下降 $\Delta T_f = k_f b_B$

④ 渗透压 $\pi = c_B RT$

4. 相：体系中物理和化学性质完全相同的均匀部分称为相。相数用 Φ 表示。

5. 自由度：在不引起旧相消失和新相产生的前提下，体系中可自由变动的独立变量的数目，用符号 f 表示。

6. 水的相图

水的相图由气、液、固三个单相区，三条两相平衡线（水的蒸气压曲线、冰的蒸气压曲线、冰的熔点曲线）和一个三相点（冰、水、水蒸气三相平衡共存）构成的，为 p-T 图。

7. 克拉佩龙方程：

$$\frac{dp}{dT} = \frac{\Delta_\alpha^\beta H_m}{T \Delta_\alpha^\beta V_m}$$

8. 克劳修斯-克拉佩龙方程

$$\frac{dp}{dT} = \frac{\Delta_\alpha^\beta H_m}{T \Delta_\alpha^\beta V_m}$$

微分式

$$d\ln p = \frac{\Delta_l^g H_m}{RT^2} dT$$

不定积分式

$$\ln p = -\frac{\Delta_l^g H_m}{RT} + C \qquad \lg p = -\frac{\Delta_l^g H_m}{2.303 RT} + C'$$

定积分式

$$\ln \frac{p_2}{p_1} = -\frac{\Delta_l^g H_m}{R}\left(\frac{1}{T_2} - \frac{1}{T_1}\right) \qquad \lg \frac{p_2}{p_1} = -\frac{\Delta_l^g H_m}{2.303 R}\left(\frac{1}{T_2} - \frac{1}{T_1}\right)$$

9. 理想液态混合物：溶液中所有组分在全部浓度范围内都服从拉乌尔定律的溶液。理想液态混合物的气-液平衡组成

$$p = p_A^* + (p_B^* - p_A^*) x_B$$

$$x_B = \frac{p - p_A^*}{p_B^* - p_A^*}$$

$$y_B = \frac{p_B}{p} = \frac{p_B^* x_B}{p} = \frac{p_B^* x_B}{p_B^* x_B + p_A^* x_A}$$

10. 完全不互溶的液体混合物：混合物的蒸气总压，等于在相同温度下，各纯组分单独存在时蒸气压之和 $p = p_A^* + p_B^*$

11. 水蒸气蒸馏时，水蒸气消耗系数

$$\frac{m(H_2O)}{m_B} = \frac{p^*(H_2O)M(H_2O)}{p_B^* M_B}$$

12. 分配定律：在一定温度下达到平衡时，某物质在两液层中浓度之比为一常数。

$$K = \frac{c_i^\alpha}{c_i^\beta}$$

13. 萃取：用一种与溶液不相溶的溶剂，将溶质从溶液中提取出来的过程称为萃取。

$$m_n = m_0 \left(\frac{KV_a}{KV_a + V_b}\right)^n$$

14. 简单双组分凝聚体系的固液平衡相图
① 热分析法绘制具有低共熔点的二组分体系相图；
② 简单双组分凝聚体系相图分析；
③ $H_2O-(NH_4)_2SO_4$ 水盐双组分体系相图分析；
④ 简单双组分凝聚体系的固液平衡相图应用：低熔点合金的制备、低温冷冻液的制备、盐类的提纯。

思考题

1. 在一个相平衡系统中，相数最多时，自由度为多少？自由度最大时，相数为多少？

2. 水的三相点与冰点有什么不同？

3. 为什么打开装有 CO_2 的高压钢瓶，液体 CO_2 喷出后，大部分变成气体，少部分变成白色固体（干冰），而无液体？（已知 CO_2 在三相点的压力为 517.77kPa。）

4. 在水的相图中，气-液两相平衡线的斜率为什么是正的？

5. 克拉佩龙方程适用于任何物质的两相平衡系统，此说法对不对？

6. 在一定温度下的乙醇水溶液，能否应用克劳修斯-克拉贝龙方程式计算其饱和蒸气压？

7. 多组分系统的组成有几种表示方法，都怎样表示？

8. 拉乌尔定律和亨利定律的异同点是什么？

9. 为什么海洋温度升高，鱼类生存就会变得困难？

10. 化工单元操作"吸收"的理论基础是什么？若要使 CO_2 在水中的溶解度增大，应采取什么温度和压力？

11. 什么是理想液态混合物达平衡时液相组成及气相组成怎样计算？理想液态混合物的热力学性质有哪些？

12. 稀溶液的依数性包括哪些？用依数性关系测定物质的摩尔质量时，为什么常用凝固点下降法而不用蒸气压下降法？

13. 反渗透作用是利用稀溶液依数性的哪个性质？反渗透作用在工业生产中有哪些应用？

14. 在 298.15K 时，$0.01mol/dm^3$ 尿素水溶液的渗透压为 π_1，而 $0.01mol/dm^3$ 糖水的渗透压位为 π_2，二者的渗透压是否相等？

15. 若给农作物施加肥料过量，农作物为什么会失水而枯萎？

16. 在 37℃ 时人体血液的渗透压约为 776kPa，在同温度下 $1dm^3$ 蔗糖（$C_{12}H_{22}O_{11}$）水溶液中需含有多少克蔗糖时才能与血液有相同的渗透压？若为葡萄糖水溶液呢？

17. 由 A、B 二者构成的实际溶液，知纯 A 的沸点为 80℃，纯 B 的沸点为 100℃，溶液恒沸点的温度为 50℃，组成 x_B 为 0.55，试画出该溶液的 t-$x(y)$ 相图。若将 6molA 和 4molB 构成的溶液进行精馏后，塔顶得到什么物质？塔底得到什么物质？

18. 理想液态混合物的压力-组成图和温度-组成图有什么特点？

19. 对于某一种液态混合物来说，若其形成恒沸混合物，则恒沸混合物的组成与沸点是恒定不变的。这种说法正确吗？

20. 乙醇水溶液在常压下的恒沸点为 78.13℃，恒沸混合物组成为含乙醇的质量分数为 0.956，试说明为什么在常压下用通常的精馏方法不可能从乙醇-水溶液中制取无水乙醇，而只能得到质量分数 0.956 的乙醇水溶液？今有质量分数 0.60 乙醇水溶液精馏，塔底产品是什么？

21. 二组分液态完全不互溶系统有什么特点？在生产上有什么应用？

22. 为什么提纯硝基苯时用水蒸气蒸馏，而提纯甘油时用减压蒸馏？水蒸气蒸馏和减压蒸馏适用于什么物质的提纯？

习题

1. 炊事用高压锅，其锅内蒸气压最高允许值为 233kPa，已知水在 373.15K、101.3kPa 条件下的摩尔蒸发焓为 40.66kJ/mol，试估算锅内水汽的最高温度为多少？

2. 为了防止苯乙烯在高温下聚合，采用减压蒸馏来进行。已知苯乙烯的正常沸点（即压力为 101.3kPa 时的沸点）为 418K，摩尔蒸发焓为 40.31kJ/mol。若控制蒸馏温度为 303K，压力应减到多少？

3. 四氯化碳在温度为 343K 时蒸气压是 82.81kPa，353K 时蒸气压为 112.43kPa，试计算四氯化碳的平均摩尔蒸发焓和正常沸点。

4. 在平均海拔为 4500m 的青藏高原上，大气压力只有 57.3kPa，已知水的蒸气压与温度的关系为：$\ln(p/Pa) = -5024/(T/K) + 25.005$，（1）试计算那里水的沸点；（2）计算水的平均摩尔蒸发焓；（3）说明为什么在青藏高原用一般锅不能将生米烧成熟饭？

5. 将一批装有注射液的安瓿瓶放入高压消毒锅中进行加热消毒，若锅内水蒸气的最高温度为 385.15K（112℃），则锅内水蒸气的压力应该保持多少 kPa？已知水在 373.15K、101.3kPa 条件下的摩尔蒸发焓为 40.67kJ/mol。

6. 293.15K 时将 0.0100kg 乙酸溶于 0.100kg 水中，溶液的体积质量为 $1.0123 \times 10^3 kg/m^3$，计算此溶液中乙酸的如下各量：（1）质量分数；（2）质量摩尔浓度；（3）物质的量分数；（4）物质的量浓度。

7. 293K 下 HCl(g) 溶于苯中达平衡，气相中 HCl 的分压为 101.325kPa 时，溶液中 HCl 的物质的量分数为 0.0425。已知 293K 时苯的饱和蒸气压为 10.0kPa，若 293K 时 HCl 和苯的蒸气总压为 101.325kPa，求 100g 苯中溶解多少克 HCl？

8. 将合成氨的原料气通过水洗塔除去其中的 CO_2。已知气体混合物中含有 0.280（体积分数）CO_2，水洗塔的操作压力为 1013.0kPa，操作温度为 293K。计算此条件下，每千克水能吸收多少 CO_2？（已知 293K 时亨利系数 k_x 为 $143.8 \times 10^3 kPa$。）

9. 273K 时，1.00kg 的水能溶解 810.6kPa 下的 $O_2(g)$ $5.60 \times 10^{-2}g$。在相同的温度下，若氧气的平衡压力为 202.7kPa，1.00kg 水中能溶解氧气多少克？

10. 333K 时甲醇的饱和蒸气压是 83.4kPa，乙醇的饱和蒸气压是 47.0kPa，二者可形成理想液态混合物，若此混合物组成的质量分数各为 0.500，求 333K 时此混合物的平衡气相组成（以物质的量分数表示）。

11. 353K 时纯苯的蒸气压为 100kPa，纯甲苯的蒸气压为 38.7kPa，两液体可形成理想液态混合物。若有苯-甲苯的气-液平衡系统，353K 时平衡气相中苯的物质的量分数 y（苯）

为 0.300，求平衡液相组成。

12. 在 80.3K 时，纯液氮的蒸气压为 $1.488 \times 10^5 Pa$，纯液氧的蒸气压为 $0.3193 \times 10^5 Pa$。设空气只是 $n(N_2):n(O_2)=4:1$ 的混合物，液态空气可视为理想液态混合物，求在 80.3K 时至少需要加多大压力才能使空气全部液化？

13. 363K 时甲苯和苯的饱和蒸气压分别为 54.22kPa 和 136.12kPa，两者可形成理想液态混合物，取 200g 甲苯和 200g 苯置于带活塞的导热容器中，始态为一定压力下 363K 的液态混合物，在恒温 363K 下，逐渐降低压力，问：（1）压力降到多少时，开始产生气相？此气相的组成如何？（2）压力降到多少时，液相开始消失？最后一滴液相组成如何？（3）压力为 92.00kPa 时系统内气-液两相平衡，两相的组成如何？两相的物质的量各是多少？

14. 氯苯和溴苯构成的理想液态混合物。在 140℃ 时，氯苯和溴苯的饱和蒸气压分别为 $1.2 \times 10^6 Pa$ 和 $0.9 \times 10^5 Pa$。计算在 140℃ 101kPa 下，该理想液态混合物达平衡时的液相和气相组成。

15. 25.0g 的 CCl_4 中溶有 0.5455g 某溶质，与此溶液成平衡的 CCl_4 的蒸气分压为 11.1888kPa，而在同一温度时纯 CCl_4 的饱和蒸气压为 11.4008kPa，求（1）此溶质的相对摩尔质量；（2）根据元素分析结果，溶质中含 C 为 0.9434，含 H 为 0.0566（质量分数），确定此溶质的化学式。

16. 10.0g 葡萄糖（$C_6H_{12}O_6$）溶于 400g 乙醇中，溶液的沸点较纯乙醇的上升 0.1428K，另外有 2.00g 有机物质溶于 100g 乙醇中，此溶液的沸点则上升 0.125K，求此有机物质的摩尔质量。

17. 为防止高寒地区汽车发动机水箱结冻，常在水中加入乙二醇为抗冻剂。如果要使水的凝固点下降到 243.15K，问每千克水中应加多少乙二醇？已知水的 k_f 为 1.86，乙二醇的摩尔质量为 62g/mol。

18. 现有蔗糖（$C_{12}H_{22}O_{11}$）溶于水形成某一浓度的稀溶液，在外压为 101.325kPa 时，其凝固点为 -0.200℃，已知水的凝固点下降系数 k_f 为 1.86K·kg/mol，纯水在 298.15K 时的蒸气压为 3.167kPa，计算此溶液在 298.15K 时的蒸气压。

19. 298.15K 时，10.0g 某溶质溶于 1.00L 溶剂中，测出该溶液的渗透压为 $\pi = 0.400kPa$，试确定该溶质的摩尔质量。

20. 已知 20℃ 时，纯水的饱和蒸气压为 2.339kPa，在 293.15K 下将 63.4g 蔗糖（$C_{12}H_{22}O_{11}$）溶于 1.00kg 的水中，此溶液的体积质量为 $1.024g/cm^3$，求（1）此溶液的蒸气压；（2）此溶液的渗透压。

21. 298.15K 丙醇(A)-水(B) 系统气-液两相平衡时两组分蒸气分压与液相组成的关系如下：

x_B	0	0.10	0.20	0.40	0.60	0.80	0.95	0.98	1.00
p_A/kPa	2.90	2.59	2.37	2.07	1.89	1.81	1.44	0.67	0
p_B/kPa	0	1.08	1.79	2.65	2.89	2.91	3.09	3.13	3.17

（1）画出完整的压力-组成图，在图中注明液相线和气相线；

（2）系统总组成为 x_B（总）=0.30 的系统在平衡压力 $p=4.16kPa$ 时，气-液两相平衡，在相图中确定平衡气相组成 y_B 及液相组成 x_B；

（3）上述系统 5.00mol，在 $p=4.16kPa$ 下达到平衡时，气相、液相的量各是多少摩尔？气相中含丙醇和水各是多少摩尔？

22. 101.325kPa 下水(A)-乙酸(B)系统的气-液平衡数据如下：

T/K	373.0	375.1	377.4	380.5	386.8	391.1
x_B	0	0.300	0.500	0.700	0.900	1.000
y_B	0	0.185	0.374	0.575	0.833	1.000

（1）画出气-液平衡的温度-组成图；

（2）从图上找出组成为 $x_B = 0.800$ 液相的泡点；

（3）从图上找出组成为 $y_B = 0.800$ 气相的露点；

（4）378.0K 时气-液平衡两相的组成各是多少？

第六章

化学动力学

 **学习目标**

1. 掌握反应速率、消耗速率和生成速率，及反应级数和速率常数等概念。
2. 掌握一级、二级反应速率方程及其特征，并能进行具体计算。
3. 掌握阿伦尼乌斯方程及其应用，明确温度、活化能对反应速率的影响。
4. 掌握基元反应、反应分子数的定义。
5. 了解典型复合反应及链反应的特征。
6. 了解催化反应的基本特征，了解气固相催化反应的一般步骤。

化学动力学研究反应进行的快慢及浓度、压力、温度、催化剂等对反应速率的影响；另外还研究反应机理，也就是反应进行时要经过哪些反应步骤（本书不涉及）。所以，化学动力学是研究化学反应速率和机理的学科。本章所解决的化工问题有：①确定最佳反应条件（浓度、压力、温度、时间等），加快主反应速率，抑制或减慢副反应速率，提高产率；②选择最佳催化剂；③根据爆炸反应机理，采取适当措施，防止爆炸事故发生。

第一节　反应速率与速率方程

一、反应速率的定义

对于任意反应

$$a\,A + b\,B \longrightarrow y\,Y + z\,Z \tag{6-1}$$

可简写成

$$0 = \sum_B \nu_B B$$

随着反应进行，反应进度 ξ 不断增大。我们用单位体积内反应进度随时间的变化率来表示反应进行的快慢，称为反应速率，用符号 v 表示，即

$$v = \frac{1}{V}\frac{\mathrm{d}\xi}{\mathrm{d}t} \tag{6-2}$$

式中　V——体积；

　　　t——时间；

　　　ξ——反应进度，mol；

　　　v——反应速率，[浓度]／[时间]。

由反应进度定义可知，$d\xi = dn_B/v_B$，所以反应速率 v 的定义式也可写成

$$v = \frac{1}{v_B V}\frac{dn_B}{dt}$$

对于恒容反应，$dn_B/V = dc_B$，所以上式可简化为

$$v = \frac{1}{v_B}\frac{dc_B}{dt} \tag{6-3}$$

式中　c_B——B 的物质的量浓度，mol/m^3 或 mol/L；

　　　v_B——B 的化学计量系数。

这就是恒容反应速率的定义式。dc_B/dt 代表物质 B 浓度随时间的变化率。对于产物，dc_B/dt 和 v_B 同时为正；对于反应物，dc_B/dt 和 v_B 同时为负，因此反应速率 v 永远为正值。对于式（6-1）表示的任意反应，恒容反应速率可具体表示为

$$v = -\frac{1}{a}\frac{dc_A}{dt} = -\frac{1}{b}\frac{dc_B}{dt} = \frac{1}{y}\frac{dc_Y}{dt} = \frac{1}{z}\frac{dc_Z}{dt} \tag{6-4}$$

显然反应速率 v 与物质 B 的选择无关，但与化学计量方程时的写法有关。

为了讨论问题方便，常采用某指定反应物的消耗速率或某指定产物的生成速率来表示反应进行的快慢。我们定义恒容反应

反应物的消耗速率为
$$v_A = -\frac{dc_A}{dt} \tag{6-5}$$

$$v_B = -\frac{dc_B}{dt}$$

产物的生成速率为
$$v_Y = \frac{dc_Y}{dt} \tag{6-6}$$

$$v_Z = \frac{dc_Z}{dt}$$

由于反应物不断消耗，dc_B/dt 为负值，为使消耗速率为正值，故在 dc_B/dt 前加一负号。显然对于式（6-1）表示的任意反应，反应速率与反应物消耗速率、产物生成速率均为正值，且它们之间的关系为

$$v = \frac{v_A}{a} = \frac{v_B}{b} = \frac{v_Y}{y} = \frac{v_Z}{z} \tag{6-7}$$

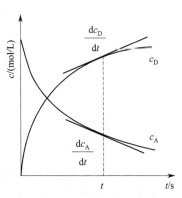

图 6-1　反应物和产物的浓度与时间的关系

二、反应速率的图解表示

对于恒容均相反应，若测出不同时刻 t 时反应物 A 的浓度 c_A 或产物 D 的浓度 c_D，则可绘出如图 6-1 所示的 c-t 曲线。c_A-t 曲线上各点切线斜率的绝对值，即为相应时刻

反应物 A 的消耗速率，$v_A = -dc_A/dt$。c_D-t 曲线上各点切线斜率的绝对值，即为相应时刻产物 D 的生成速率，$v_D = dc_D/dt$。

本章如不特别指明，所讨论的反应均为恒容反应。

三、反应级数

实验发现，大多数化学反应的速率方程可以写成下式形式：

$$v = kc_A^\alpha c_B^\beta c_D^\gamma \cdots \tag{6-8}$$

式中，α，β，$\gamma \cdots$ 分别称为物质 A，B，D$\cdots$ 的反应分级数，令 $n = \alpha + \beta + \gamma \cdots$，$n$ 称为反应的总级数，简称反应级数。一个反应的级数，无论是 α，β，$\gamma \cdots$ 或是 n，都是实验确定的常数，其值可以是整数、分数、正数、负数或零。一般 n 不大于 3。

反应级数的大小反映了浓度对反应速率的影响程度。级数越大，浓度对反应速率的影响越大。例如 HCl 的气相合成反应的速率方程为 $v = kc(H_2)[C(Cl_2)]^{0.5}$，即该反应对 H_2 为 1 级，对 Cl_2 为 0.5 级，因此该反应为 1.5 级反应，此式表明 H_2 浓度对反应速率的影响比 Cl_2 大些。

四、反应速率常数

式 (6-8) 中比例常数 k，称为反应速率常数。反应速率常数在数值上相当于速率方程中各物质浓度均为单位浓度时的反应速率，故也称为比速率。不同的反应有不同的 k。对于指定反应，k 与温度、反应介质（溶剂）和催化剂有关，甚至随反应器的形状、性质而变。k 的单位随反应级数而变，所以由 k 的单位可以判断反应级数。

对于指定反应，当温度、反应介质和催化剂等条件一定时，反应速率常数为一定值。然而，对某种物质的速率常数则要随物质的选择而异。例如任意反应

$$a A + b B \longrightarrow y Y + z Z$$

实验发现为 n 级反应，反应物 A 为 α 级，反应物 B 为 β 级，则反应物的消耗速率、产物的生成速率和反应速率分别为

$$v_A = k_A c_A^\alpha c_B^\beta \qquad\qquad v_B = k_B c_A^\alpha c_B^\beta$$
$$v_Y = k_Y c_A^\alpha c_B^\beta \qquad\qquad v_Z = k_Z c_A^\alpha c_B^\beta$$
$$v = k c_A^\alpha c_B^\beta$$

因为反应级数是实验测定的，与如何表示该反应的速率无关。

所以

$$v = \frac{v_A}{a} = \frac{v_B}{b} = \frac{v_Y}{y} = \frac{v_Z}{z}$$

$$k = \frac{k_A}{a} = \frac{k_B}{b} = \frac{k_Y}{y} = \frac{k_Z}{z} \tag{6-9}$$

因此，当涉及到对某种物质的速率常数时，k 的下标不可忽略。

但是，只有当反应的速率方程可以表示成式 (6-8) 的形式时，才有反应级数和速率常数。否则，反应便没有反应级数和速率常数可言。例如前面提到的 HBr 合成反应，其速率方程为

$$v = \frac{kc(\mathrm{H_2})c^{1/2}(\mathrm{Br_2})}{1 + k'c(\mathrm{HBr})/c(\mathrm{Br_2})}$$

表明该反应无反应级数，其中的 k 和 k' 也不叫反应速率常数。

第二节 简单级数反应

反应级数为简单的整数，如一、二、三或零等的反应称为简单级数反应。本节讨论一级反应和二级反应速率方程的微分式、积分式及其特征。

一、一级反应

反应速率与反应物浓度的一次方成正比的反应，称为一级反应。若某一级反应的计量方程式为

$$\mathrm{A} \longrightarrow \mathrm{P}$$

$$t = 0 \qquad c_{\mathrm{A0}}$$
$$t = t \qquad c_{\mathrm{A}}$$

则其反应速率方程为

$$-\frac{\mathrm{d}c_{\mathrm{A}}}{\mathrm{d}t} = kc_{\mathrm{A}} \tag{6-10}$$

定积分上式，得

$$\ln \frac{c_{\mathrm{A0}}}{c_{\mathrm{A}}} = kt \tag{6-11}$$

式中　t——时间；

　k——反应速率常数，$\mathrm{s^{-1}}$；

c_{A0}——A 的初始浓度，$\mathrm{mol/m^3}$ 或 $\mathrm{mol/L}$；

　c_{A}——t 时刻 A 的浓度，$\mathrm{mol/m^3}$ 或 $\mathrm{mol/L}$。

由上述关系式可知，一级反应具有如下特征：

① 一级反应速率常数 k 的单位为 [时间]$^{-1}$；

② 反应物浓度消耗掉一半所需的时间为该反应的半衰期，用符号 $t_{1/2}$ 表示。将 $c_{\mathrm{A}} = c_{\mathrm{A0}}/2$ 代入式（6-11）可得

$$t_{1/2} = \frac{\ln 2}{k} = \frac{0.693}{k} \tag{6-12}$$

由此可见，一级反应的半衰期与 k 成反比，与反应物初始浓度无关。这就是说一级反应，反应物 A 的浓度从 2mol/L 降至 1 mol/L，反应物反应了 1mol，与从 0.6 mol/L 降至 0.3 mol/L，反应物反应了 0.3mol 所需的时间是相同的。

③ 式（6-11）可改写成

$$\ln c_{\mathrm{A}} = -kt + \ln c_{\mathrm{A0}}$$

这是直线方程。说明 $\ln c_{\mathrm{A}}$ 对 t 作图为一直线（如图 6-2 所示），其斜率为 $-k$，截距

为 $\ln c_{A0}$。

这些特征，可以判断一个反应是否为一级反应。多数的复杂结构分子的热分解反应，分子内部重排反应以及所有放射性元素的蜕变，都是一级反应。

除此之外，还有一些反应，在一定条件下可近似为一级反应。如

$$C_{12}H_{22}O_{11}(蔗糖)+H_2O \longrightarrow C_6H_{12}O_6(葡萄糖)+C_6H_{12}O_6(果糖)$$

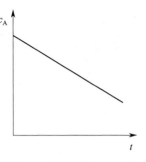

图 6-2　一级反应的 $\ln c_A$-t 图

该水解反应实际上是二级反应，由于水溶液中水过量很多，其浓度在反应过程中近似为常数，所以反应近似为一级反应。通常把这种特殊情况下得到的一级反应，称为准一级反应。

【例 6-1】 在 40℃下，N_2O_5 在惰性溶剂 CCl_4 中进行分解，反应为一级。设初速率 $v_0 = 1.00 \times 10^{-5}$ mol/(L·s)，1h 后反应速率 $v = 3.26 \times 10^{-6}$ mol/(L·s)。试求（1）k_A；（2）半衰期 $t_{1/2}$；（3）N_2O_5 的初始浓度 c_{A0}。（A 代表 N_2O_5。）

解：（1）反应速率　$v = k_A c_A$

$$t = 0 \qquad v_0 = k_A c_{A0} = 1.00 \times 10^{-5}\ \text{mol/(L·s)}$$

$$t = 3600\text{s} \qquad v = k_A c_A = 3.26 \times 10^{-6}\ \text{mol/(L·s)}$$

则 $\dfrac{v_0}{v} = \dfrac{c_{A0}}{c_A} = \dfrac{1.00 \times 10^{-5}}{3.26 \times 10^{-6}}$

所以　$k_A = \dfrac{1}{t}\ln\dfrac{c_{A0}}{c_A} = \dfrac{1}{3600}\ln\dfrac{1.00 \times 10^{-5}}{3.26 \times 10^{-6}} = 3.11 \times 10^{-4}\ (\text{s}^{-1})$

（2）$t_{1/2} = \dfrac{\ln 2}{k_A} = \dfrac{0.693}{3.11 \times 10^{-4}} = 2.23 \times 10^3\ (\text{s})$

（3）$c_{A0} = \dfrac{v_0}{k_A} = \dfrac{1.00 \times 10^{-5}}{3.11 \times 10^{-4}} = 3.22 \times 10^{-2}\ (\text{mol/L})$

【例 6-2】 504℃将气态二甲醚放到一个抽空的容器中，发生如下反应

$$(CH_3)_2O(g) \longrightarrow CH_4(g) + H_2(g) + CO(g)$$

已知反应为一级，且 $(CH_3)_2O$ 可充分分解。再经 777s 后测得容器中压力为 65.06kPa，经无限长时间后压力为 124.12kPa。求反应速率常数 k。

解：

	$(CH_3)_2O\ (g)$	$\longrightarrow CH_4\ (g)$	$+ H_2\ (g)$	$+ CO\ (g)$	
$t = 0$	p_0	0	0	0	
$t = 777\text{s}$	p	$p_0 - p$	$p_0 - p$	$p_0 - p$	$p_t = 3p_0 - 2p$
$t = \infty$	0	p_0	p_0	p_0	$p_\infty = 3p_0$

所以 $p_0 = p_\infty/3 = 124.12/3 = 41.37$ （kPa）

$p = (3p_0 - p_t)/2 = (124.12 - 65.06)/2 = 29.53$ （kPa）

因为气体压力不高，可视为理想气体，由 $p = cRT$ 得

$$\frac{p_0}{p} = \frac{c_0}{c}$$

代入一级反应速率方程积分式

$$k = \frac{1}{t}\ln\frac{c_0}{c} = \frac{1}{777}\ln\frac{41.37}{29.53} = 4.33\times10^{-4}(\mathrm{s}^{-1})$$

二、二级反应

反应速率与反应物浓度的二次方成正比的反应，称为二级反应。二级反应有两种类型：

① 类型Ⅰ。反应速率仅与一个反应物浓度的二次方成正比，如

$$2\mathrm{A} \longrightarrow \mathrm{P} \qquad v = kc_A^2$$

② 类型Ⅱ。反应速率与两个反应物浓度的乘积成正比，如

$$\mathrm{A} + \mathrm{B} \longrightarrow \mathrm{P} \qquad v = kc_A c_B$$

若在反应过程中始终保持 $c_A = c_B$，则 $v = kc_A c_B = kc_A^2$，反应类型Ⅱ变为反应类型Ⅰ，所以反应类型Ⅰ可看作是反应类型Ⅱ的特例。我们只讨论反应类型Ⅱ就可以了。

对于反应类型Ⅱ，设 A 和 B 的初始浓度分别为 c_{A0} 和 c_{B0}，反应过程中任意时刻 t 时 A 减少的浓度为 x，即

$$\begin{array}{cccc} & \mathrm{A} & + & \mathrm{B} \longrightarrow & \mathrm{P} \\ t=0 & c_{A0} & & c_{B0} & 0 \\ t=t & c_{A0}-x & & c_{B0}-x & x \end{array}$$

则速率方程为

$$-\frac{\mathrm{d}(c_{A_0}-x)}{\mathrm{d}t} = k(c_{A0}-x)(c_{B0}-x)$$

即

$$\frac{\mathrm{d}x}{\mathrm{d}t} = k(c_{A0}-x)(c_{B0}-x) \tag{6-13}$$

（1）若 $c_{A0} = c_{B0}$ 则上式变为

$$\frac{\mathrm{d}x}{\mathrm{d}t} = k(c_{A0}-x)^2 \tag{6-14}$$

定积分上式，得

得

$$\frac{1}{c_{A0}-x} - \frac{1}{c_{A0}} = kt \quad \text{或} \quad \frac{1}{c_A} - \frac{1}{c_{A0}} = kt \tag{6-15}$$

式中　t——时间；

　　k——反应速率常数，[浓度]$^{-1}$[时间]$^{-1}$；

c_{A0}——A 的初始浓度，$\mathrm{mol/m^3}$ 或 $\mathrm{mol/L}$；

　　x——t 时刻 A 消耗掉的浓度，$\mathrm{mol/m^3}$ 或 $\mathrm{mol/L}$。

由此可见，反应速率仅与一个反应物浓度的平方有关的二级反应有如下特征：

① k 的单位为 [浓度]$^{-1}$[时间]$^{-1}$，表明 k 的数值与浓度和时间单位有关。

② 将 $x = c_{A0}/2$ 代入式（6-15），得反应半衰期

$$t_{1/2} = \frac{1}{kc_{A0}} \tag{6-16}$$

此式表明，此类二级反应的半衰期与反应物的初始浓度成反比。反应物的初始浓度越大，反应掉一半所需的时间越短。

③ 式（6-15）可改写成

$$\frac{1}{c_{A0}-x}=kt+\frac{1}{c_{A0}}$$

这是直线方程。以 $1/(c_{A0}-x)$ 对 t 作图应得一直线（如图 6-3 所示），其斜率为 k，截距为 $1/c_{A0}$。

（2）若 $c_{A0}\neq c_{B0}$ 定积分式（6-13），得

$$\frac{1}{c_{A0}-c_{B0}}\ln\frac{c_{B0}(c_{A0}-x)}{c_{A0}(c_{B0}-x)}=kt \tag{6-17}$$

此类二级反应特征：

① k 的单位为 ［浓度］$^{-1}$ ［时间］$^{-1}$，表明 k 的数值与浓度和时间单位有关。

② 因为 $c_{A0}\neq c_{B0}$，所以 A 和 B 的半衰期不同，整个反应没有半衰期。

③ 式（6-17）可改写成

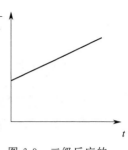

图 6-3 二级反应的 $1/c_A$-t 图

$$\ln\frac{c_{A0}-x}{c_{B0}-x}=(c_{A0}-c_{B0})kt+\ln\frac{c_{A0}}{c_{B0}}$$

这是直线方程。以 $\ln[(c_{A0}-x)/(c_{B0}-x)]$ 对 t 作图应得一直线，其斜率为 $(c_{A0}-c_{B0})k$。

二级反应是最常见的反应。在溶液中进行的很多有机反应都是二级反应。

【例 6-3】 在 298K 时，乙酸乙酯（A）和氢氧化钠（B）皂化反应的 $k=6.36$L/(mol · min)。

（1）若酯和碱的初始浓度均为 0.02 mol/L，试求反应的半衰期和反应进行到 10min 时的反应速率；

（2）若酯的初始浓度为 0.02 mol/L，碱的初始浓度为 0.03 mol/L，试求酯反应掉 50% 所需要的时间。

解：由速度常数的单位可知此反应为二级反应。

（1）两种反应物的初始浓度相同

$$t_{1/2}=\frac{1}{kc_{A0}}=\frac{1}{6.36\times0.02}=7.86(\text{min})$$

反应进行到 10min 时的 c_A

$$\frac{1}{c_A}=kt+\frac{1}{c_{A0}}=6.36\times10+\frac{1}{0.02}=113.6$$

得 $$c_A=8.803\times10^{-3}\ \text{mol/L}$$

反应进行到 10min 时的反应速率

$$v=kc_A^2=6.38\times(8.803\times10^{-3})^2=4.94\times10^{-4}[\text{mol/(L · min)}]$$

（2）两反应物的初始浓度不相同

$$t=\frac{1}{k(c_{A0}-c_{B0})}\ln\frac{c_{B0}(c_{A0}-x)}{c_{A0}(c_{B0}-x)}$$

$$=\frac{1}{6.36\times(0.02-0.03)}\ln\frac{0.03\times(0.02-0.01)}{0.02\times(0.03-0.01)}=4.52(\text{min})$$

从上面的计算可以看出，当酯和碱的初始浓度均为 0.02 mol/L 时，酯转化 50% 所需时间为 7.86min，若碱的浓度增大到 0.03 mol/L 则酯转化 50% 所需时间缩短到 4.52min。

上面讨论了一级反应和二级反应。按照上述处理方法，可自行分析零级反应和三级反应

的特征。现将符合 $-\dfrac{dc_A}{dt}=kc_A^{\,n}$ 反应的动力学方程积分式及反应特征列于表 6-1 中。

表 6-1　符合 $-\dfrac{dc_A}{dt}=kc_A^{\,n}$ 反应的动力学方程积分式及反应特征

级数	积分式	特征		
		直线关系	k 的单位	$t_{1/2}$
0	$c_{A0}-c_A=kt$	$c_A\text{-}t$	[浓度][时间]$^{-1}$	$\dfrac{c_{A0}}{2k}$
1	$\ln\dfrac{c_{A0}}{c_A}=kt$	$\ln c_A\text{-}t$	[时间]$^{-1}$	$\dfrac{\ln2}{k}$
2	$\dfrac{1}{c_A}-\dfrac{1}{c_{A0}}=kt$	$\dfrac{1}{c_A}\text{-}t$	[浓度]$^{-1}$[时间]$^{-1}$	$\dfrac{1}{kc_{A0}}$
3	$\dfrac{1}{2}\left(\dfrac{1}{c_A^2}-\dfrac{1}{c_{A0}^2}\right)=kt$	$\dfrac{1}{c_A^2}\text{-}t$	[浓度]$^{-2}$[时间]$^{-1}$	$\dfrac{1}{2kc_{A0}^2}$
n	$\dfrac{1}{n-1}\left(\dfrac{1}{c_A^{n-1}}-\dfrac{1}{c_{A0}^{n-1}}\right)=kt$	$\dfrac{1}{c_A^{n-1}}\text{-}t$	[浓度]$^{1-n}$[时间]$^{-1}$	$\dfrac{2^{n-1}-1}{(n-1)kc_{A0}^{n-1}}$

第三节　温度对反应速率的影响

人们早已发现，温度对反应速率的影响比浓度的影响大得多。温度对反应速率的影响，主要体现在对速率常数 k 的影响上。对于不同类型的反应，温度的影响是不相同的，温度对反应速率常数的影响如图 6-4 所示，有五种类型。

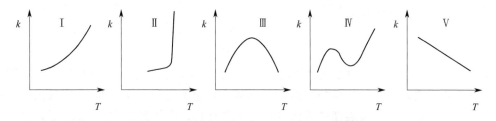

图 6-4　温度对反应速率常数影响的几种类型

第 Ⅰ 种类型是反应速率常数随温度升高而逐渐加快。它们之间为指数关系，这种类型最常见，称为阿伦尼乌斯型。第 Ⅱ 种类型是有爆炸极限的反应，其特点是温度升高到某一值后，反应速率常数迅速增大，发生爆炸。第 Ⅲ 类型是酶催化反应，起初反应速率常数随温度升高而增大，而后又随温度的继续升高而减少，反应速率常数出现一个极大值，某些受吸附控制的多相催化反应也有类似情况；第 Ⅳ 类型是碳的氧化反应，反应速率常数不仅出现极大值，还出现极小值。第 Ⅴ 类型是反应速率常数随温度升高而逐渐下降的反常类型，如 $2NO+O_2\longrightarrow 2NO_2$ 反应。本节仅讨论常见的第 Ⅰ 种类型。

一、范特霍夫规则

1884 年，范特霍夫由实验总结归纳出一个近似规则：在室温附近每升高 $10\,℃$，反应速

率常数要增至原来的 2～4 倍，即

$$\frac{k_{t+10}}{k_t}=2\sim4$$

式中 k_t——温度 t 时的速率常数；

k_{t+10}——温度（$t+10℃$）时的速率常数。

这个规则虽然不很准确，但当数据不全时，可用它粗略地估计温度对反应速率的影响。

二、阿伦尼乌斯方程式

在 1889 年，阿伦尼乌斯总结了大量实验数据后，提出一个经验方程式，较准确地表示出速度常数 k 与温度 T 的关系

$$k=Ae^{-E_a/RT} \tag{6-18}$$

式中 A——指前因子或频率因子，单位与 k 的单位相同；

E_a——实验活化能，简称活化能，E_a 单位为 J/mol 或 kJ/mol；

R——摩尔气体常数，$R=8.314$J/(mol·K)；

T——热力学温度，K；

A 和 E_a 都是与温度无关的经验常数。由于温度 T 和活化能 E_a 是在 e 的指数项中，故它们对 k 的影响甚大。温度或活化能的微小变化将引起 k 值显著的变化。反应温度越高，k 值越大。活化能越小，k 值越小。将式（6-18）两端取对数，得

$$\ln k=-\frac{E_a}{RT}+\ln A \tag{6-19}$$

由上式可知，以 $\ln k$ 对 $1/T$ 作图得一直线，其斜率为 $-E_a/R$，截距为 $\ln A$。

将式（6-19）两端对温度求导，得

$$\frac{d\ln k}{dT}=\frac{E_a}{RT^2} \tag{6-20}$$

由上式可知，$\ln k$ 随 T 的变化率与活化能 E_a 成正比。也就是说，活化能越大，则速率常数 k 随温度的升高而增加得越快，即活化能越大，速率常数 k 对温度 T 越敏感。所以若同时存在几个反应，则升高温度对活化能大的反应有利，降低温度对活化能小的反应有利。在生产和科研中，往往利用这个道理来选择适宜温度加速主反应，抑制副反应。将式（6-20）定积分得

$$\ln\frac{k_{T_2}}{k_{T_1}}=-\frac{E_a}{R}\left(\frac{1}{T_2}-\frac{1}{T_1}\right) \tag{6-21}$$

如果已知 T_1、T_2 两个温度下的速率常数 k_{T_1}、k_{T_2}，可用上式求出活化能 E_a。如果已知活化能 E_a 和温度 T_1 下的速率常数 k_{T_1}，则可由上式求出温度 T_2 下的速率常数 k_{T_2}。

以上四个公式是阿伦尼乌斯方程的不同形式，在温度变化范围不太宽（约在 100K 内），大多数复合反应都能很好地符合阿伦尼乌斯方程。

【例 6-4】 已知在 H^+ 浓度为 0.1mol/L 时，蔗糖水解反应在 303K 时速率常数 k（303K）$=1.83\times10^{-5}s^{-1}$。该反应的活化能 $E_a=106.46$kJ/mol。求（1）反应在 333K 时的速率常数 k（333K）；（2）在 333K 时该反应进行 2h 后，蔗糖的转化率。

解：（1）根据阿伦尼乌斯方程的定积分式（8-22）

$$\ln \frac{k(T_2)}{k(T_1)} = \frac{E_a(T_2 - T_1)}{RT_1 T_2}$$

将 $T_1 = 303K$，$k(T_1) = 1.83 \times 10^{-5} s^{-1}$，$T_2 = 333K$ 代入上式，即

$$\ln \frac{k(333K)}{1.83 \times 10^{-5}} = \frac{106460 \times (333 - 303)}{8.314 \times 303 \times 333}$$

得　$k(333K) = 8.24 \times 10^{-4} s^{-1}$

（2）由速率常数的单位可知此反应是一级反应。设蔗糖的转化率为 α。将 $k(333K) = 8.24 \times 10^{-4} s^{-1}$，$t = 7200s$ 代入一级反应速率方程积分式

$$\ln \frac{1}{1 - \alpha} = kt = 8.24 \times 10^{-4} \times 7200$$

得　　　　　　　$\alpha = 0.9974$

【例 6-5】　在气相中，异丙烯基醚（A）异构化为丙烯基丙酮（B）的反应是一级反应。其速率常数与温度的关系为

$$\ln k = -\frac{14734}{T} + 27.02$$

（1）求反应的活化能 E_a 及指前因子 A；

（2）要使反应物在 20min 内转化率达到 60%，反应的温度应控制在多少度？

解：（1）阿伦尼乌斯方程的不定积分式（6-19）为

$$\ln k = -\frac{E_a}{RT} + \ln A$$

与题目所给的经验式对比，得

$$E_a = 14734R = 122.5 kJ/mol$$
$$A = e^{27.02} = 5.43 \times 10^{11} s^{-1}$$

（2）若要使反应物在 20min 内转化率达到 60%，所对应的速率常数应为

$$k = \frac{1}{t} \ln \frac{c_{A0}}{c_A} = \frac{1}{20 \times 60} \ln \frac{1}{1 - 0.6} = 7.6 \times 10^{-4} s^{-1}$$

将此 k 代入题目所给的经验式

$$\ln(7.6 \times 10^{-4}) = -\frac{14734}{T} + 27.02$$

得　　　　　　　　$T = 431K$

所以要使反应物在 20min 内转化率达到 60%，反应温度应控制在 431K。

三、基元反应和复合反应

多数化学反应并不是按照化学反应计量方程式表示的那样，由反应物分子碰撞转变成产物。如 HCl 的气相合成反应为

$$H_2 + Cl_2 \longrightarrow 2HCl$$

实验证明，该反应需要经过以下一系列单一的、直接的反应步骤（即基元反应）来完成：

$$① \ Cl_2+M \longrightarrow 2Cl \cdot +M$$

$$② \ Cl \cdot +H_2 \longrightarrow HCl+H \cdot$$

$$③ \ H \cdot +Cl_2 \longrightarrow HCl+Cl \cdot$$

$$④ \ Cl \cdot +Cl \cdot +M \longrightarrow Cl_2+M$$

式中，M 为不参加反应的物质，只起传递能量作用。所谓基元反应，就是反应物微粒（分子、原子、离子或自由基）在碰撞中一步直接转化为产物微粒的反应。由两种或两种以上基元反应构成的反应称为复合反应。绝大多数宏观反应都是复合反应，如 HCl 的气相合成反应就是复合反应。复合反应由哪几个基元反应组成，即反应物分子变成产物分子所经历的途径，称为反应机理或反应历程。基元反应①至④为 HCl 合成反应的反应机理。基元反应的反应方程式代表反应的真实过程，所以它的写法是唯一的。

基元反应中，反应物微粒数目称为反应分子数。根据反应分子数可以将基元反应分为单分子反应、双分子反应、三分子反应。最常见的是双分子反应，单分子反应次之，三分子反应较罕见。目前尚未发现四分子反应。在 HCl 的气相合成反应机理中，基元反应①至③都是双分子反应，④是三分子反应。

化学反应方程，除非特别指明，一般都属于化学计量方程，而不是基元反应。

四、基元反应的速率方程——质量作用定律

广义的说，化学反应速率方程是表示各种因素（如浓度、温度、催化剂等）对反应速率影响的定量数学式。

长期的实验结果表明，对于任意基元反应

$$aA+bB \longrightarrow 产物$$

其反应速率为

$$v=kc_A^a c_B^b \tag{6-22}$$

即基元反应的速率与反应物浓度的乘积成正比，每种反应物浓度的幂指数为基元反应中该反应物的分子个数。基元反应的这个规律称为质量作用定律。因此基元反应的速率方程可根据反应方程式直接写出。

质量作用定律不适用于复合反应。也就是说，只知道复合反应的计量方程式是不能预言其速率公式的。对于不知道反应机理的复合反应，其速率方程只能由实验测定。例如，H_2 与三种不同卤素的气相反应，其化学计量方程式是类似的，但它们的速率公式却有着完全不同的形式

$$H_2+I_2 \longrightarrow 2HI \qquad\qquad v=kc(H_2)c(I_2)$$

$$H_2+Br_2 \longrightarrow 2HBr \qquad\qquad v=\frac{kc(H_2)c^{1/2}(Br_2)}{1+k'c(HBr)/c(Br_2)}$$

$$H_2+Cl_2 \longrightarrow 2HCl \qquad\qquad v=kc(H_2)c^{1/2}(Cl_2)$$

这三个反应的速率方程之所以不同，是由于其反应机理不同所致。由实验确立的速率方程虽然是经验性的，却有着很重要的作用。一方面可以由此而知哪些组分以怎样的关系影响反应速率，为化学工程设计合理的反应器提供依据；另一方面也可以为研究反应机理提供

线索。

　　若实验测得某反应的速率方程不符合质量作用定律，则该反应一定是复合反应；若符合质量作用定律，则该反应有可能是基元反应，但还需进一步验证。如 HI 气相合成反应就是复合反应。

　　对于基元反应来说，反应分子数与反应级数是相同的，如单分子反应就是一级反应，双分子反应就是二级反应。

　　基元反应都是具有简单级数反应，但具有简单级数反应不一定是基元反应。

　　基元反应都能很好地符合阿伦尼乌斯方程。

五、活化能

　　阿伦尼乌斯为了解释经验方程式中的经验常数 E_a，提出了活化分子和活化能的概念。他认为反应分子通过碰撞发生反应。但是并不是每次碰撞都能发生反应。这是因为，反应发生时要有旧键的破坏和新键的生成。旧键的破坏需要能量而生成新键时要放出能量。因此，只有那些能量足够高的反应物分子间的碰撞，才能使旧键断裂而发生反应。这些能量足够高、通过碰撞能发生反应的反应物分子称为活化分子。活化分子所处的状态称为活化状态。活化分子与普通分子的能量之差称为活化能。普通反应物分子只有吸收能量 E_a，才能变为活化分子。后来，托尔曼用统计力学证明，对于基元反应来说，活化能等于活化分子平均能量 $\overline{E}_r$ 与反应物分子平均能量之差，即

$$E_a = E_1 = \overline{E}_r - E_反$$

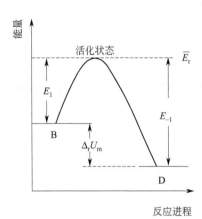

图 6-5　反应进程中的能量变化

　　对于单分子反应 B→D，根据阿伦尼乌斯的观点，反应进程中的能量变化如图 6-5 所示。反应物分子 B 首先吸收能量 E_1，变成活化分子（即活化状态），然后反应变成产物分子 D，并放出能量 E_{-1}。同理，对于逆反应来说，分子 D 首先吸收能量 E_{-1}，变成活化分子（即活化状态），然后反应变成分子 B，并放出能量 E_1。E_1 就是正反应的活化能，E_{-1} 就是逆反应的活化能。由上述分析可知，基元反应的活化能可看作是分子进行反应时所需克服的能峰。活化能越大，能峰越高，反应的阻力越大，反应速率就越慢。由图 6-5 可知，恒容反应热等于正反应活化能与逆反应活化能之差，即

$$\Delta U = E_1 - E_{-1}$$

　　对于复合反应，阿伦尼乌斯方程中的活化能是表观活化能，它是机理中各基元反应活化能的代数和，所以复合反应的活化能没有明确的物理意义。

　　不同的反应具有不同的活化能，因而有不同的反应速率。活化能的大小取决于反应物的本性，可以通过实验进行测定。一般反应的活化能在 $40\sim400\,kJ/mol$ 之间，其中以在 $60\sim250\,kJ/mol$ 之间的为多数。若 $E_a < 40\,kJ/mol$，则反应在室温下即可瞬间完成。

第四节　复合反应

两个或两个以上的基元反应构成复合反应。复合反应最基本的有三类：对峙反应、平行反应、连串反应。

一、对峙反应

正、逆两个方向都能同时进行的反应称为对峙反应，也叫可逆反应。从理论上说所有化学反应都是对峙反应。若化学反应的平衡常数很大（即正向反应速率常数远远大于逆向反应速率常数），反应达到平衡时，反应物几乎完全转化为产物，则逆向反应可以忽略不计而直接将反应当作单向反应处理。前面所讨论的简单级数反应就是属于这种情况。

对峙反应中正向反应和逆向反应可能级数相同，也可能级数不同。下面以正向、逆向都是一级反应的对峙反应（简称 1-1 级对峙反应）为例，分析对峙反应的特征与一般规律。设反应为：

$$A \quad \underset{k_{-1}}{\overset{k_1}{\rightleftharpoons}} \quad B$$

$$
\begin{array}{lll}
t=0 & c_{A0} & 0 \\
t=t & c_A = c_{A0}-x & c_B = x \\
\text{平衡时} & c_{Ae}=c_{A0}-x_e & c_{Be}=x_e
\end{array}
$$

正向反应 A 的消耗速率 $=k_1 c_A$

逆向反应 A 的生成速率 $=k_{-1} c_B$

正向反应消耗 A 物质，逆向反应生成 A 物质，因此 A 物质的净消耗速率（即总反应速率）为

$$-\frac{dc_A}{dt}=k_1 c_A-k_{-1}c_B \tag{6-23}$$

即

$$\frac{dx}{dt}=k_1 c_{A0}-(k_1+k_{-1})x$$

这就是 1-1 级对峙反应速率方程的微分式。定积分上式，得

$$\ln \frac{k_1 c_{A0}}{k_1 c_{A0}-(k_1+k_{-1})x}=(k_1+k_{-1})t \tag{6-24}$$

式中　t——时间；

　　k_1——正向反应速率常数，[时间]$^{-1}$；

　　k_{-1}——逆向反应速率常数，[时间]$^{-1}$；

　　c_{A0}——A 的初始浓度，mol/m^3 或 mol/L；

　　x——t 时刻 A 消耗掉的浓度（即 B 的浓度），mol/m^3 或 mol/L。

这就是 1-1 级对峙反应的速率方程的积分形式。它描述了产物浓度 x 与时间 t 的关系。

反应达到平衡时，正向反应速率等于逆向反应速率，即

$$k_1 c_{Ae} = k_{-1} c_{Be}$$

所以
$$\frac{c_{Be}}{c_{Ae}} = \frac{x_e}{c_{A0} - x_e} = \frac{k_1}{k_{-1}} = K_c \tag{6-25}$$

式中 K_c 是对峙反应的平衡常数，它等于正、逆反应速率常数之比。由上式得

$$k_1 c_{A0} = (k_1 + k_{-1}) x_e$$

代入式（6-25），得

$$\ln \frac{x_e}{x_e - x} = (k_1 + k_{-1}) t \tag{6-26}$$

式中，x_e 为 B 的平衡浓度。此式形式上与一级反应速率方程的积分式相似。只要测定一系列的 t-x 数据和平衡浓度 x_e，即可根据上式，以 $\ln (x_e - x)$ 对 t 作图得一直线，其斜率为 $-(k_1 + k_{-1})$。再结合平衡常数 $K_c = k_1/k_{-1}$，即可求得 k_1 和 k_{-1}。

1-1 级对峙反应的动力学特征是经过足够长的时间，反应物和产物的浓度要分别趋于它们的平衡浓度 c_{Ae} 和 c_{Be}。

式（6-23）可改写成

$$-\frac{dc_A}{dt} = k_1 \left(c_A - \frac{1}{K_c} c_B \right)$$

由此式可知，对于一定的 c_A 和 c_B，反应速率与 k_1 和 K_c 有关。

① 对于正向吸热的对峙反应来说，升高温度将使 k_1 和 K_c 增大，而 K_c 的增大使 $(c_A - c_B/K_c)$ 增大，所以升高温度不仅使平衡转化率提高也使反应速率加快。总之，升高温度有利于正向吸热的对峙反应。但不可认为反应温度越高越好，因为实际生产中还需考虑其他客观因素（如能量消耗、副反应、催化剂活性等）的限制。

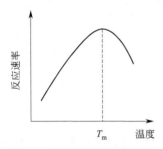

图 6-6 正向放热的对峙反应
速率随温度变化的示意

② 对于正向放热的对峙反应来说，升高温度使 k_1 增大，同时使 K_c 减小，而 K_c 减小使 $(c_A - c_B/K_c)$ 减小。在低温下，k_1 增大是影响反应速率的主导因素，因此随着温度升高反应速率增大；但随着温度的升高，K_c 的减小逐渐上升为主导因素，所以温度升高到某一值后，再升温则反应速率反而降低。如图 6-6 所示，升温过程中反应速率会出现极大值。反应速率达到最大时的温度，称为最佳反应温度 T_m。

对于其他类型的对峙反应，也可参照上面的方法进行处理，当然它们的速率方程与 1-1 级对峙反应的不同，但基本规律都是相同的。

二、平行反应

反应物能同时进行两个或两个以上不同的反应，称为平行反应。在有机化学中经常遇到平行反应，如甲苯硝化反应，可同时生成邻、对、间位硝基甲苯。一般将生成目的产物的反应称为主反应，其余称为副反应。

$$A \begin{array}{c} \xrightarrow{k_1} B \\ \xrightarrow{k_2} D \end{array}$$

下面讨论由两个一级反应组合成的平行反应（简称为 1-1 级平行反应）。设反应为

$$A \overset{k_1}{\underset{k_2}{\Huge\langle}} \begin{matrix} B \\ D \end{matrix}$$

$t=0$	c_{A0}	0	0	
$t=t$	c_A	c_B	c_D	$c_A+c_B+c_D=c_{A0}$

反应 1 的速率

$$\frac{dc_B}{dt}=k_1 c_A \tag{6-27}$$

反应 2 的速率

$$\frac{dc_D}{dt}=k_2 c_A \tag{6-28}$$

A 的消耗速率

$$-\frac{dc_A}{dt}=(k_1+k_2)c_A \tag{6-29}$$

定积分上式，得

$$\ln\frac{c_{A0}}{c_A}=(k_1+k_2)t \tag{6-30}$$

式中　t——时间；

　　k_1——反应 1 的速率常数，[时间]$^{-1}$；

　　k_2——反应 2 的速率常数，[时间]$^{-1}$；

　　c_{A0}——A 的初始浓度，mol/m^3 或 mol/L；

　　c_A——t 时刻 A 的浓度，mol/m^3 或 mol/L。

此式与一级反应的速率方程形式相似，所不同的是其中的速率常数换成了 (k_1+k_2)。这表明，1-1 级平行反应对反应物来说相当于一个以 (k_1+k_2) 为速率常数的一级反应。

将式（6-27）与式（6-28）之比，得

$$\frac{dc_B}{dc_D}=\frac{k_1}{k_2}$$

积分上式得

$$\frac{c_B}{c_D}=\frac{k_1}{k_2} \tag{6-31}$$

在同一时刻 t，测出 B 及 D 两种物质的浓度即可求得 k_1/k_2。再由式（6-30）求出 (k_1+k_2)，二者联立即可求得 k_1 和 k_2。

由式（6-31）可知，对于级数相同的平行反应，其产物的浓度之比等于速率常数之比，与反应物的初始浓度及反应时间无关，速率常数大的浓度高。这是级数相同的平行反应的一个特征。如果平行反应的级数不相同，就不会有上述特征。

如果希望多获得目的产物，就要设法改变 k_1/k_2 的比值。有两种方法可以改变 k_1/k_2 的比值。一种方法是选择适当的催化剂，提高催化剂对某一反应的选择性以改变 k_1/k_2 的比值。另一种方法是通过改变温度来改变 k_1/k_2 的比值。两个平行反应的活化能往往不同，升温有利于活化能大的反应，降温有利活化能小的反应。

三、连串反应

一个反应的产物是另一个反应的反应物，这种组合称为连串反应，或称为连续反应。例如苯

的氯化反应，生成的氯苯能进一步与氯反应生成二氯苯，二氯苯还能与氯反应生成三氯苯等。

现对由两个一级反应组合的连串反应（简称为 1-1 级连串反应），进行讨论。设反应为

$$A \xrightarrow{k_1} B \xrightarrow{k_2} D$$

$t=0$ c_{A0} 0 0

$t=t$ c_A c_B c_D $c_A + c_B + c_D = c_{A0}$

A 的消耗速率

$$-\frac{dc_A}{dt} = k_1 c_A \tag{6-32}$$

中间产物 B 生成速率

$$\frac{dc_B}{dt} = k_1 c_A - k_2 c_B \tag{6-33}$$

产物 D 生成速率

$$\frac{dc_D}{dt} = k_2 c_B \tag{6-34}$$

分别积分或解微分方程（推导过程不作要求），得 A、B、D 的浓度与时间的关系为

$$c_A = c_{A0} e^{-k_1 t} \tag{6-35}$$

$$c_B = \frac{k_1 c_{A0}}{k_2 - k_1} (e^{-k_1 t} - e^{-k_2 t}) \tag{6-36}$$

$$c_D = c_{A0} \left[1 - \frac{1}{k_2 - k_1} (k_2 e^{-k_1 t} - k_1 e^{-k_2 t}) \right] \tag{6-37}$$

根据式（6-35）~式（6-37）作浓度-时间曲线，如图 6-7 所示。由图看出，A 物质的浓度随时间的增长而降低，D 物质的浓度随时间的增长而增加，中间产物 B 的浓度随时间的增长先增加，经一极大值 c_{Bmax} 后，又降低，这是连串反应的重要特征。

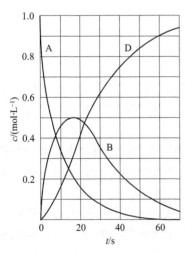

图 6-7 1-1 级连串反应中各物质浓度与时间关系

$(k_1 = 0.1 \, s^{-1}, \ k_2 = 0.05 \, s^{-1})$

若中间产物 B 为目的产物，则 c_B 达到极大值的时间称为中间产物 B 的最佳时间 t_{max}。反应进行到最佳时间就必须及时中断反应并分离出产物 B，否则目的产物 B 的产率就会下降。

将式（6-37）对 t 求导、并令 $dc_B/dt = 0$，即可求得中间产物 B 的最佳时间。

$$t_{max} = \frac{\ln(k_2/k_1)}{k_2 - k_1} \tag{6-38}$$

将上式代入式（6-37）即可求得 B 的最大浓度。

$$c_{Bmax} = c_{A0} \left(\frac{k_1}{k_2} \right)^{k_2/(k_2 - k_1)} \tag{6-39}$$

上面讨论了一般连串反应的特点，即 k_1 与 k_2 相差不大的情况。如果第一步和第二步的反应速率常数相差很大，则总反应速率由速率常数最小的一步（即最难进行的一步）所控制。这个速率常数最小的一步反应，称为总反应的速率控制步骤。若 $k_1 \gg k_2$，则 B 变成 D 的反应是总反应的速率控制步骤，即总反应速率近似等于 B 变成 D 的反应速率；若 $k_1 \ll k_2$，则 A 变成 B 的反应是总反应的速率控制步骤，即总反应速率近似等于 A 变成 B 的反应速率。

四、链式反应

动力学中有一类比较特殊的反应，只要用某种方法使反应一旦开始，就会因活泼中间物的交替生成和消失，使反应像链条一样，一环扣一环，连续不断地自动进行下去，这类反应被称为链式反应或连锁反应。链式反应中的活泼中间物，即自由原子或自由基等活泼粒子。如 $H\cdot$、$OH\cdot$、$CH_3\cdot$ 等，它们都具有未配对电子，因而具有很高的化学活性，在链式反应中能引起一般稳定分子所不能进行的反应。在链式反应过程中，消耗一个自由原子或自由基的同时，可以再生成一个或多个自由原子或自由基，因而可以使反应一个传一个，不断进行下去。所以，自由原子或自由基又被叫做链的传递物。

例如，HCl 的合成反应 $H_2+Cl_2 \longrightarrow 2HCl$ 就是链反应，其反应机理如下：

$$I \quad Cl_2+M \longrightarrow 2Cl\cdot +M$$
$$II \quad Cl\cdot +H_2 \longrightarrow HCl+H\cdot$$
$$III \quad H\cdot +Cl_2 \longrightarrow HCl+Cl\cdot$$
$$IV \quad Cl\cdot +Cl\cdot +M \longrightarrow Cl_2+M$$

式中，M 为不参加反应的物质，只起能量传递作用。反应 I 生成自由原子 $Cl\cdot$ 后，反应 II 和 III 交替进行，使 H_2 分子和 Cl_2 分子不断变成 HCl 分子，好像一根链条一样，一环扣一环，故称为链式反应。当反应 IV 发生时，两个自由原子 $Cl\cdot$ 结合成 Cl_2 分子，使反应链中断。

很多重要的化工过程，例如石油的裂解、烃类的氧化、卤化以及三大合成材料（合成橡胶、合成树脂、合成纤维）的制备，都与链式反应有关。因此，链式反应的研究具有重要的实际意义。

1. 链式反应的基本步骤

所有的链式反应，不论其形式如何，都是由下列三个基本步骤组成的。

① 链的引发（链的开始）。此步是链反应的开始，通过加热、光照、辐射、加入引发剂等外界作用，使普通分子形成自由基或自由原子。HCl 合成反应机理的第 I 步就是链引发步骤。在这步反应过程中，需要断裂反应物分子的化学键，因而活化能较大，需要吸收能量，是链反应中最困难的阶段。

② 链的传递（链的增长）。自由基或自由原子与分子反应生成产物，同时生成新的自由基或自由原子。HCl 合成反应机理的第 II 步和第 III 步就是链传递步骤。由于高活性的自由基参加反应，故此反应过程很容易进行。

③ 链的终止。这是自由基或自由原子销毁步骤。自由基或自由原子与器壁或与惰性分子碰撞，失去能量，变成普通分子，从而使反应链中断。HCl 合成反应机理的第 IV 步就是链的终止步骤。

2. 链式反应的分类

链式反应根据链传递方式的不同可分为两类：

① 直链反应。在链传递过程中，凡是一个自由基消失的同时，产生出一个新的自由基，即自由基的数目（或称反应链数）不变，则称为直链反应，如图 6-8（a）所示。HCl 合成反应就是直链反应。

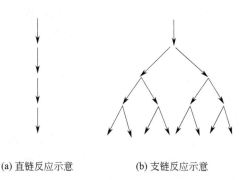

(a) 直链反应示意   (b) 支链反应示意

图 6-8 直链反应和支链反应

② 支链反应。凡是一个自由基消失的同时，产生出两个或两个以上新的自由基，即自由基的数目（或称反应链数）不断增加，则称为支链反应，如图 6-8（b）所示。

五、支链反应与爆炸界限

爆炸是瞬间即可完成的超高速化学反应。它的研究对于工厂安全生产及国防建设具有重要意义。爆炸的原因可分为两类：一类是热爆炸。当一个放热反应在散热不良或甚至无法散热的条件下进行时，放出的反应热使系统温度迅速上升，而温度升高又促使该放热反应的速率按指数规律迅速加快，放出更多的热。如此恶性循环，使反应速率越来越快地增长，最终导致爆炸。例如黑色火药在爆竹中的爆炸属于热爆炸。另一类则是由于支链反应引起的爆炸。支链反应爆炸的特点是，反应系统在某一定压力范围内会发生爆炸，在此范围之外反应能平稳地进行。

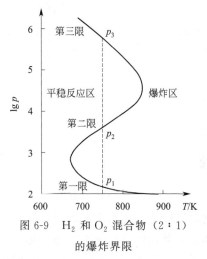

图 6-9 H_2 和 O_2 混合物（2∶1）的爆炸界限

现以物质的量之比为 2∶1 的氢、氧混合气体为例来讨论温度压力对支链爆炸反应的影响。由图 6-9 可知，当温度低于 400℃时，反应平稳进行，不会发生爆炸；当温度高于 580℃时，不论压力如何，反应都会引起爆炸。在 400～580℃，是否发生爆炸要看所处的压力而定。例如在 480℃时，当压力小于 p_1 或压力在 $p_2 \sim p_3$ 之间时，不会发生爆炸；当压力在 $p_1 \sim p_2$ 之间或大于 p_3 时，反应总是以爆炸方式进行。故 p_1、p_2、p_3 分别称为该温度下的第一、二、三爆炸界限。第三爆炸界限是 H_2 和 O_2 反应系统所特有的，在其他系统中尚未发现。

H_2 和 O_2 的反应是支链反应，虽然它的机理还不十分清楚，但基本步骤大致如下：

链的引发 $\qquad\qquad H_2 \longrightarrow 2H\cdot$ $\qquad\qquad\qquad$ ①

链的传递 $\qquad\quad H\cdot + O_2 \longrightarrow OH\cdot + O\cdot$ （支链） $\qquad$ ②

$\qquad\qquad\quad O\cdot + H_2 \longrightarrow OH\cdot + H\cdot$ （支链） $\qquad$ ③

$\qquad\quad OH\cdot + H_2 \longrightarrow H_2O + H\cdot$ （直链） $\qquad$ ④

链的终止 $\qquad\qquad 2H\cdot + 器壁 \longrightarrow H_2$ $\qquad\qquad$ ⑤

$$2H \cdot + M \longrightarrow H_2 + M(气相销毁) \qquad ⑥$$

式中，M 为不参加反应的物质，只起能量传递作用。由反应机理可知，链的传递步骤使活泼中间物增多，而链的终止步骤使活泼中间物减少。因此，是否发生爆炸取决于活泼中间物生成速率与活泼中间物销毁速率的竞争。当活泼中间物生成速率大于它的销毁速率时，发生爆炸；当活泼中间物生成速率小于它的销毁速率时，平稳反应，不发生爆炸。

当系统压力低于第一爆炸界限 p_1 时，活泼中间物很容易扩散到器壁上销毁，此时活泼中间物的销毁速率大于它的生成速率，不发生爆炸。当压力升高到第一爆炸界限 p_1 和第二爆炸界限 p_2 之间时，分子间碰撞频率增大阻碍了活泼中间物向器壁的扩散，使得活泼中间物的生成速率大于它的销毁速率，发生爆炸。当压力升高到第二爆炸界限 p_2 和第三爆炸界限 p_3 之间时，由于气体密度较大，活泼中间物容易通过与其他分子的碰撞，导致自身的气相销毁，因而活泼中间物销毁速率又大于它的生成速率，不发生爆炸。当压力大于第三爆炸界限 p_3 时，由于气体的密度很大，大量的热很难及时传递给外界，导致热爆炸。

除了温度、压力以外，混合气体的组成也是影响爆炸的重要因素。例如，当氢气和氧气的混合气体中氢气的体积分数为 4%～94% 时，就成为可爆气体。而当混合气体中氢气的体积分数在 4% 以下或 94% 以上时，就不会发生爆炸，它们分别称为氢气在氧气中爆炸低限和爆炸高限。

很多可燃气体都有一定的爆炸界限。测定这些可燃气体在空气中的爆炸界限，对化工生产和实验室的安全具有重要意义。表 6-2 列出了工业上及实验室中常见的一些可燃气体的爆炸界限。

表 6-2 几种物质在空气中的爆炸界限（体积分数）

物质	在空气中的爆炸界限/%		物质	在空气中的爆炸界限/%	
	低限	高限		低限	高限
H_2	4.1	74	C_2H_6	3.2	12.5
NH_3	16	27	C_3H_8	2.4	9.5
CO	12.5	74	C_4H_{10}	1.9	8.4
CH_4	5.3	14	C_3H_6	2	11
C_2H_2	2.5	80	C_6H_6	1.2	9.5
C_2H_4	3	29	$(CH_3)_2CO$	2.5	13

第五节 催化剂

一种或几种物质加入某反应系统中，可以显著加快化学反应速率，而本身的质量和化学性质在反应前后保持不变，这种物质称为催化剂。催化剂能显著加快反应速率的作用称为催化作用。有催化剂参加的反应称为催化反应。据统计，80%～90% 的化工生产过程都与催化剂有关。可以说，如果没有催化剂，大部分化学反应将无法转化成工业生产。

有些反应的产物就是该反应的催化剂，称为自催化反应。例如用 $KMnO_4$ 滴定草酸时，开始几滴 $KMnO_4$ 溶液加入时并不立即褪色，但到后来褪色显著变快，这是由于产物 Mn^{2+} 对 $KMnO_4$ 还原反应有催化作用。

催化反应可分为三类：均相催化、多相催化和酶催化。在均相催化反应中，催化剂与反应物处在同一相中，例如酸对于酯类水解的催化；在多相催化反应中，催化剂与反应物不在同一相中，例如气固催化反应，催化剂为固相，反应物为气相，反应在两相界面上进行；酶催化介于均相催化和多相催化之间，兼备二者的某些特性。本节简单介绍催化剂和催化作用的基本知识。

催化剂的主要特征有四方面：

（1）在反应前后，催化剂的数量及化学性质均不发生改变，但某些物理性质（如光泽、颗粒度等）可能改变。例如 $KClO_3$ 分解时所用的块状 MnO_2 催化剂，在反应之后变为粉状。催化 NH_3 氧化的铂网，经过几个星期后表面就变得比较粗糙了。反应之后催化剂的物理性质发生变化，是催化剂参与反应的有力证据。

（2）催化剂参与反应，改变了反应途径，降低了反应活化能，使反应速率显著加快。

例如，H_2O_2 在 310K 的分解反应，无催化剂时反应活化能为 71kJ/mol；若以过氧化氢酶为催化剂，其活化能降为 8.4 kJ/mol。若催化反应和非催化反应的指前因子相同，则

$$\frac{k(催)}{k(非催)}=\frac{\exp\left[-\dfrac{E_a(催)}{RT}\right]}{\exp\left[-\dfrac{E_a(非催)}{RT}\right]}=\frac{\exp\left[-\dfrac{8400}{8.314\times310}\right]}{\exp\left[-\dfrac{71000}{8.314\times310}\right]}=3.5\times10^{10}$$

计算表明，使用过氧化氢酶作催化剂后，H_2O_2 分解反应速率提高了 3.5×10^{10} 倍。由此可见，催化剂对反应速率的影响远远超过其他因素对反应速率的影响。

（3）催化剂不能改变反应的始态和终态，所以催化剂不能改变反应的状态函数变化量（如$\Delta_r G_m$、$\Delta_r G_m^{\ominus}$、$\Delta_r H_m$ 等）。由此可得出两个重要结论：

① 恒温恒压且没有其他功的条件下，一个反应能否发生取决于反应的 $\Delta_r G_m$，只有 $\Delta_r G_m<0$ 的反应才能自发进行。由于催化剂不能改变反应的$\Delta_r G_m$，所以催化剂不能改变反应方向。也就是说，催化剂不能启动热力学上认为不可能发生的反应。催化剂只能加快那些热力学上认为可能发生的反应的速率。因此，为一个反应寻找催化剂之前，首先估算在该条件下这个反应在热力学上是否可行。若是热力学上不可能发生的反应，寻找催化剂是徒劳的；若在热力学上是可能的，表明是由于动力学因素使反应不能发生，此时才可能通过寻找适合的催化剂使反应进行。

② 由于催化剂不能改变反应的 $\Delta_r G_m^{\ominus}$，所以催化剂不能改变化学反应的标准平衡常数 $K^{\ominus}$，不能改变平衡状态和平衡转化率，只能缩短反应到达平衡的时间。因此，对于已达到平衡的反应，不能用加入催化剂的方法来增加产物的产量。

前面讲过 1-1 级对峙反应的平衡常数等于正、逆向反应速率常数之比，$K_c=k_1/k_{-1}$，既然催化剂的加入不能改变平衡常数，那么催化剂加速正向反应速率的同时也必然加速逆向反应速率，而且正、逆向反应速率常数是按相同倍数增加的。因此，正向反应的催化剂也一定是逆向反应的催化剂。事实正是如此，许多脱氢催化剂同时也是加氢催化剂。这一规律为催化剂的研究提供了方便。例如，甲醇是重要的化工原料，工业上用 CO 和 H_2 为原料高压下合成甲醇

$$CO+2H_2 \Longleftrightarrow CH_3OH$$

在高压下进行催化剂试验，试验设备要求较高，而且操作难度较大。而其逆反应（甲醇的分解反应）可在常压下进行，故在常压下寻找甲醇分解反应的催化剂，该催化剂就可作为高压下合成甲醇的催化剂。

（4）催化剂有特殊的选择性　催化剂的选择性具有两个方面的含义：

① 不同类型的反应需要选择不同的催化剂。如氧化反应的催化剂和脱氢反应的催化剂是不同的。即使是同一类反应，其催化剂也不一定相同，例如 SO_2 氧化用 V_2O_5 作催化剂，而乙烯氧化却用 Ag 作催化剂。

② 对同样的反应物，如果选择不同的催化剂，可以得到不同的产物。如以 C_2H_5OH 为原料，选择不同的催化剂和不同的反应条件，可得到不同的产物：

$$C_2H_5OH \begin{cases} \xrightarrow[200 \sim 300℃]{Cu} CH_3CHO + H_2 \\ \xrightarrow[350 \sim 360℃]{Al_2O_3} C_2H_4 + H_2O \\ \xrightarrow[400 \sim 450℃]{ZnO \cdot Cr_2O_3} CH_2 = CH - CH = CH_2 + H_2O + H_2 \end{cases}$$

催化剂的选择性也与反应的条件有关。如乙醇在相同的催化剂 Al_2O_3 或 ThO_2 作用下脱水，在 350～360℃时，主要得到乙烯，而在 250℃时主要得到乙醚。

在化工生产中，利用催化剂的选择性，可加速所需要的主反应，抑制副反应的发生。

第六节　多相催化反应

反应物与催化剂处于不同相的反应称为多相催化反应，又称为非均相催化反应。最常见的多相催化反应是用固体催化剂催化气相反应或催化液相反应。在化工生产中，气-固相催化反应得到广泛的应用。这里主要讨论气-固相催化反应。

一、气-固相催化反应的一般机理

气-固相催化反应是在相界面上进行的，是一个多阶段过程，一般说来至少要经历以下五个步骤：

① 反应物分子从气相主体向催化剂表面扩散；

② 反应物分子在催化剂表面上被吸附；

③ 被吸附的反应物分子，在催化剂表面上进行反应生成产物。

④ 产物分子从催化剂表面脱附；

⑤ 脱附后的产物分子从催化剂表面向气相主体扩散。

这五个步骤是连串步骤，其中①、⑤是物理的扩散过程，②、④是吸附和脱附过程，③是固体表面反应过程。显然以上各步都影响催化反应的速率。若各步速率相差很大，则最慢的一步就决定了总反应速率。如果扩散过程的速率最慢，则为扩散控制的气-固相催化反应。可通过增大气体流速和减小催化剂颗粒，提高扩散速度使催化反应加快。如果表面反应最慢，则为表面反应控制的气-固相催化反应。可通过提高催化剂活性使催化反应加快。由于表面反应、扩散以及吸附，它们各自遵循不同的规律，因而不同的控制步骤所得到的速率方程是不同的。以下讨论表面反应为控制步骤的气-固相催化反应的速率方程。

二、气-固相催化反应的速率方程

表面反应为控制步骤时，由于扩散和吸附都很快，可随时保持平衡，可以认为反应物在气相主体中的浓度或分压与催化剂固体表面附近的浓度或分压相等。

若一种气体在催化剂表面的分解反应为

$$A \longrightarrow B$$

因表面反应为控制步骤，故反应的总速率就等于表面反应速率。也就是说，反应物 A 的消耗速率正比于分子 A 对催化剂表面的覆盖率 θ_A，即

$$-\frac{\mathrm{d}p_A}{\mathrm{d}t} = k\theta_A \tag{6-40}$$

式中，k 为多相催化反应速率常数。由于吸附始终处于平衡状态，且设产物吸附很弱，根据朗缪尔吸附等温方程

$$\theta_A = \frac{b_A p_A}{1 + b_A p_A}$$

将此式代入式（6-40），得

$$-\frac{\mathrm{d}p_A}{\mathrm{d}t} = \frac{k b_A p_A}{1 + b_A p_A} \tag{6-41}$$

式中 k——多相催化反应速率常数；

p_A——A 的分压，Pa；

b_A——A 的吸附平衡系数，Pa^{-1}。

此式就是只有一种反应物的表面反应为控制步骤的气-固相催化反应的速率方程。

① 若压强很低或反应物吸附很弱即 b_A 很小时，$b_A p_A \ll 1$，则式（6-42）可化简为

$$-\frac{\mathrm{d}p_A}{\mathrm{d}t} = k b_A p_A = k' p_A$$

表现为一级反应。例如 900℃时，N_2O 在金表面上的分解就属于这种情况。

② 若压强很大或反应物吸附很强即 b_A 很大时，$b_A p_A \gg 1$，则式（6-41）可化简为

$$-\frac{\mathrm{d}p_A}{\mathrm{d}t} = k$$

表现为零级反应。反应速率不受气体压力 p_A 的影响，速率保持为恒定值。例如，HI 在金丝上的分解、NH_3 在钨表面上分解等反应均属于零级反应。

③ 若压力和吸附都适中，则式（6-41）可近似表示为

$$-\frac{\mathrm{d}p_A}{\mathrm{d}t} = k' p_A^n \quad (0 < n < 1)$$

表现为分数级反应。例如 SbH_3 在锑表面上的解离，在 25℃时 $n = 0.6$。

由上述讨论可知，表面反应为控制步骤的气-固相催化反应的速率与压强和吸附强弱有关，随着吸附增强或反应物分压的增大，反应级数由 1 降为 0。

本章小结

一、主要的基本概念

1. 反应速率：单位体积内反应进度随时间的变化率。用来表示反应进行的快慢。

均相恒容反应速率的定义式

$$v = \frac{1}{\nu_B} \frac{dc_B}{dt}$$

反应物的消耗速率

$$v_A = -\frac{dc_A}{dt}$$

产物的生成速率

$$v_E = \frac{dc_E}{dt}$$

2. 基元反应：反应物微粒（分子、原子、离子或自由基）在碰撞中一步直接转化为产物微粒的反应。

3. 复合反应：由两个或两个以上基元反应所组成的总反应。

4. 反应分子数：基元反应中反应物微粒的数目。

5. 反应速率方程：定量的表示各种因素（如浓度、温度、催化剂等）对反应速率影响的数学方程。

6. 反应级数：若化学反应的速率方程具有幂函数形式，如 $v = kc_A^\alpha c_B^\beta c_D^\gamma$，式中 α、β、γ 分别称为物质 A、B、D 的反应分级数，令 $n = \alpha + \beta + \gamma$，$n$ 为反应的总级数，简称反应级数。

7. 反应速率系数：化学反应的速率方程中的比例系数 k。

8. 活化分子：能量足够高、通过碰撞能发生反应的反应物分子。

活化状态：活化分子所处的状态。

活化能：对于基元反应来说，活化能等于活化分子平均能量与反应物分子平均能量之差，可看作是反应的能峰。

9. 对峙反应：在正、逆两个方向上都能同时进行的反应。

平行反应：反应物能同时进行两个或两个以上不同的反应。

连串反应：一个反应的产物是另一个反应的反应物，这种组合为连串反应。

10. 速率控制步骤：总反应过程若由连串步骤组成，其中速率最慢的一步。

11. 链式反应：用某种方法使反应一旦开始，就会因活泼中间物的交替生成和消失，使反应连续不断自动进行的反应。

直链反应：在链传递过程中，凡是一个自由基消失的同时，产生出一个新的自由基，即自由基的数目不变的反应。

支链反应：一个自由基消失的同时，产生出两个或两个以上新的自由基，即自由基的数目不断增加的反应。

12. 催化剂：显著加快化学反应速率，而本身的质量和化学性质在反应前后保持不变的物质。

催化作用：能显著加快反应速率的作用。

催化反应：有催化剂参加的反应。

二、主要的理论、定律和方程式

1. 质量作用定律：基元反应的速率与反应物浓度的乘积成正比，每种反应物浓度的方次为反应中该反应物的个数。

2. 一级反应 $A \longrightarrow P$

其速率方程的微分式

$$-\frac{dc_A}{t} = kc_A$$

其速率方程的积分式

$$\ln \frac{c_{A0}}{c_A} = kt$$

3. 二级反应 $A+B \longrightarrow P$

（1）若 $A=B$ 或 $c_{A0}=c_{B0}$，则

其速率方程的微分式　　　　　　　　$-\dfrac{dc_A}{dt}=kc_A^2$

其速率方程的积分式　　　　　　　　$\dfrac{1}{c_A}-\dfrac{1}{c_{A0}}=kt$

（2）若 $c_{A0} \neq c_{B0}$，则

其速率方程的微分式　　　　　　　　$-\dfrac{dc_A}{dt}=kc_Ac_B$

其速率方程的积分式　　　　　　$\dfrac{1}{c_{A0}-c_{B0}}\ln\dfrac{c_{B0}(c_{A0}-x)}{c_{A0}(c_{B0}-x)}=kt$

4. 阿伦尼乌斯经验方程

微分式　　　　　　　　　　　$\dfrac{d\ln k}{dT}=\dfrac{E_a}{RT^2}$

不定积分式　　　　　　　　$\ln k=-\dfrac{E_a}{RT}+\ln A$

定积分式　　　　　　$\ln\dfrac{k(T_2)}{k(T_1)}=\dfrac{E_a(T_2-T_1)}{RT_1T_2}$

指数式　　　　　　　　　$k=Ae^{-E_a/(RT)}$

5. 对峙反应、平行反应、连串反应和链式反应的特征

6. 催化剂的基本特征、多相催化反应的一般步骤

三、计算题类型

一级反应、二级反应有关 c、t、k 和 v 的计算及作图求 k。

阿伦尼乌斯经验方程有关 k、T 和 E_a 的计算及作图求 E_a。

四、如何解决化工过程中的相关问题

1. 应用反应速率方程、阿伦尼乌斯经验方程的相关计算结合具体反应的特征及催化剂的选用，确定最佳反应条件（浓度、压力、温度、时间等），加快主反应速率，抑制或减慢副反应速率，提高产率。

2. 应用反应速率方程、阿伦尼乌斯经验方程的相关计算结合具体的生产要求，为设计反应器提供依据。

3. 应用支链反应与爆炸界限机理，采取适当措施，防止爆炸事故发生。

思考题

1. 相恒容反应速率 v 是如何定义的？它与反应物的消耗速率、产物的生成速率有什么区别与联系？

2. 反应速率系数的物理意义是什么？它与哪些因素有关？

3. 反应 $A+2B \longrightarrow Y$，若其速率方程为 $-\dfrac{dc_A}{dt}=k_Ac_Ac_B$ 或 $-\dfrac{dc_B}{dt}=k_Bc_Ac_B$，则 k_A 与 k_B 的关系是＿＿＿。

(1) $k_A = k_B$ (2) $k_A = 2k_B$ (3) $2k_A = k_B$

4. 基元反应 $A + 2B \longrightarrow 3D$，其速率公式是____。

(1) $v_A = -\dfrac{dc_A}{dt} = k_A c_A c_B$ (2) $v_A = -\dfrac{dc_A}{dt} = k_A c_A^2 c_B$

(3) $v_A = -\dfrac{dc_A}{dt} = k_A c_A c_B^2$

5. 反应级数与反应分子数的区别是什么？一级反应就是单分子反应。此说法对吗？

6. 一级反应和二级反应的特点是什么？

7. 反应 $A \longrightarrow B$，反应物消耗掉 3/4 所需要的时间恰是消耗掉 1/2 所需时间的 2 倍，则该反应是几级反应？若反应物消耗掉 3/4 所需要的时间是消耗掉 1/2 所需时间的 3 倍，则该反应是几级反应？请用计算式说明。

8. 某二级反应速率系数 $k = 1 m^3 \cdot mol^{-1} \cdot s^{-1}$，若浓度单位用"mol/L"，时间单位用"h"表示时 k 值为多少？若浓度单位用"mol/L"，时间单位用"min"表示时 k 值又为多少？

9. 某化学反应化学计量方程为 $A + B \longrightarrow C$，能认为这是二级反应吗？

10. 判断下列说法是否正确：

(1) 反应级数是整数的反应一定是基元反应。

(2) 反应级数是分数的反应一定是复杂反应。

(3) 一个化学反应进行完全所需的时间是半衰期的二倍。

(4) 选择合适的催化剂，可以加快正反应速率，并使反应的平衡常数增大。

(5) 对于恒温恒压且没有其他功的化学反应，$\Delta_r G_m$ 的绝对值越大，反应速率越快。

11. 什么是活化能？活化能对反应速率有什么影响？

12. 温度对反应速率的影响很大，温度变化主要改变下面的哪一项？温度升高，反应速率增大，这一现象的最佳解释是什么？

(1) 活化能 (2) 反应机理 (3) 物质浓度或分压 (4) 速率系数 (5) 指前因子

13. 当温度升高 50K 时，反应 1 和反应 2 的速率分别提高 2 倍和 3 倍。哪个反应的活化能大些？若此二反应有相同的指前因子，在相同温度时哪个反应的速率快些？

14. 对峙反应、平行反应和连串反应的主要特征是什么？

15. 已知 1-1 级平行反应

若反应从纯 A 开始，已知 $E_1 > E_2$，采用以下哪些措施能够改变产物 B 和 D 的比例？

(1) 改变反应温度 (2) 加入适当的催化剂 (3) 延长反应时间 (4) 增大反应物的初始浓度

16. 链式反应的特点是什么？链式反应的基本步骤有哪些？直链反应和支链反应有何区别？

17. CH_4 在空气中的爆炸界限（体积分数）为 5.3% 和 14%。它的含义是_____。

(1) CH_4 在空气中含量低于 5.3% 和超过 14% 时，燃烧时不爆炸

(2) CH_4 在空气中含量低于 5.3% 和超过 14% 时，燃烧时爆炸

（3）CH_4 在空气中含量高于 5.3% 和低于 14% 时，燃烧时不爆炸

（4）CH_4 燃烧时空气含量应控制在 5.3%～14% 范围内

18．预防爆炸事故，化工生产中应采取哪些措施？

19．催化剂的基本特征是什么？多相催化反应包括哪些基本步骤？

20．合成氨反应在一定温度和压力下，平衡转化率为 25%。现在加入一种高效催化剂后，反应速率增加了 20 倍，则平衡转化率提高了多少？

21．某 $\Delta_r G_m > 0$ 的反应，采用催化剂能否使它进行？采用光照是否有可能使它进行？采用加入电能的方法是否有可能使它进行？

习题

1．甲醇的合成反应

$$CO + 2H_2 \longrightarrow CH_3OH$$

已知 $v(CH_3OH) = 2.44 \times 10^3 \, mol/(m^3 \cdot h)$，求 $v(CO)$、$v(H_2)$ 各为多少？

2．气相反应 $SO_2Cl_2 \longrightarrow SO_2 + Cl_2$ 是一级反应，在 593K 时 $k = 2.2 \times 10^{-5} \, s^{-1}$。问在 593K 恒温 100min 后，$SO_2Cl_2$ 分解的百分数是多少？

3．已知某药物分解 30% 即告失效，药物溶液原来浓度为 $5mg/cm^3$。20 个月之后浓度变为 $4.2mg/cm^3$。假定此分解反应为一级反应，问在标签上注明使用的有效期限是多少？此药物的半衰期是多少？

4．某一级反应 $A \longrightarrow P$ 其初速率 $v_0 = 1 \times 10^{-3} \, mol/(L \cdot min)$，1h 后，速率 $v = 0.25 \times 10^{-3} \, mol/(L \cdot min)$。求此反应的速率系数 k、半衰期 $t_{1/2}$ 和 A 物质的初始浓度 c_{A0}。

5．偶氮甲烷的热分解反应

$$CH_3N = NCH_3(g) \longrightarrow C_3H_6(g) + N_2(g)$$

是一级反应。560K 时在真空密闭的容器中，放入偶氮甲烷，测得其初始压力为 21.3kPa，经 1000s 后，总压力为 22.7kPa。求该反应的速率系数 k 和反应的半衰期 $t_{1/2}$。

6．某反应 $A \longrightarrow P$ 的速率系数 $k = 0.1 \, L/(mol \cdot s)$，$c_{A0} = 0.1 mol/L$。求反应速率降至初始速率的 1/4 时，需多少时间？

7．某二级反应 $A + B \longrightarrow C$ 两种反应物的初始浓度皆为 2.0mol/L，经 10min 后，反应掉 25%，求速率系数 k。

8．某反应 $\Lambda \longrightarrow P$ 的动力学方程是直线方程，其截距为 2L/mol。若在 8s 内反应物浓度降低 1/4，求该反应的速率系数 k。

9．反应 $CH_3CH_2NO_2 + OH^- \longrightarrow H_2O + CH_3CH = NO_2^-$ 为二级反应，在 0℃ 时 $k = 3.91 L/(mol \cdot min)$。若有 0.004mol/L 的硝基乙烷和 0.005mol/L 的氢氧化钠水溶液，问多少时间后有 90% 的硝基乙烷发生反应。

10．某气相反应 $2A \longrightarrow A_2$ 为二级反应。测得不同时刻系统总压如下：

t/s	0	100	200	400	∞
p/kPa	41.33	34.4	31.2	27.33	20.67

试用作图法求该反应的速率系数 k。

11. N_2O_5 分解反应的速率系数在 298K 和 338K 时分别为 $3.4 \times 10^{-5} s^{-1}$ 和 $4.9 \times 10^{-3} s^{-1}$。求该反应的活化能和 318K 时的反应速率系数。

12. 环氧乙烷的分解是一级反应。已知在 653K 时该反应的半衰期为 363min，该反应的活化能为 217.57kJ/mol。求在 723K 环氧乙烷分解 75% 所需时间。

13. 乙醇溶液中进行如下反应：

$$C_2H_5I + OH^- \longrightarrow C_2H_5OH + I^-$$

实验测得不同温度下的速率系数 k 如下：

T/K	288.83	305.02	330.75	363.61
$10^3 k/[L/(mol \cdot s)]$	0.0503	0.368	6.71	119

试用作图法求该反应的活化能。

14. 恒容气相反应 $A(g) \longrightarrow B(g)$ 速率系数 k 与温度 T 的关系为

$$\ln k = 24 - \frac{9622}{T}$$

（1）确定此反应的级数；

（2）计算此反应的活化能和指前因子；

（3）为使 $A(g)$ 在 5min 内转化率达 90%，反应温度应控制在多少度。

15. 某 1-1 级对峙反应

$$A \underset{k_{-1}}{\overset{k_1}{\rightleftharpoons}} B$$

已知 $k_1 = 0.006 min^{-1}$，$k_{-1} = 0.002 min^{-1}$，反应开始时只有 A，其浓度 $c_{A0} = 0.1 mol/L$。求反应进行到 100min 时 B 的浓度。

16. 连串反应 $A \xrightarrow{k_1} B \xrightarrow{k_2} D$，在 298K 时，$k_1 = 0.1 min^{-1}$，$k_2 = 0.2 min^{-1}$，$c_{A0} = 1 mol/L$、$c_{B0} = c_{D0} = 0$。求（1）B 的浓度达到最大的时间 t_{max}；（2）t_{max} 时，c_A、c_B、c_D 各为多少？

17. 测得 30℃时平行反应

$$A \begin{cases} \xrightarrow{k_1} B \\ \xrightarrow{k_2} D \end{cases}$$

的 $k_1 = 7.77 \times 10^{-5} s^{-1}$，$k_2 = 1.12 \times 10^{-4} s^{-1}$。已知初始浓度 $c_{A0} = 0.0238 mol/L$，$c_{B0} = c_{D0} = 0$。计算反应 1h 后，A 的转化率及产物 B 和 D 的浓度。

第七章

表面现象与胶体

学习目标

1. 了解表面张力的概念，理解表面现象；
2. 理解吸附现象，了解吸附等温方程式；
3. 了解表面活性剂的分类、性能及应用；
4. 了解分散系统的分类及其特点；
5. 掌握胶体的性质及有关应用；
6. 能根据胶体的制备写胶团结构；
7. 了解电解质及其他因素对胶体稳定性的影响；
8. 能判断电解质聚沉能力的大小。

任意两相的接触面称为界面，界面的种类可以根据物质的聚集状态不同，分为气-液界面、气-固界面、液-液界面、液-固界面和固-固界面等。习惯上将气-液、气-固界面称为表面，表面有时也泛指各种界面，因此表面与界面无需作严格的区分，以后统称表面。

表面现象是指在相界面上呈现的一些现象。这些现象在自然界中普遍存在，如光滑玻璃上的微小汞滴自动呈球形；水滴等液滴是圆的而不是方的；水在毛细管中自动地上升；固体表面自动地吸附其他物质；脱脂棉易于被水润湿；微小的液滴易于蒸发；微小的晶体易于熔化和溶解等等，这些现象的产生都与物质的表面特性有关。表面现象和分散系统的知识在生物学、气象学、地质学、医学等学科以及石油、选矿、油漆、橡胶、塑料、日用化工等工业中有着广泛的应用及重要的意义。

第一节　表面张力

一、表面张力

任何一相，表面层分子与内部分子受到的作用力不同。如图 7-1 所示，当纯液体与其饱和蒸气达到相平衡时，液体内部任一分子皆受到周围分子的引力，周围分子的引力是呈球形对称的，相互抵消，合力为零。表面层分子与内部分子不同，液体内部的分子对表面层中分子的吸引力远远大于上方稀疏气体分子对它的引力，所以表面层分子恒受到一个指向液体内部的拉力。因此，在没有其他作用力存在时，表面层分子总是趋向于向液体内部移动，缩小其表面积。这正是微小液滴呈球形的原因。

1. 表面张力的定义

液体表面上处处都存在着一种使液面收缩的力，把这种沿着液体表面，垂直作用于单位长度上的紧缩力称为表面张力，用符号"σ"表示，其单位是 N/m（牛顿每米），也可采用与之等同的 J/m^2（焦耳每平方米）。

2. 表面张力的方向

对于平液面来说，表面张力的方向与液面平行，指向液体内部；而对于弯曲液面来说，表面张力的方向总是在弯曲液面的切面上，且是使表面积收缩的方向。

下面以皂膜实验观测表面张力的作用。如图 7-2 所示，ABCD 为一金属框，CD 为可移动金属丝，边长为 l。刚刚从皂液中提起这个金属框，可观察到金属丝 CD 会自动收缩。要维持金属丝不动，则需施加一适当外力 F。作用于单位长度上的紧缩力为 σ，由于液膜有前后两个液面，因此边缘的总长度为 $2l$，则作用于金属丝上的总的紧缩力为 $\sigma \times 2l$，可见金属丝受到一个与力 F 大小相等、方向相反的力的作用。

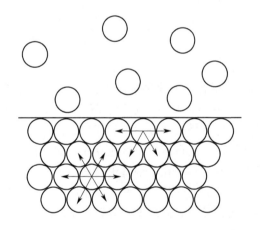

图 7-1　气液界面分子受力情况示意图

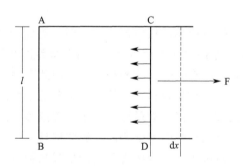

图 7-2　皂膜实验

$$F = \sigma \times 2l \tag{7-1}$$

其中
$$\sigma = F/2l \tag{7-2}$$

式中　σ——液体表面张力，N/m 或 J/m^2；

　　　F——作用于液膜上的平衡外力，N；

　　　l——单面液膜的长度，m；

　　"2"——是因为液膜有厚度，有两个面。

通过皂膜实验可以观察到液体的表面张力的方向，并计算表面张力的大小。

3. 表面张力的大小

① 表面张力是物质本身所具有的特性，它与物质本性有关，不同的物质，分子间相互作用力愈大，表面张力也愈大。一般来说，纯固态物质的表面张力大于纯液态物质的表面张力；处于相同聚集态下，纯物质的表面张力有以下规律：

$$\sigma(金属键) > \sigma(离子键) > \sigma(极性共价键) > \sigma(非极性共价键)$$

两种不同的纯物质相接触时，其界面张力与此二物质的性质有关。一般液-液界面的界面张力介于这两种纯液体表面张力之间。一些纯液体在常压下 293K 时的表面张力数列于表 7-1 中。汞和水与几种不同物质接触的界面张力列于表 7-2 中。

表 7-1　293K 时一些液体的表面张力 σ

液体	$\sigma/(J/m^2)$	液体	$\sigma/(J/m^2)$
水	0.0728	四氯化碳	0.0269
硝基苯	0.0418	丙酮	0.0237
二硫化碳	0.0335	甲醇	0.0226
苯	0.0289	乙醇	0.0223
甲苯	0.0284	乙醚	0.0169

表 7-2　293K 时汞和水与一些物质间的界面张力 σ

第一相	第二相	$\sigma/(J/m^2)$	第二相	液体	$\sigma/(J/m^2)$
汞	汞蒸气	0.4716	水	水蒸气	0.0728
	乙醇	0.3643		异戊烷	0.0496
	苯	0.3620		苯	0.0326
	水	0.375		丁醇	0.00176

② 表面张力与温度有关，由于分子间作用力（主要是引力）随温度的升高而降低，使表面层分子受到向内的拉力减小，因此大多数物质，其表面张力均随温度的升高而降低；当温度趋于临界温度时，任何物质的表面张力皆趋于零。

二、比表面吉布斯函数※

由于表面层分子与内部分子受力不同，要把内部分子移到表面层使表面积增大，就必须克服系统内部分子对它的引力对系统做功。此功称为"表面功"，也就是为扩展表面积所做的功。仍以皂膜实验为例，若使上述液膜的面积增大 dA，则需抵抗表面张力使金属丝向右移动 dx 而做功，在可逆条件下忽略摩擦力，故所做功为可逆非体积功。

$$\delta W'_r = F dx = 2\sigma l\, dx = \sigma dA$$

式中，$dA = 2l\, dx$。从热力学可知，当恒温恒压可逆情况下，系统所做的功等于吉布斯函数的变化；

因此有

$$dG_{T,p} = \delta W'_r = \sigma dA \tag{7-3}$$

于是

$$\sigma = \frac{\delta W_r}{dA} = \left(\frac{dG}{dA}\right)_{T,p} \tag{7-4}$$

积分得

$$\Delta G = \sigma \Delta A \tag{7-5}$$

式中　ΔG——比表面吉布斯函数，J；

　　　σ——比表面吉布斯函数，J/m^2；

　　　ΔA——液体物质增大的表面积。

从热力学角度看，式(7-5)中 σ 的物理意义是：在恒温、恒压下增加单位表面积引起系统吉布斯函数的变化。而在恒温、恒压下，系统每增大单位面积时所增加的吉布斯函数，称为比表面吉布斯函数，因此 σ 也可以称为"比表面吉布斯函数"，或简称"表面能"，单位为 J/m^2。一种物质的表面能与表面张力数值完全一样，量纲也相同，但物理意义有所不同。

【例 7-1】 已知汞溶胶（设为球形）的直径为 22nm，$1dm^3$ 溶胶中含 Hg 为 $8\times10^{-5}kg$，试问每 $1cm^3$ 的溶胶中汞滴粒子数为多少？其总表面积为若干？把 $8\times10^{-5}kg$ 的汞滴分散成上述溶胶时比表面吉布斯函数增加多少？完成变化时，环境至少需做多少功？已知汞的密度为 $13.6kg/dm^3$，汞-水界面张力为 $0.375N/m$。

解：

$$V_{汞粒}=\frac{4}{3}\pi r^3=\frac{4}{3}\times3.14\times(11\times10^{-9})^3=5.572\times10^{-24}(m^3)$$

$$V=\frac{W}{\rho}=\frac{8\times10^{-5}}{13.6}\times10^{-3}=5.882\times10^{-9}(m^3)$$

$$N=\frac{V}{V_{汞粒}}=\frac{5.882\times10^{-9}}{5.572\times10^{-24}}=1.056\times10^{15}$$

在 $1cm^3$ 溶液中，有

$$N'=\frac{N}{1000}=1.056\times10^{12}$$

$$A=N'4\pi r^2=1.056\times10^{12}\times4\times3.14\times(11\times10^{-9})^2$$
$$=1.604\times10^{-3}(m^2)$$

$8\times10^{-5}kg$ 的汞滴的半径为

$$V=\frac{4}{3}\pi r'^3$$

$$r'=\sqrt[3]{V\times3/(4\times3.14)}=\sqrt[3]{5.882\times10^{-9}\times3/(4\times3.14)}=1.120\times10^{-3}(m)$$
$$A'=4\pi r'^2=4\times3.14\times(1.120\times10^{-3})^2=1.576\times10^{-5}(m^2)$$

$8\times10^{-5}kg$ 的汞滴分散为上述溶胶时

$$A=N4\pi r^2=1.056\times10^{15}\times4\times3.14\times(11\times10^{-9})^2=1.064(m^2)$$
$$\Delta G=\sigma\Delta A=\sigma(A-A')$$
$$=0.375\times(1.064-1.576\times10^{-5})$$
$$=0.399(J)$$

环境所做的最小表面功为

$$W'_r=\Delta G=0.399J$$

第二节 吸附现象

一、吸附

由表面张力的定义可知，表面层分子与内部分子受力不同，因而在一定条件下会产生表面层物质浓度自动发生变化（与本体浓度不同）的现象，这种现象称为吸附。吸附可以发生在固-气、固-液、液-液等相界面上。例如在溴蒸气或含碘的水溶液中加入一些活性炭，蒸气或溶液的颜色将逐渐变浅，说明溴和碘逐渐富集于活性炭的表面上，这就是气体在气固界面上或溶液中的溶质在液固界面上的吸附作用。通常把具有吸附能力的物质（例如活性炭）称为吸附剂，被吸附的物质（例如溴蒸气或碘）则称为吸附质。日常生活中应用吸附的事例很多，例如常用活性炭过滤器及活性炭净水技术除去水中的有机污染物。

固体物质不能像液体那样通过收缩表面来降低系统的比表面吉布斯函数，但它可以通过从周围的介质中吸附其他物质的粒子来减小其表面分子力场不饱和的程度，降低其比表面吉布斯函数。

在一定的 T、p 下，被吸附物质的多少将随着吸附面积的增加而增大。因此，为了吸附更多的吸附质，要尽可能增加吸附剂的比表面，许多粉末状或多孔性物质，往往都具有良好的吸附性能。

吸附作用有着很广泛的应用，例如用硅胶吸附气体中的水汽使之干燥；用活性炭吸附糖水溶液中的杂质使之脱色；用分子筛吸附混合气体中某一组分使之分离等。此外，后续章节中的多相催化反应、胶体的结构等也都与吸附作用有着密切的关系。

按吸附作用力性质的不同，吸附分为物理吸附和化学吸附两种。

1. 物理吸附

吸附剂与吸附质分子之间靠分子间力（范德华力）产生的吸附，称为物理吸附。

范德华力很弱，但存在于各种分子之间。所以吸附剂表面吸附了气体分子之后，还可以在被吸附了的气体分子上再吸附更多的气体分子，因此物理吸附可以是多分子层吸附。气体分子在吸附剂表面上依靠范德华力完成的多分子层吸附，与气体凝结成液体的情况相类似，吸附热（吸附质在吸附过程中所放的热）与气体凝结成液体所释放的热有着相同的数量级，它比化学吸附热要小得多。又由于吸附力是分子间力，故物理吸附基本上没有选择性，但临界温度高的气体，即易于液化的气体比较易于被吸附。如 H_2O、Cl_2 的临界温度分别高达646.91K 和 417K，而 N_2、O_2 的临界温度分别低至 126K 和 154.43K，所以吸附剂容易从空气中吸附水蒸气，活性炭可以从空气中吸附氯气而作为防毒面具中的吸附剂，但它不易吸附 N_2 和 O_2。此外，由于吸附力弱，物理吸附也容易解吸（脱附，可看作是吸附的逆过程），而且吸附速率快，易于达到吸附平衡。

2. 化学吸附

吸附剂与吸附质分子之间靠化学键力产生的吸附，称为化学吸附。

和物理吸附不同，产生化学吸附的作用力是很强的化学键力。在吸附剂表面与被吸附的气体分子间形成了化学键以后，就不能与其他气体分子形成化学键，故化学吸附是单分子层的。化学吸附过程发生键的断裂与形成，故化学吸附的吸附热在数量级上与化学反应热相当，比物理吸附的吸附热要大得多。由于化学吸附类似于吸附剂与吸附质之间的化学反应，吸附质有的呈分子态，有的则分解为自由基、自由原子等，因而化学吸附有很强的选择性。这样对于反应物之间可发生众多反应的情况，使用选择性强的催化剂，就可以促进期望反应的进行。此外，化学键的生成与破坏比较困难，反应速率很小，因此产生化学吸附的系统往往较难达到化学吸附平衡。

物理吸附与化学吸附有时也不是截然分开的，两者可同时发生，并且在不同的情况下，吸附性质也可以发生变化。如 $CO(g)$ 在 Pd 上的吸附，低温下是物理吸附，高温时则表现为化学吸附。

物理吸附与化学吸附的区别列于表 7-3 中。

表 7-3   物理吸附与化学吸附的区别

性 质	物理吸附	化学吸附	性 质	物理吸附	化学吸附
吸附力	范德华力	化学键力	选择性	无或很差	较强
吸附层	单层或多层	单层	吸附平衡	易达到	不易达到
吸附热	小	大			

二、固体表面对气体的吸附

固体与液体一样，也具有比表面吉布斯函数。固体不具有流动性，不能像液体那样以尽量减少表面积的方式降低表面能。但是，固体表面分子能对碰撞到固体表面上来的气体分子产生吸引力，使气体分子在固体表面上发生相对聚集，从而降低固体的表面能，使具有较大表面能的固体趋于稳定。这种气体分子在固体表面上相对聚集的现象称为气体在固体表面的吸附，简称"气固吸附"。

气固吸附知识在生产实践和科学中应用较为广泛，如多相催化作用、色层分析方法、气体的分离与纯化、废气中有用成分的回收等都与气固吸附现象有关。

1. 吸附量

气相中的分子可被吸附到固体表面上来，已被吸附的分子也可以脱附（或称解吸）而逸回气相。在温度和压力一定的条件下，吸附速率与解吸速率相等时，吸附就达到了平衡，此时吸附在固体表面的气体量不再随时间而变化。吸附作用的强弱，常用吸附量来衡量。一定 T、p 下达吸附平衡时，被吸附气体的物质的量或体积（标准状态）与吸附剂质量之比，称为平衡吸附量，简称吸附量。吸附量通常用"Γ"表示，其单位为 mol/kg（摩尔每千克）或 m^3/kg（立方米每千克）。

$$\Gamma = n/m \tag{7-6}$$

或

$$\Gamma = V/m \tag{7-7}$$

对于一定的吸附剂和吸附质来说，吸附量 Γ 与吸附剂和吸附质的性质有关，吸附剂的比表面积越大，比表面吉布斯函数越高，吸附作用越强。吸附量还与吸附温度 T 及吸附质的分压 p 有关。

温度一定时，吸附质平衡分压 p 与吸附量 Γ 之间的关系曲线有如图 7-3 所示的五种常见类型。其中 Ⅰ 型为单分子层吸附，其余均为多分子层吸附的情况。

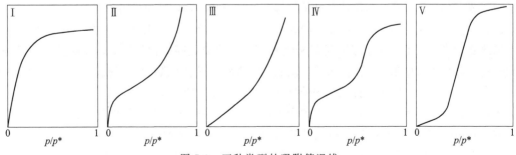

图 7-3   五种类型的吸附等温线

吸附质平衡分压 p 一定时，吸附温度 T 与吸附量 Γ 之间的关系曲线称为吸附等压线，可用于判别吸附类型。物理吸附和化学吸附都是放热的，所以温度升高时两类吸附的吸附量都应下降。物理吸附速率快，较易达到平衡，所以 Γ-T 曲线表现出吸附量随温度升高而下降的规律。但是化学吸附速率较慢，温度低时往往难以达到吸附平衡，而升高温度会加快吸附速率，因此开始会出现吸附量随温度升高而增大的情况，直到真正达到平衡之后，吸附量才随温度升高而减小。因此，在吸附等压线上，先出现吸附量随温度升高而增大，后又随温度升高而减小的现象，则可判定是化学吸附，如图 7-4 所示。

气体的吸附量与气体的温度及压力有关，一般可以表示为

$$\Gamma = f(T, p)$$

为研究方便起见，一般常常固定三个变量中的其中一个，以测定另外两个变量之间

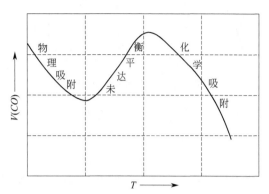

图 7-4 CO 在铂上的吸附等压线

的关系。例如恒压下，反映吸附量与温度之间关系的曲线称为吸附等压线；恒温下，反映吸附量与压力之间关系的曲线称为吸附等温线；吸附量恒定时，反映平衡温度与平衡压力之间关系的曲线称为吸附等量线。

2. 等温吸附经验式

弗罗因德利希（Freundlich）提出了如下含有两个常数项的经验式，描述一定温度下吸附量 Γ 与平衡压力 p 之间的定量关系：

$$\Gamma = kp^n \qquad (7-8)$$

k 和 n 是两个常数，与温度有关，通常 $0 < n < 1$。此式称为弗罗因德利希公式，一般只适用于中压范围。

弗罗因德利希经验式也可以适用于溶液中溶质在固体吸附剂上的吸附，这时吸附量的单位为 mol/kg。公式的形式为：

$$\Gamma = kc^n \qquad (7-9)$$

式中，c 为吸附平衡时溶液中溶质的浓度。

3. 单分子层吸附理论——朗缪尔吸附等温式

气体在吸附剂表面上的吸附等温线大致可分为五种类型，图 7-5 所介绍的是其中的一种，也是最为简单的一种。从图中可以看出，随着横坐标的物理量压力 p 的增大，纵坐标上气体在吸附剂表面上的吸附量 Γ 逐渐增大，最后不再有大的变化，呈水平状，为 Γ_∞。

朗缪尔提出的气体单分子层吸附理论可以比较好地解释图 7-5 类型的吸附等温线。它是单分子层吸附等温线，表示了在一定温度下吸附剂表面发生单分子层吸附时，平衡吸附量 Γ 随平衡压力 p 的变化关系。这种吸附等温线可以分为三段：线段 I 是压力比较小时，吸附量 Γ 与压力 p 近似成正比关系；线段 II 是压力中等时，吸附量 Γ 随平衡压力 p 的增大，增加缓慢成曲线关系；线段 III 是压力 p 较大时，吸附量 Γ 基本上不随压力 p 变化。吸附量 Γ 与压力 p 的关系可用朗缪尔吸附等温式表示：

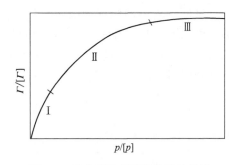

图 7-5 单分子层吸附等温线示意图

$$\Gamma = \Gamma_\infty \frac{bp}{1+bp} \qquad (7\text{-}10)$$

式中 Γ ——吸附剂表面吸附气体的平衡吸附量，mol/m^2；

Γ_∞ ——吸附剂表面吸附气体的最大吸附量，mol/m^2；

b ——吸附系数，Pa^{-1}。

Γ_∞ 也被称为饱和吸附量，吸附系数 b 表示吸附剂对吸附质吸附能力的强弱。

朗缪尔吸附理论有四个要点。

（1）单分子层吸附　固体表面的吸附力场作用范围大约为分子直径大小，只有气体分子进入到固体的空白表面的此力场范围内，才有可能被吸附，所以只能发生单分子层吸附。另外吸附量有限，当吸附剂吸附一层后，吸附量也就达到了极限。

（2）吸附剂表面是均匀的　固体表面上各个位置吸附能力是相同的，气体分子在吸附剂表面上的任何位置有相等的机会被吸附。

（3）被吸附的气体分子与其他周围的气体分子无相互作用力　假设气体分子被吸附与解吸和其周围是否已经存在被吸附的气体分子无关。

（4）吸附平衡是动态平衡　一定温度一定压力下达到吸附平衡时，从表面上看吸附量不随时间而改变。实际上气体分子的吸附与解吸仍然在进行，只不过这时单位表面积上的吸附速率与解吸速率相等而已。

朗缪尔吸附等温式对图 7-5 所示的吸附等温线解释如下。

当 p 很小或吸附较弱即 b 很小时，$bp \ll 1$，上式变成为：

$$\Gamma = \Gamma_\infty bp$$

即吸附量与气体压力成正比，为图 7-5 中线段 I 的情形。

当气体压力较大或吸附较强，即 b 很大时，$bp \gg 1$，上式变为 $\Gamma = \Gamma_\infty$。表明吸附已经达到饱和，因而吸附量不再随压力而变化。这是图 7-5 中线段 III 的情形。

当压力适中或吸附系数适中时，吸附量与平衡压力的关系成曲线形状，如图 7-5 中的线段 II。

朗缪尔吸附等温式是界面现象中最重要的公式。应用朗缪尔吸附等温式，由多组数据计算 Γ_∞ 和 b 时常采用作图法，Γ_∞ 也可用被吸附气体的体积 V_∞ 表示。

为解释其他类型的吸附等温线，还有其他吸附理论。其中最重要的是 BET 多分子层吸附理论，由布鲁瑙尔、埃米特和特勒提出。这里就不介绍了。

三、溶液表面层的吸附现象

从热力学角度考虑，系统的吉布斯函数越小，系统的稳定性越好。由公式 $dG_{T,p} = \sigma dA$ 可知要减少系统的吉布斯函数，可以通过两个途径实现，一是降低系统的表面张力，二是减少系统的表面积。对于纯液体来说，在一定温度、压力下，表面张力是一定值，要使系统的吉布斯函数减小，只有缩小表面积。对于溶液来说，表面张力不仅与温度、压力有关，还与溶质的种类及其浓度有关，因此也可以通过降低表面张力来减少吉布斯函数值。

1. 表面张力随溶质浓度的变化

在一定温度的纯水中，分别加入不同种类的溶质，溶质浓度对溶液表面张力的影响大致可分为三种类型，如图 7-6 所示。

类型Ⅰ：随溶质浓度的增加，溶液的表面张力缓慢增大。这类溶质有无机盐类（如 NaCl）、不挥发性酸（如 H_2SO_4）、碱（如 KOH）以及含有多个羟基的化合物（如蔗糖、甘油等）。

类型Ⅱ：随溶质浓度的增加，溶液的表面张力缓慢下降。大部分的低级脂肪酸、醇、醛、酯、胺等有机物的水溶液都属于这一类。

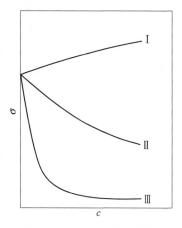

图 7-6 σ 与 c 关系示意图

类型Ⅲ：随溶质浓度的增加，溶液的表面张力开始时急剧下降，达到一定浓度后，表面张力趋于稳定，不再随溶质浓度的增加而下降。属于此类溶质的有直链有机酸、碱的金属盐、长碳链磺酸盐（如十二烷基苯磺酸钠）等。

上述溶液表面张力随溶质浓度的变化，是由于溶质在溶液中分布不均匀导致的。溶质在表面层和溶液内部的浓度不同，从而引起溶液表面张力变化的现象称为溶液的表面吸附。当溶质在表面层的浓度大于溶液内部的浓度时，称为正吸附；当溶质在表面层的浓度小于溶液内部的浓度时，称为负吸附。

2. 吉布斯吸附等温式

在单位面积表面层中，溶剂所含溶质的物质的量与同样量溶剂在溶液本体中所含溶质的物质的量的差值，称为表面吸附量或表面过剩量。以符号"Γ"表示，其单位为 mol/m^2（摩尔每平方米）。

吉布斯用热力学方法推导出在一定温度下，溶质浓度为 c、溶液的表面张力为 σ 时，溶质表面的吸附量为：

$$\Gamma = -\frac{c}{RT}\left(\frac{\partial \sigma}{\partial c}\right)_T \tag{7-11}$$

式中　Γ ——溶液表面层溶质的表面吸附量，mol/m^2；

c ——溶质的浓度，mol/m^3；

R ——气体常数，$8.314J/(mol \cdot K)$；

T ——热力学温度，K；

σ ——表面张力，N/m。

上式即吉布斯吸附等温式。式中 $(\partial\sigma/\partial c)_T$ 为在温度 T 时 σ-c 曲线在浓度 c 时的切线斜率。

从上式可以看出，当 $(\partial\sigma/\partial c)_T > 0$ 时，加入溶质后溶液的表面张力增大，$\Gamma < 0$，溶液表面产生负吸附；当 $(\partial\sigma/\partial c)_T < 0$ 时，加入溶质后溶液的表面张力下降，$\Gamma > 0$，溶液表面

产生正吸附。

在一定温度下，用吉布斯吸附等温式计算某溶质的吸附量时，先测出不同浓度时溶液的表面张力（σ），以 σ 为纵坐标对 c 为横坐标作图，再在 σ-c 曲线上选定各个不同浓度 c 的点作切线，求出不同浓度 c 所对应的斜率，即为 $\mathrm{d}\sigma/\mathrm{d}c$ 的数值，最后代入上式，即可求出不同浓度 c 时吸附量 Γ 的数值。

第三节　表面活性剂

一般来说，能使溶液表面张力增加的物质，称为表面惰性物质；能使表面张力降低的物质，称为表面活性物质。习惯上，只把那些少量加入溶剂中就能显著降低溶液表面张力的物质称为表面活性物质或表面活性剂。

一、表面活性剂的结构

表面活性剂分子的特点是具有不对称性。表面活性剂分子的一端是具有亲水性的极性基团（亲水基），而另一端具有憎水性的非极性基团（亲油基）。它的非极性憎水基团一般是 8～18 碳的直链烃，也可能是环烃。例如脂肪酸钠（即肥皂），它的一端是非极性的碳氢链，而另一端是可以电离的极性基团，其分子结构示意图如图 7-7 所示。表面活性剂的这种结构特点使它溶于水后，亲水基受到水分子的吸引，而亲油基受到水分子的排斥。为了克服这种不稳定的状态，表面活性分子会占据溶液的表面，将亲油基一端伸向气相，亲水基一端深入水中，如图 7-8 所示。

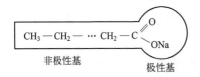

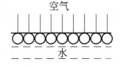

图 7-7　表面活性剂结构示意图　　　　图 7-8　表面活性剂分子
　　　　　　　　　　　　　　　　　　在气-水界面的排列

二、表面活性剂的分类

表面活性剂可以从用途、物理性质或化学结构等方面进行分类，最常见的是按化学结构来分类。

1. 按化学结构分类

按化学结构大致上可将表面活性剂分为离子型和非离子型两大类。表面活性剂溶于水后，发生离解的为离子型表面活性剂，不能离解的为非离子型表面活性剂。离子型表面活性剂又可按电荷性质分为阴离子型、阳离子型及两性型的表面活性剂（表 7-4）。

表 7-4　表面活性剂的分类

离子型表面活性剂	阴离子表面活性剂	羧酸盐 $RCOO^- M^+$,硫酸酯盐 $ROSO_3^- M^+$
		磺酸盐 $RSO_3^- M^+$,磷酸酯盐 $ROSO_3^- M^+$
	阳离子表面活性剂	伯胺盐 $RNH_3^+ X^-$,季铵盐 $RN^+ (CH_3)_3 X^-$
	两性表面活性剂	氨基酸型 $RN^+ CH_2CH_2COO^-$
		甜菜碱型 $RN^+ (CH_3)_2 CH_2COO^-$
非离子型表面活性剂		聚氧乙烯醚 $RO(CH_2CH_2O)_n H$
		聚氧乙烯酯 $RCOO(CH_2CH_2O)_n H$
		多元醇型 $RCOOCH_2C(CH_2OH)_3$

注：R 一般为 $C_8 \sim C_{18}$ 的碳氢长链的烃基；M^+ 为金属离子或简单的阳离子，如 Na^+、K^+ 或 NH^+；X^- 为简单的阴离子，如 Cl^-、CH_3COO^-。

2. 按溶解性分类

按表面活性剂在水中的溶解性，可分为水溶性表面活性剂和油溶性表面活性剂。水溶性表面活性剂占绝大多数，油溶性表面活性剂日渐重要，但其品种仍不是很多。

3. 按分子量分类

分子量大于 10^4 者称高分子表面活性剂；分子量在 $10^3 \sim 10^4$ 者称中分子表面活性剂；分子量在 $10^2 \sim 10^3$ 者称低分子表面活性剂。

常用的表面活性剂大都是低分子表面活性剂。中分子表面活性剂有聚醚型，即为聚氧丙烯与聚氧乙烯缩合的表面活性剂，在工业上占有特殊的地位。高分子表面活性剂没有突出的表面活性，但在乳化、增溶，特别是在分散或絮凝性能上有独特之处，很有发展前途。

4. 按用途分类

从用途上分类可将表面活性剂可分为表面张力降低剂、渗透剂、润湿剂、乳化剂、增溶剂、分散剂、起泡剂，杀菌剂、抗静电剂、缓蚀剂、柔软剂、防水剂、织物整理剂及均染剂等种类。此外，还有有机金属表面活性剂、含硅表面活性剂、含氟表面活性剂和反应性特种表面活性剂等。

三、表面活性剂在溶液中的基本性质

1. 活性剂在溶液表面定向排列

表面活性剂的两性分子结构特征，决定了它的两亲性特点，使其能够在两相界面上相对浓集，当浓度大到一定程度时，能达成饱和吸附，此时在界面上，表面活性剂分子整齐地定向排列着，形成一系列紧密的单分子层，使两相几乎完全脱离接触。

2. 表面活性剂在溶液内部形成胶团

表面活性剂的两亲性不仅表现为在溶液表面上的定向排列，还表现为当表面活性剂在溶液中超过某一特定浓度时（即表面吸附达到饱和时）会缔合形成分子有序聚集体，这种聚集体称为"胶团"，而把开始形成胶团时的浓度称为临界胶团浓度。

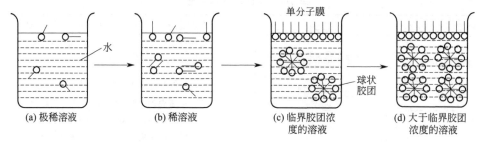

图 7-9　表面活性剂溶液的胶团化过程

以表面活性剂在水中随其浓度的变化来说明胶团形成的过程。当溶液中表面活性剂浓度极低时［图 7-9(a)］，空气和水几乎是直接接触着，水的表面张力下降不多，接近纯水状态。如果稍微增加表面活性剂的浓度，它会很快聚集到水面，使水和空气的接触面减少，水的表面张力急剧下降。同时，水中的表面活性剂也三三两两地聚集在一起，互相把憎水基靠在一起，形成二聚体或三聚体，如图 7-9(b) 所示。当表面活性剂的浓度进一步增大，溶液达到饱和吸附形成紧密排列的单分子膜，如图 7-9(c) 所示。此时溶液的浓度达到表面活性剂的临界胶团浓度，溶液的表面张力下降至最低值，溶液中开始有胶团出现。在溶液的浓度达到临界胶团浓度之后，若继续增加表面活性剂浓度，溶液的表面张力几乎不再下降，只是溶液中的胶团数目或胶团聚集数增加［图 7-9(d)］。

表面活性剂在水溶液中聚集形成胶团，形成胶团的众多表面活性剂分子其亲水基朝外，与水分子相接触；而憎水基朝里，被包藏在胶团内部，几乎完全脱离了与水分子的接触。当表面活性剂浓度较低时，胶团呈球形，随着浓度的增加，胶团的形状变得复杂，可能生成棒状或层状胶团。图 7-10 给出了几种胶团的形状。

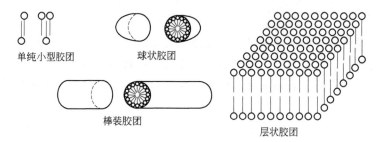

图 7-10　各种形状的胶团

四、表面活性剂的应用

1. 洗涤作用

表面活性剂的洗涤作用是一个比较复杂的过程，它与润湿、增溶和起泡等作用都有关。

洗涤作用是将浸在某种介质中的固体表面的污垢去除干净的过程，如图 7-11 所示。众所周知，浸渍在衣物上的油污很难用清水洗净，在洗衣物时，若使用肥皂，则有明显的去污作用。这是因为肥皂的成分是硬脂酸钠（$C_{17}H_{35}COONa$），它是一种阴离子型的表面活性物质。肥皂的分子能渗透到油污和衣物之间，形成定向排列的肥皂分子膜，从而减弱了油污在衣物上的附着力，只要轻轻搓动，由于机械摩擦和水分子的吸引，油污很容易从衣物上脱落、乳化、分散在水中，达到洗涤的目的。

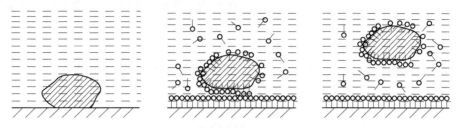

图 7-11　表面活性剂的洗涤作用过程

近几十年来，合成洗涤剂工业迅速发展，用烷基硫酸盐、烷基芳基磺酸盐以及聚氧乙烯型非离子表面活性剂等原料制成了各种去污能力强的合成洗涤剂。

2. 润湿作用

表面活性剂分子能定向地吸附在固-液界面上，降低固-液界面张力，改善润湿程度。

将水滴在石蜡片上，石蜡片几乎不湿，若水中加入一些表面活性剂，水就能在石蜡片上铺展开，产生润湿。又如喷洒农药杀灭害虫时，若农药溶液对植物茎叶表面润湿性不好，喷洒时药液易呈珠状而滚落到地面造成浪费，留在植物上的也不能很好展开，杀虫效果不佳。若在药液中加入少许某种表面活性剂，提高润湿程度，喷洒时药液在茎叶表面展开，可大大提高农药利用率和杀虫效果。

润湿作用广泛应用于药物制剂。表面活性剂作为外用软膏基质使药物与皮肤油脂能很好地润湿，增加接触面积，有利于药物吸收。在片剂中加入表面活性剂可以使药物颗粒表面易被润湿，利于颗粒的结合和压片。此外，常在针剂安瓿瓶内壁涂上一薄层防水材料（表面活性剂），使玻璃内壁成为憎水表面，当用针筒抽吸针剂时药液就不易残留黏附在玻璃内壁上。

3. 增溶作用

表面活性剂使溶质的溶解度增大的现象，称为增溶作用。

一些非极性的碳氢化合物，如苯、己烷、异辛烷等在水中的溶解度是非常小的，但浓度达到或超过超临界胶团浓度的表面活性剂水溶液却能"溶解"相当量的碳氢化合物，形成完全透明、外观与真溶液非常相似的系统。例如，室温下苯在水中的溶解度很小，如果在水中加入适当的表面活性剂，苯的溶解度将大大提高，100mL 含 10％油酸钠的水溶液可溶解苯约 10mL。

制药工业中常用吐温类、聚氧乙烯蓖麻油类表面活性剂作增溶剂。如维生素 D_2 在水中基本不溶，加入 5％的聚氧乙烯蓖麻油类表面活性剂后，溶解度可达 $1.525 mg/cm^3$。其他如脂溶性维生素、甾体激素类、磺胺类、抗生素类以及镇静剂、止痛剂等均可通过增溶作用而制成具有较高浓度的澄清液供内服、外用甚至注射用。一些生理现象也与增溶作用有关，例如小肠不能直接吸收脂肪，却能通过胆汁对脂肪的增溶而将其吸收。

4. 起泡与消泡作用

这里只讨论气相分散在液相中的泡沫。"泡"就是由液体薄膜包围着气体，泡沫则是很多气泡的聚集。由于气-液界面张力较大，气体的密度比液体低，气泡很容易破裂。若在液体中加入表面活性剂，再向液体中鼓气就可形成比较稳定的泡沫，这种作用称为起泡，所用的表面活性剂叫做起泡剂。这也是肥皂液可以吹出五彩斑斓的气泡的原因。起泡剂能降低气-液界面张力，使泡沫系统相对稳定，同时在包围气体的液膜上形成双层吸附，如图 7-12 所示，其中亲水基在液膜内形成水化层，使液相黏度增高，液膜稳定并具有一定的机械强度。

起泡作用常用于泡沫灭火、矿物的浮选分离及水处理工程中的离子浮选。此外，医学上用起泡剂使胃充气扩张，便于 X 射线透视检查。

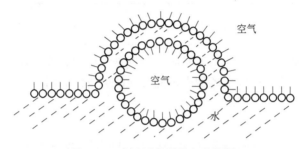

图 7-12　表面活性剂的起泡作用

然而有时起泡也会给工作增添不少麻烦，需要进行消泡。能消除泡沫的表面活性剂称为消泡剂，是一些表面张力低、溶解度较小的物质，如 $C_5 \sim C_6$ 的醇类或醚类、磷酸三丁酯、有机硅等。消泡剂的表面张力低于起泡液膜的表面张力，又容易在气泡液膜表面顶走原来的起泡剂，而其本身由于键短又不能形成坚固的吸附膜，故能够产生裂口，使泡内气体外泄，导致泡沫破裂，起到消泡作用。

5. 分散和絮凝作用

固体粉末均匀地分散在某一种液体中的现象，称为分散。

粉碎好的固体粉末混入液体后往往会聚结而下沉，但加入某些表面活性剂后，颗粒便能稳定地悬浮在溶液中。例如，洗涤剂能使油污分散在水中；分散剂能使颜料分散在油中而成为油漆，使黏土分散在水中成为泥浆等。

能使悬浮在液体中的颗粒相互凝聚的表面活性剂称为絮凝剂。它的作用与分散剂相反。例如，可用絮凝剂来解决工业污水的净化问题。

6. 助磨作用

我国古代劳动人民早就有水磨比干磨效率高的经验，如米粉、豆粉之类，水磨的要比干磨的细得多。在固体物料的粉碎过程中，若加入某种表面活性剂作助磨剂，可增加粉碎程度，提高粉碎效率。当固体物料磨细到颗粒度达几十微米以下时，颗粒度很微小，比表面积很大，系统具有很大的表面能，处于热力学的高度不稳定状态。在没有表面活性物质存在的情况下，物质颗粒只能表面积自动地变小，即颗粒度变大，以降低系统的表面能。若在固体粉碎过程中，加入表面活性物质，它能很快地定向排列在固体颗粒的表面上，降低固体颗粒的表面张力，减小系统的表面能。表面活性物质在颗粒表面上的覆盖率愈大，表面张力降低得愈多，则系统的表面能愈小。此外，由于表面活性剂定向地排列在颗粒的表面上，而非极性的碳氢基指向介质或空气，因而使粒子的表面更加光滑、易于滚动而不易接触，这些因素都有利于粉碎效率的提高。因此，要想得到更细的颗粒，必须加入适量的助磨剂，如水、油酸、亚硫酸纸浆废液等。

第四节 分散系统分类与胶体的性质

一、分散系统的分类

把一种或几种物质分散在另一种物质中就构成了分散系统。在分散系统中被分散的物质叫做分散相，另一物质叫做分散介质。

按照分散相被分散的程度，即分散粒子的大小，分散系统大致可分为三类。

① 分子分散系统。分散相粒子的半径小于 10^{-9} m，相当于单个分子或离子的大小。此时，分散相与分散介质形成均匀的一相，属单相系统。

② 胶体分散体系。分散相粒子的半径在 $10^{-9} \sim 10^{-7}$ m 范围内，是大分子或众多小分子或离子的集合体。这种系统是透明的，用眼睛或普通显微镜观察时，与真溶液差不多，但实际上分散相与分散介质已不是一相，存在相界面。

③ 粗分散系统。分散相粒子的半径约在 $10^{-7} \sim 10^{-5}$ m 范围，每个分散相粒子是由成千上万个分子、原子或离子组成的集合体，用眼睛或普通显微镜直接观察已能分辨出是多相系统。

三类分散系统的性质见表 7-5。

表 7-5 分散系统的分类及特性

微粒直径	类型	分散相	性质	实例
$<10^{-9}$ m	分子分散系统	原子、离子或小分子	均相，热力学稳定系统，扩散快，能透过半透膜，形成真溶液	蔗糖水溶液、氯化钠水溶液等
$10^{-9} \sim 10^{-7}$ m	高分子化合物溶液	大分子	均相，热力学稳定系统，扩散慢，不能透过半透膜，形成真溶液	聚乙烯醇水溶液等
	溶胶	胶粒（原子或分子的聚集体）	多相，热力学不稳定系统，扩散慢，不能透过半透膜，能透过滤纸，形成胶体	金溶胶、氢氧化铁溶胶等
$>10^{-7}$ m	粗分散系统	粗颗粒	多相，热力学不稳定系统，扩散慢，不能透过半透膜及滤纸，形成悬浮体或乳状液	浑浊泥水、牛奶、豆浆等

对于多相分散系统，人们还常按照分散相和分散介质的聚集状态分为八类，如表 7-6 所示，其中最重要的是第一、第二两类。

表 7-6 多相分散系统的八种类型

分散相	分散介质	名称	实例
固体	液体	溶胶、悬浮液	$Fe(OH)_3$ 溶胶、泥浆
液体	液体	乳状液	牛奶
气体	液体	泡沫	肥皂水泡沫
固体	固体	固溶胶	有色玻璃
液体	固体	凝胶	珍珠
气体	固体	固体泡沫	馒头、泡沫塑料
固体	气体	气溶胶	烟、尘
液体	气体	气溶胶	雾、云

胶体分散系统在生物界和非生物界都普遍存在，在实际生活和生产中占有重要地位。如在石油、冶金、造纸、橡胶、塑料、纤维、肥皂等工业部门，以及其他学科如生物学、土壤学、医学、气象、地质学等中都广泛地接触到与胶体分散系统有关的问题。

二、溶胶的性质

胶体系统是介于真溶液和粗分散系统之间的一种特殊分散系统。由于胶体系统中粒子分散程度很高，具有很大的比表面积，表现出显著的表面特性，如胶体具有特殊的力学性质、光学性质和电学性质。

1. 溶胶的力学性质

1827 年，英国植物学家布朗在显微镜下，观察悬浮在液体中的花粉颗粒时，发现这些粒子永不停歇地做无规则运动。后来还发现所有足够小的颗粒，如煤、化石、矿石、金属等无机物粉粒，也有同样的现象。这种现象是布朗发现的，故称布朗运动，但在很长一段时间中，这种现象的本质没有得到阐明。

1903 年，齐格蒙德发明了超显微镜，用超显微镜观察溶胶，可以发现溶胶粒子在介质中不停地做无规则的运动。对于一个粒子，每隔一定时间纪录其位置，可得到类似图 7-13(b) 所示的完全不规则的运动轨迹，这种运动称为溶胶粒子的布朗运动。

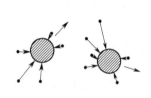 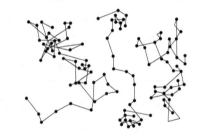

(a) 溶胶粒子受介质分子冲撞示意图　　　　(b) 溶胶粒子的布朗运动

图 7-13　布朗运动示意图

粒子做布朗运动无需消耗能量，而是系统中分子固有的热运动的体现。固体颗粒处于液体分子包围之中，而液体分子一直处于不停的、无序的热运动状态，撞击着固体粒子。如果浮于液体介质中的固体远较溶胶粒子大（直径约大于 $5\mu m$），一方面由于不同方向的撞击力大体已互相抵消，另一方面由于粒子质量大，其运动极不显著或根本不动。但对于胶体分散程度的粒子（直径小于 $5\mu m$）来说，每一时刻受到周围分子的撞击次数要少得多，那么在某一瞬间粒子各方向所受力不能相互抵消，就会向某一方向运动，在另一瞬间又向另一方向运动，因此形成了不停的无规则运动。布朗运动的速率取决于粒子的大小、温度及介质黏度等，粒子越小、温度越高、黏度越小则运动速度越快。

2. 溶胶的光学性质

用肉眼观察一般的胶体溶液，它往往是均匀透明的，与真溶液没什么区别。但是如果在暗室中，让一束光线透过一透明的溶胶，从垂直于光束的方向可以看到溶胶中显出一浑浊发亮的光柱，此现象是 1869 年由英国物理学家丁铎尔发现的，故称为丁铎尔效应。

当光线射入分散系统时可能发生两种情况：

① 若分散相的粒子大于入射波长，则主要发生光的反射或折射现象，粗分散系统属于这种情况。

② 若是分散相的粒子小于入射光的波长，则主要发生散射。此时光波绕过粒子而向各个方向散射出去（波长不发生变化），散射出来的光称为乳光或散射光。

可见光的波长一般为 400～700nm，真溶液和溶胶的分散相粒子直径都比可见光的波长小，所以都可以对光产生散射作用。

但是对于真溶液来说，由于溶质粒子太小，半径小于 1nm，又有较厚的溶剂化层，使分散相和分散介质的折射率变得差别不大，所以散射光相当微弱，很难观察到。对于溶胶，分散粒子的半径一般为 1～100nm，分散相和分散介质的折射率有较大的差别，因此有较强的光散射作用，产生丁铎尔效应。

3. 溶胶的电学性质

在外加直流电场或外力作用下，分散相与分散介质发生相对运动的现象，称为溶胶的电动现象。电动现象主要有电泳、电渗两种。

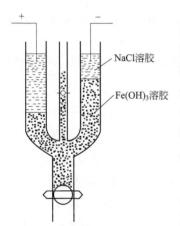

图 7-14 电泳装置示意图

（1）电泳 在电场作用下，固体的分散相粒子在液体介质中做定向移动，称为电泳。可以通过如下实验观察电泳现象。如图 7-14 所示，在 U 形管中先装入红褐色的 $Fe(OH)_3$ 溶胶，然后小心加入 NaCl 溶液，使二者有清晰的界面。然后把电极放入 NaCl 溶液中通电，一段时间后可以看到负极的红褐色液面上升，正极红褐色液面下降，可以观察到 $Fe(OH)_3$ 溶胶移动情况。通过电泳实验可以说明胶体粒子是带电荷的，上述实验表明 $Fe(OH)_3$ 溶胶粒子带正电荷。

溶胶粒子的电泳速率与粒子所带电荷量及外加电势梯度成正比，而与介质黏度及粒子大小成反比。溶胶粒子比离子大得多，但实验表明溶胶电泳速率与离子电迁移率数量级大体相当，由此可见溶胶粒子所带电荷的数量是相当大的。

电泳现象在生产和科研实验中有很多应用。例如，根据蛋白质分子、核酸分子电泳速率的不同来对它们进行分离，是生物化学中一项重要的实验技术。又如，利用电泳的方法使橡胶的乳状液凝结而浓缩；利用电泳使橡胶电镀在金属模具上，可得到易于硫化、弹性及拉力均好的产品，医用橡胶手套就是这样制成的。还可以利用电泳的方法对工件进行涂漆，将工件作为一个电极浸在水溶性涂料中并通以电流，带电胶粒便会沉积在工件表面，该工艺称为电泳涂漆。

（2）电渗 与电泳现象相反，使固体胶粒不动而液体介质在电场中发生定向移动的现象称为电渗。

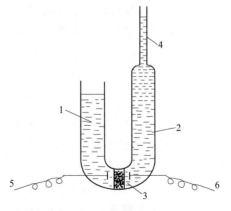

图 7-15 电渗装置示意图

电渗现象可以通过图 7-15 所示装置观察，图中 3 为多孔膜，1、2 中盛溶胶，胶体粒子被多孔膜吸附而固定。当在电极 5、6 上施以适当的外加电压时，从刻度毛细管 4 中弯月面可以直接观察到液体的移动。如果胶体粒子带正电，则液体带负电而向正极一侧移动；反之亦然。

电泳现象在工业上也有应用。例如，在电沉积法涂漆操作中，使漆膜内所含水分排到膜外以形成致密的漆膜、工业及工程中泥土或泥炭脱水、水的净化等，都可借助电渗法来实现。

4. 胶体粒子的带电性

（1）**胶体粒子带电的原因**　胶粒上电荷的来源可以看作胶粒表面吸附了很多相同符号的离子，也可以是胶粒表面上分子解离而引起的。

胶体分散系有巨大的比表面和表面能，所以胶体粒子有吸附其他物质以降低表面能的趋势。如果溶液中有少量的电解质，胶体粒子就会有选择地吸附某种离子而带电。吸附正离子时，胶体粒子带正电，形成正溶胶；吸附负离子时，胶体粒子带负电，形成负溶胶。胶体粒子究竟吸附哪一类离子，取决于胶体粒子的表面结构和被吸附离子的本性。在一般情况下，胶体粒子总是吸附那些与它组成相同或类似的离子。以 AgI 溶胶为例，当用 $Ag(NO)_3$ 和 KI 溶液制备 AgI 溶胶时，若 KI 过量，则 AgI 会优先吸附 I^-，因而带负电；若 $Ag(NO)_3$ 过量，AgI 粒子则优先吸附 Ag^+，因而带正电。

除了表面吸附之外，胶粒所带电荷也可以由表面的解离所引起。例如，常见的硅酸胶粒带电，就是由于其表面分子发生了解离：

$$H_2SiO_3 \longrightarrow SiO_3^{2-} + 2H^+$$

H^+ 进入溶液，因而使硅酸胶粒带负电。

（2）**胶体的结构**　由于吸附或电离，胶体粒子成为带电粒子，而整个溶胶是电中性的，因而分散介质必然带有等量的相反电荷的离子。与电极-溶液界面处相似，胶体分散相粒子周围也会形成双电层，其反电荷离子层也是由紧密层和扩散层两部分构成的。紧密层中反电荷离子被牢固地束缚在胶体粒子的周围，若处于电场之中，将随胶体粒子一起向某一电极移动；扩散层中反电荷离子虽受到胶体粒子静电引力的影响，但可脱离胶体粒子而移动，若处于电场中，则会与胶体粒子反向朝另一电极移动。

依据胶团粒子带电原因及其双电层知识，可以推断溶胶粒子的结构。如以 $Ag(NO)_3$ 和 KI 溶液混合制备 AgI 溶胶为例，如图 7-16 所示。固体粒子 AgI 称为胶核。若制备时 $Ag(NO)_3$ 过量，则胶核吸附 Ag^+ 而带正电，反电荷离子 NO_3^- 一部分进入紧密层，另一部分在分散层；若制备时 KI 过量，则胶核吸附 I^- 而带负电，反电荷离子 K^+ 一部分进入紧密层，另一部分在分散层。胶核、被吸附的离子以及在电场中能被带着一起移动的紧密层共同组成"胶粒"，而胶粒与分散层一起组成"胶团"，整个胶团保持电中性。胶团的结构也可以用结构式的形式表示。

m 为胶核中 AgI 的分子数，此值一般很大（约在 10^3 左右），n 为胶核所吸附的粒子数，n 的数值比 m 小得多，$(n-x)$ 是包含在紧密层中的反电荷离子的数目，x 为扩散层中反电荷离子数目。对于同一胶体中不同胶团，其 m、n、x 的数值是不同的。即胶团没有固定的直径、形状和质量。由于粒子溶剂化，因此胶粒和胶团也是溶剂化的。

三、溶胶的稳定与聚沉

胶体系统中粒子分散程度很高，具有很大的比表面积，比表面吉布斯函数高，胶粒有

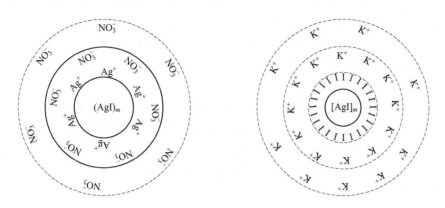

图 7-16　AgI 溶胶粒子结构示意图

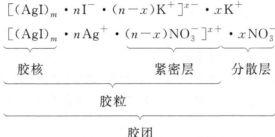

$$\underbrace{\underbrace{\left[(\text{AgI})_m \cdot n\text{I}^- \cdot (n-x)\text{K}^+\right]^{x-}}_{\text{胶核}} \cdot \underbrace{x\text{K}^+}_{}}$$

$$\left[(\text{AgI})_m \cdot n\text{Ag}^+ \cdot (n-x)\text{NO}_3^-\right]^{x+} \cdot x\text{NO}_3^-$$

胶核　　　　　　　紧密层　　分散层

胶粒

胶团

自动发生聚集变大而下沉的趋势，处于热力学不稳定状态。而胶体的稳定性和聚沉在实际应用中起着重要作用。例如：生产中若进行固液分离，形成溶胶是非常不利的，必须破坏溶胶使之聚沉；但制备涂料时往往又需要形成溶胶，使颜料能均匀地分散在溶液中。因此，我们要分析溶胶稳定存在的原因，以便选择合适的条件，维持或破坏溶胶的稳定。

1. 溶胶的稳定性

溶胶的稳定和聚沉的实质是胶粒间斥力和引力的相互转化。促使粒子相互聚结的是粒子间的相互吸引的能力，而阻碍其聚结的则是相互排斥的能力。溶胶在热力学上是不稳定的，然而经过净化后的溶胶，在一定条件下却能在相当长的时间内稳定存在。

使溶胶稳定存在的原因是：

① 胶粒的布朗运动在一定条件下能够克服因重力而引起的下沉作用，因此从动力学角度讲，溶胶具有动力学稳定性。

② 胶团粒子带有相同的电荷，相互排斥，不易聚结，这是使溶胶稳定存在的重要因素。

③ 物质与溶剂之间所引起的化合作用称为溶剂化。在胶团的双电层中的反电荷离子都是溶剂化的，在胶粒的外面有一层溶剂化膜，以此阻碍胶团粒子相互碰撞，促进了溶胶的稳定性。

总之：分散相粒子的布朗运动、带电、溶剂化作用是溶胶三个最主要的稳定因素。如果

上述稳定因素受到破坏，溶胶将会发生聚沉。

2. 溶胶的聚沉

影响溶胶稳定性的因素是多方面的，例如，电解质的作用、胶体系统的相互作用、溶胶的浓度、温度等。其中溶胶浓度和温度的增加均将使粒子的互相碰撞得更加频繁，从而降低其稳定性。在这些影响因素中，以电解质的作用研究得最多，本节中只扼要讨论电解质对于溶胶聚沉作用的影响、胶体系统间的相互作用及高分子化合物的聚沉作用。

（1）电解质对于胶体聚沉作用的影响　在制备溶胶时，少量电解质的存在能帮助胶团双电层的形成，电解质能起到稳定溶胶的作用。若在已制备好的溶胶中再加入电解质，溶胶将聚结而沉降，使一定量的胶体在一定时间内完全聚沉所需电解质的最小浓度称为电解质的聚沉值。电解质对溶胶聚沉作用的影响，通过许多实验结果归纳，得到如下一些规律：

① 电解质中起聚沉作用的主要是与胶粒带相反电荷的离子，称为反电荷离子或反离子。反离子的价数愈高，聚沉能力愈强。这一规则称为舒尔策-哈迪价数规则。一般来说，一价反离子的聚沉值为 $25\sim150\text{mmol/L}$，二价反离子的聚沉值为 $0.5\sim2\text{mmol/L}$，三价反离子的聚沉值为 $0.01\sim0.1\text{mmol/L}$，三类离子的聚沉值的比例大致符合 $1:(1/2)^6:(1/3)^6$，即聚沉值与反离子价数的六次方成反比。

② 与胶粒带有相同电荷的同离子对溶胶的聚沉也略有影响。当反离子相同时，同离子的价数越高，聚沉能力越弱。例如，对于亚铁氰化铜负溶胶，不同价数负离子所成钾盐的聚沉能力次序有

$$KNO_3 > K_2SO_4 > K_4[Fe(CN)_6]$$

③ 同价离子的聚沉能力虽然相近，但也略有不同。对于负溶胶，一价金属离子按聚沉能力可排成下列顺序：

$$Cs^+ > Rb^+ > K^+ > Na^+ > Li^+$$

对于正溶胶，一价负离子按聚沉能力可排成下列顺序：

$$F^- > Cl^- > Br^- > NO_3^- > I^- > CNS^- > OH^-$$

（2）溶胶的相互聚沉作用　将两种电性相反的溶胶混合，能发生相互聚沉的作用。与电解质的聚沉作用不同的是两种溶胶用量应恰好能使其所带的总电荷量相等时，才会完全聚沉，否则可能不完全聚沉，甚至不聚沉。

日常生活中用明矾净化饮用水就是正负溶胶相互聚沉的实际例子。天然水中含有许多负电性的污物胶粒，加入明矾 $[KAl(SO_4)_2 \cdot 12H_2O]$ 后，明矾在水中水解生成 $Al(OH)_3$ 正溶胶，两者相互聚沉使水得到净化。

（3）高分子化合物对溶胶的聚沉作用　明胶、蛋白质等大分子化合物具有亲水性质，在溶胶中加入一定量的高分子溶液，由于高分子化合物吸附在胶粒的表面上，提高了胶粒对水的亲和力，可以显著提高溶胶的稳定性。例如在工业上一些贵金属催化剂，如 Pt 溶胶、Cd 溶胶等，加入高分子溶液进行保护以后，可以烘干以便于运输，使用时加入溶剂，就可又复为溶胶。医药上的蛋白银滴眼液就是蛋白质保护的银溶胶。血液中所含难溶盐如碳酸钙、磷酸钙等就是靠蛋白质保护而存在的。

如果加入极少量的高分子化合物，可使溶胶迅速絮凝呈疏松的棉絮状，这类高分子化合物称为絮凝剂。长链的高分子化合物可以吸附许多个胶粒，以搭桥方式把它们拉到一起，导致絮凝。另外，离子性高分子化合物可以中和胶粒表面的电荷，使胶粒间斥力减小，也可能导致胶粒聚沉。絮凝剂广泛应用于各种工业部门的污水处理和净化、化工操作中的分离和沉淀、选矿以及土壤改良等。常用的絮凝剂是聚丙烯酰胺及其衍生物。

【例 7-2】 在 pH$<$7 的 Al(OH)$_3$ 溶胶中，试分析下列电解质对 Al (OH)$_3$ 溶胶的聚沉能力顺序。

(1) MgCl$_2$　　(2) NaCl　　(3) Na$_2$SO$_4$　　(4) K$_3$Fe (CN)$_6$

解：

由于溶胶 pH$<$7，故形成的 Al (OH)$_3$ 的胶粒带正电荷为正溶胶，能引起它聚成的反离子为负离子。反离子价数越高，聚沉能力越强。所以 K$_3$Fe (CN)$_6$ 的聚沉能力最大，其次是 Na$_2$SO$_4$，MgCl$_2$ 和 NaCl 反离子相同，由于和溶胶具有相同电荷的离子价数越高，电解质的聚沉能力越弱，故 NaCl 的聚沉能力大于 MgCl$_2$。综上所述，聚沉能力顺序为

$$K_3Fe(CN)_6 > Na_2SO_4 > NaCl > MgCl_2$$

本章小结

1. 界面现象：在物质相界面上因界面上分子的某些特性所发生的一些现象。

2. 表面张力：沿着液体的表面，垂直作用于单位长度上平行于液体表面的紧缩力，用符号"σ"表示，其单位是 N/m 或 J/m^2。$\sigma = F/2l$

表面功：在恒温、恒压和组成不变的条件下，增加系统表面积所必须对系统做的可逆非体积功。

比表面吉布斯函数：在恒温、恒压下，增加单位表面积所引起的系统的吉布斯能的增加，也用符号"σ"表示。$\Delta G = \sigma \Delta A$

3. 吸附现象：相界面上物质浓度自动发生变化的现象。

物理吸附：吸附剂与吸附质分子之间靠分子间力（即范德华力）产生的吸附。

化学吸附：吸附剂与吸附质分子之间靠化学键产生的吸附。

溶液表面层的吸附现象：溶质在表面层和溶液内部的浓度不同，从而引起溶液表面张力变化的现象。

4. 吸附量：$\Gamma = V/m$ 或 $\Gamma = n/m$

5. 表面活性剂：少量加入溶剂中就能使溶液的表面张力显著降低的物质。

表面活性剂的分类、性能及应用。

6. 分散系统：把一种或几种物质分散在另一种物质中所构成的系统。

分散相：分散系统中被分散的物质。

分散介质：分散相所存在的介质。

7. 分子分散系统：分散相粒子的半径小于 10^{-9} m，相当于单个分子或离子的大小，分散相与分散介质形成均相分散系统。

胶体分散系统：分散相粒子的半径在 10^{-9}～10^{-7} m 范围内，比普通的单个分子大得多，是众多分子或离子的集合体。胶体分散系统是高度分散的多相系统。

粗分散系统：分散相粒子的半径在 10^{-7}～10^{-5} m 范围，每个分散相粒子是由成千上万个分子或离子组成的集合体，粗分散系统是多相分散系统。

8. 布朗运动：悬浮在介质中的微粒永不停歇地做不规则运动的现象。

9. 丁铎尔效应，可以区别溶胶和真溶液。

10. 电泳：在外电场作用下，分散相粒子在分散介质中定向移动的现象。

电渗：使固体胶粒不动而液体介质在电场中发生定向移动的现象。

11. 胶团结构
- 胶核：由若干个分子形成的晶体微粒。
- 胶粒：胶核、被吸附的离子以及在外电场中能被带着一起移动的紧密层共同组成胶粒。
- 胶团：胶粒与扩散层一起组成胶团。

12. 溶胶的稳定性与聚沉：

溶胶的稳定存在的原因
- ① 胶粒的布朗运动
- ② 胶粒带电荷性
- ③ 溶剂化作用

胶体颗粒聚沉
- ① 电解质对于胶体聚沉作用
- ② 溶胶的相互聚沉作用
- ③ 高分子化合物对溶胶的聚沉作用

思考题

1. 比表面吉布斯函数、表面功、表面张力是否为同一个概念？有什么区别与联系？

2. 用一个二通活塞两端各连接一个肥皂泡，两肥皂泡的大小不同，问旋转活塞使两个气泡相连后，有何变化，为什么？

3. 若在容器内只是油与水在一起，虽然用力振荡，但静止后仍自动分层，这是为什么？

4. 自然界中为什么气泡、小液滴都呈球形？

5. 影响表面张力的因素有哪些？

6. 下面说法中，不正确的是_____。

（1）生成的新鲜液面都有表面张力

（2）平面液面没有附加压力

（3）弯曲液面的表面张力的方向指向曲率中心

（4）弯曲液面的附加压力指向曲率中心

7. 一个飘荡在空气中的肥皂泡上，所受的附加压力为多少？

8. 在水平放置的玻璃毛细管中分别加入少量的纯水和汞，毛细管中的液体两端的液面分别呈何种形状？如果分别在管外的右端处微微加热，管中的液体将向哪一方向移动？

9. 在进行蒸馏实验时要在蒸馏烧瓶中加些碎磁片或沸石以防止暴沸，其道理何在？

10. 在沉淀分离操作中，为了获得纯净且易于过滤的晶形沉淀，常将沉淀进行"陈化"处理，即让新生成的沉淀与母液一起放置一段时间，试解释原因。

11. 气固相反应 $CaCO_3(s) \rightleftharpoons CaO(s) + CO_2(g)$ 已达平衡。在其他条件不变的情况下，若把 $CaCO_3(s)$ 的颗粒变得极小，则平衡将_____。

（1）向左移动　　　　（2）向右移动　　　　（3）不移动

12. 高分散度固体表面吸附气体后，可使固体表面的吉布斯函数_____。

（1）降低　　　　　　（2）增加　　　　　　（3）不改变

13. 影响气固吸附的因素有哪些？

14. 为什么在精密仪器中，往往放硅胶吸附剂而不是活性炭？

15. 物理吸附与化学吸附有何区别？

16. 弗罗因德利希吸附方程式与朗缪尔吸附方程式各适用于何种压力范围？

17. 简单说明表面活性剂的分类情况。举例说明表面活性剂的几种重要作用。

18. 溶胶的基本特征是什么？

19. 溶胶粒子带电的主要原因是什么？有稳定剂存在时胶粒优先吸附哪种离子？什么是胶体表面的双电层结构？

20. ζ电势是双电层结构中哪两处的电势差？如何确定 ζ 电势的正负号？外加电解质如何影响 ζ 电势？

21. 溶胶是一个热力学不稳定系统，但为什么能在相当长的时间里稳定存在？

22. 破坏溶胶，使溶胶聚沉有哪几种方法？

23. 有一金溶胶，先加入明胶溶液再加入 NaCl 溶液，与先加入 NaCl 溶液再加入明胶溶液相比较，其结果有何不同？

24. 为什么在新生成的 $Fe(OH)_3$ 沉淀中加入少量的稀 $FeCl_3$ 溶液，沉淀会溶解？如再加入一定量的硫酸盐溶液，又会析出沉淀？

25. 试从胶体化学的观点解释，进行重量分析时为了使沉淀完全，通常要加入相当数量的电解质（非反应物）或将溶液适当加热？

26. 溶胶的稳定性与溶胶浓度的关系是____。

（1）浓度升高稳定性降低　　　　　　（2）浓度升高稳定性增加

（3）不能确定　　　　　　　　　　　（4）与浓度无关

27. 溶胶的稳定性与温度的关系是____。

（1）温度升高稳定性增加　　　　　　（2）温度升高稳定性降低

（3）不能确定　　　　　　　　　　　（4）与温度无关

28. 当在溶胶中加入大分子化合物时，____。

（1）一定使溶胶更加稳定　　　　　　（2）一定使溶胶更容易为电解质所聚沉

（3）对溶胶稳定性影响视其加入量而定　（4）对溶胶的稳定性没有影响

29. 在稀的砷酸溶液中，通入 H_2S 以制备硫化砷 As_2S_3 溶胶，该溶胶的稳定剂是 H_2S，则其胶团结构式是____。

（1）$[(As_2S_3)_m \cdot nH^+ \cdot (n-x)HS^-]^{x-} \cdot xHS^-$

（2）$[(As_2S_3)_m \cdot nHS^- \cdot (n-x)H^+]^{x-} \cdot xH^+$

（3）$[(As_2S_3)_m \cdot nH^+ \cdot (n-x)HS^-]^{x+} \cdot xHS^-$

（4）$[(As_2S_3)_m \cdot nHS^- \cdot (n-x)H^+]^{x+} \cdot xH^+$

30. 试解释：（1）江河入海处，为什么常形成三角洲？（2）加明矾为什么能使混浊的水澄清？（3）使用不同型号的墨水，为什么有时会使钢笔堵塞而写不出来？（4）重金属离子中毒的病人，为什么喝了牛奶可使症状减轻？请尽可能多地列举出日常生活中遇到的有关胶体的现象及其应用。

习题

1. 在 293.15K 及 101.325kPa 下，把半径为 1×10^{-3} m 的汞滴分散成半径为 1×10^{-9} m

的小汞滴，试求此过程系统的比表面吉布斯函数变为多少？已知 293.15K 汞的表面张力为 0.470N/m。

2. 已知水的表面张力 $\sigma = 0.1139 - 1.4 \times 10^{-4} T$ （N/m），式中 T 为热力学温度。试求在 283K 和 $p^{\ominus}$ 下，可逆地使水的表面积增加 1×10^{-4} m^2，需做功多少？

3. 293.15K 时，水的饱和蒸气压为 2.337kPa，密度为 998.3kg/m^3，表面张力为 72.75×10^{-3} N/m，试求半径为 10^{-9} m 的小水滴在 293.15K 时的饱和蒸气压为多少？

4. 将正丁醇蒸气骤冷至 0℃，发现其饱和度 $\left(\dfrac{p_r}{p^*}\right) = 4$ 时，方能自行凝结成液滴。求在此过饱和度下开始凝结的液滴的半径。已知在 0℃ 时，正丁醇的表面张力 $\sigma = 0.0261$N/m，体积质量 $\rho = 100$kg/m^3，摩尔质量 $M = 74$g/mol。

5. 已知 25℃ 时，间二硝基苯在水中的溶解度为 10^{-3} mol/L，其界面的比表面吉氏函数为 25.7×10^{-3} J/m^2；间二硝基苯的体积质量为 1575kg/m^3。试求直径为 10^{-8} m 的间二硝基苯晶体的溶解度。

6. 在 293.15K 时，用血炭从含苯甲酸的苯溶液中吸附苯甲酸，实验测得血炭吸附苯甲酸的物质的量 x/m 与苯甲酸的平衡浓度 c 的数据如下：

c/(mol/L)	0.00282	0.00617	0.0257	0.0501	0.121	0.282	0.742
(x/m)/(mol/kg)	0.269	0.355	0.631	0.776	1.21	1.55	2.19

试用图解法求方程式 $x/m = k(c/[c])^n$ 中的常数项 k 及 n 的数值。

7. 已知在 273.15K 时，活性炭吸附 $CHCl_3$ 符合朗缪尔吸附等温式，其饱和吸附量为 93.8dm^3/kg；当 $CHCl_3$ 的分压力为 13.375kPa 时，其平衡吸附量为 82.5dm^3/kg。求：

（1）朗缪尔吸附等温式中的 b 值；

（2）$CHCl_3$ 的分压为 6.6672kPa 时，平衡吸附量为多少？

8. 473.15K 时，氧气在某催化剂表面上吸附达平衡。在压力分别为 101.325kPa 及 1013.25kPa 时，每千克催化剂吸附氧气的量分别为 2.5×10^{-3} m^3 及 4.2×10^{-3} m^3（已换算为标准状况下的体积），假设该吸附作用服从朗缪尔公式，试计算当氧气的吸附量为饱和吸附量的一半时，氧气的平衡压力为多少？

9. 已知氮气在某硅酸的表面形成单分子层吸附，通过测定求得饱和吸附量 $\Gamma_{\infty} = 129$L (STP)/kg。若每个氮分子的截面积为 16.2×10^{-20} m^2，试计算 1kg 硅酸的表面积。

10. 已知在 298K 时，油酸钠水溶液的表面张力与其浓度呈线性关系：$\sigma = \sigma_0 - bc$，式中 σ_0 是纯水的表面张力，$\sigma_0 = 0.072$N/m；c 为油酸钠浓度；b 为常数。试求 $\Gamma = 4.33 \times 10^{-6}$ mol/m^2 时，此溶液的表面张力。

11. 由 $FeCl_3$ 水解制备 $Fe(OH)_3$ 溶胶，若稳定剂为 $FeCl_3$，写出胶团结构。

12. 等体积的 0.08 mol/dm^3 KI 溶液和 0.1 mol/dm^3 $AgNO_3$ 溶液混合生成 AgI 溶胶。（1）试写出胶团结构式；（2）指明胶粒的电泳方向；（3）比较 $MgSO_4$、Na_2SO_4 和 $CaCl_2$ 电解质对此 AgI 溶胶聚沉能力的大小。

13. 对 $Fe(OH)_3$ 正溶胶，在电解质 KCl、$MgCl_2$、K_2SO_4 中，聚沉能力最强的是哪一种？

14. 在 H_3AsO_3 的稀溶液中，通入略过量的 H_2S 气体，生成 As_2S_3 负溶胶。若用电解

质 $Al(NO_3)_3$、$MgSO_4$ 和 $K_3Fe(CN)_6$ 将溶胶聚沉，请排出聚沉值由大到小的顺序。

15. 下列电解质对某溶胶的聚沉值（mmol/L）分别为

$c(NaNO_3)=300mmol/L$ $c(Na_2SO_4)=390mmol/L$

$c(MgCl_2)=50mmol/L$ $c(AlCl_3)=1.5mmol/L$

此溶胶的电荷是正还是负？

16. 有一 $Al(OH)_3$ 溶胶，加入 KCl 其最终浓度为 80mmol/L 时恰能聚沉；若加入 K_2CrO_4，则浓度为 0.4mmol/L 时恰能聚沉。问 $Al(OH)_3$ 溶胶电荷是正还是负？为使该溶胶聚沉，约需 $CaCl_2$ 的浓度为多少？

17. 用如下反应制备 $BaSO_4$ 溶胶：

$$Ba(SCN)_2+K_2SO_4\longrightarrow BaSO_4（溶胶）+2KSCN$$

用略过量的反应物 $Ba(SCN)_2$ 作稳定剂，请写出胶核、胶粒和胶团的结构式，并指出胶粒所带的电性。

第八章

物理化学实验

第一节 导　　言

一、物理化学实验目的与要求

1. 实验目的

物理化学实验是在无机化学、分析化学、有机化学实验基础上一门独立的基础化学实验课程。开设物理化学实验课的主要目的是：

① 使学生掌握物理化学实验中常见的物理量（如温度、压力、电性质、光学性质等）的测量原理和方法，熟悉物理化学实验常用仪器和设备的操作与使用，从而能够根据所学原理与技能使用仪器，并且设计实验方案，为后继课程的学习及今后的工作打下必要的实验基础。

② 培养学生观察实验现象、正确记录和处理数据的能力，进行实验结果的分析和归纳的能力，作图的能力，书写规范、完整的实验报告的能力，以及团结、友爱协作的良好素养，并养成严肃认真、实事求是的科学态度和作风。

③ 学习物理常数测定的基本方法，学习小型仪器的使用，巩固和加深对物理化学的基本概念，基本原理的理解，增强学生解决化学问题的能力。

2. 实验要求

物理化学实验整个过程包括实验前预习、教师讲解、实验操作、数据测量、实验数据记录和书写报告等几个步骤，为达到上述的实验目的，对物理化学实验的基本要求如下：

（1）实验前充分预习　学生需仔细阅读实验内容，了解实验的目的、原理、操作步骤，明确实验所需要测量的物理量，了解一些特殊测量仪器的简单原理及操作方法，在预习中应特别注意影响实验成败的关键操作，在此基础上写出预习报告。预习报告应包括实验的简单原理和步骤、操作要点和记录数据的表格。

无预习报告者，不得进行实验。

（2）认真听讲　在动手进行实验前，指导教师应对实验进行讲解，对学生进行考查，使学生明确实验原理、步骤、注意事项以及仪器的使用。然后，让学生检查实验装置与试剂是否符合实验要求，合格后，方可进行实验。

（3）认真实验　实验过程中，要求规范操作，仔细观察现象，认真测量，准确、完整、整洁记录；要开动脑筋，善于发现和解决实验中出现的问题；实验时，要保持安静，仔细认真地完成每一步骤的操作。

实验完成后，将实验原始数据交给教师审查合格后，再关闭实验装置；如果数据不合格，必须补做或重做。最后，实验原始记录需经指导教师检查签字。

实验结束后，拔掉电源，将玻璃仪器洗净，将所有仪器恢复原状排列整齐，经教师检查后，方可离开实验室。最后由值日生值日。

（4）正确撰写实验报告　规范撰写实验报告，对学生加深理解实验内容、提高写作能力和培养严谨的科学态度具有十分重要的意义。实验报告的内容包括：实验目的、简明原理、实验步骤和操作关键、数据记录与处理和实验结果讨论。

实验数据要采用表格形式，作图必须用坐标纸，数据处理和作图应按误差分析有关规定进行。如应用计算机处理实验数据，则应附上计算机打印的记录。讨论内容包括：对实验过程特殊现象的分析和解释、实验结果的误差分析、实验的改进意见、实验应用及心得体会等。

二、实验室规则

① 实验时应遵守操作规则，遵守一切安全措施，保证实验安全进行。

② 遵守纪律，不迟到，不早退，保持室内安静、整洁。

③ 使用水、电、药品试剂等都应本着节约原则。

④ 未经老师允许不得乱动精密仪器，使用时要爱护，如发现仪器损坏，立即报告指导教师。

⑤ 随时注意室内整洁卫生，用过的纸张等废物只能丢入废物缸内，不能随地乱丢，更不能丢入水槽，以免堵塞。实验完毕将玻璃仪器洗净，把实验桌打扫干净，公用仪器、试剂药品整理好。

⑥ 实验时要集中注意力，认真操作，仔细观察，积极思考，如实记录实验数据，不得涂改和伪造，如有记错可在原数据上划一杠，再在旁边记下正确值。

⑦ 实验结束后，由同学轮流值日，负责打扫整理实验室，检查水、门窗是否关好，电闸是否拉掉，药品是否安全放置，以保证实验室的安全。

实验室规则是人们长期从事化学实验工作的总结，它是保持良好环境和工作秩序，防止意外事故，做好实验的重要前提。也是培养学生优良素质的重要措施。

三、安全用电

人体若通过 $50Hz25mA$ 以上的交流电时会发生呼吸困难，$100mA$ 以上则会致死。因此，安全用电非常重要，在实验室用电过程中必须严格遵守以下的操作规程。

1. 防止触电

① 严禁用潮湿的手接触电器。

② 所有电源的裸露部分都应有绝缘装置。

③ 应及时更换已损坏的接头、插座、插头或绝缘不良的电线。

④ 必须先接好线路再插上电源，实验结束时，必须先切断电源再拆线路。

⑤ 如遇人触电，应切断电源后再行处理。

2. 防止着火

① 保险丝型号与实验室允许的电流量必须相配。

② 负荷大的电器应接较粗的电线。

③ 生锈的仪器或接触不良处，应及时处理，以免产生电火花。

④ 如遇电线走火，切勿用水或导电的酸碱泡沫灭火器灭火。应立即切断电源，用二氧化碳灭火器灭火。

3. 防止短路

电路中各接点要牢固，电路元件二端接头不能直接接触，以免烧坏仪器或产生触电、着火等事故。

4. 指导教师检查

实验开始以前，应先由教师检查线路，经同意后，方可插上电源。

第二节   实验项目

实验一   凝固点的测定

一、实验目的

1. 掌握凝固点降低法测定物质的摩尔质量的原理与技术；

2. 进一步理解稀溶液的依数性——凝固点降低。

二、实验原理

在一定量的溶剂 A 中加入非电解质溶质 B 形成稀溶液，溶液的凝固点降低，其降低值 ΔT_f 与溶质 B 的质量摩尔浓度 b_B 成正比，即：

$$\Delta T_f = T_f^* - T_f = k_f b_B \tag{8-1}$$

式中，T_f^* 为纯溶剂的凝固点，T_f 为溶液的凝固点，k_f 为溶剂的凝固点下降常数。

因

$$b_B = \frac{m_B}{M_B m_A} \tag{8-2}$$

将式（8-2）代入式（8-1），得

$$M_B = k_f \frac{m_B}{\Delta T_f m_A} \tag{8-3}$$

式中，m_A、m_B 分别为溶剂 A 和溶质 B 的质量；M_B 为溶质 B 的摩尔质量。若已知 m_A、m_B 和 k_f，测得 ΔT_f，便可利用式(8-3)求得 M_B。

在相同的溶剂中加入相同种类的溶质，形成不同浓度的溶液，其凝固点不同；或者在相同的溶剂中分别加入电解质和非电解质，形成相同浓度的溶液，其凝固点也不相同，可应用于定性分析。

纯溶剂和溶液在冷却过程中，其温度随时间而变化的冷却曲线如图 8-1 所示。纯溶剂的冷却曲线如图 8-1（a）所示，图中的虚线下面部分表示发生了过

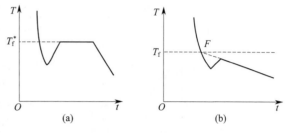

图 8-1　纯溶剂（a）和溶液（b）的冷却曲线

冷现象，即溶剂冷至凝固点以下仍无固相析出。这是由于开始结晶出的微小晶粒的饱和蒸气压大于同温度下普通晶体和液体的饱和蒸气压，所以往往产生过冷现象，即液体的温度要降到凝固点以下才析出固体相，由于析出固体放出凝固热，随后温度再上升到凝固点。

溶液的冷却情况与此不完全相同，当溶液冷却到凝固点时，开始析出固态纯溶剂。随着溶剂的析出，溶液的浓度相应增大，所以溶液的凝固点随着溶剂的析出而不断下降，当两者晶体共同析出时，温度回升，在冷却曲线上出现短暂的停留。因此，在测定浓度一定的溶液的凝固点时，析出的固体越少，测得的凝固点才越准确。同时过冷程度应尽量减小，一般可采用在开始结晶时，加入少量溶剂的微小晶体作为晶种的方法，以促使晶体生成，或者用加速搅拌的方法促使晶体成长。当有过冷情况发生时，溶液温度从最低点回升到凝固点。若过冷程度比较大，溶液的凝固点应从冷却曲线上待温度回升后外推而得，如图 8-1（b）所示。

三、仪器与药品

凝固点降低实验装置 1 套；　　　　　　　　分析纯的葡萄糖；
SWC-Ⅱ精密数字温度温差仪 1 台；　　　　　分析纯的尿素；
－20～20℃普通温度计 1 支；　　　　　　　分析纯氯化铵；
$500cm^3$ 烧杯 1 个；　　　　　　　　　　　分析纯乙醇；
分析天平 1 台；　　　　　　　　　　　　　碎冰；
$25cm^3$ 移液管 1 支；　　　　　　　　　　粗盐。

四、实验步骤

1. 安装实验装置

按图 8-2 将凝固点测定仪安装好。注意冷冻管、小搅拌棒和温差测量仪的探头都必须清洁、干燥。温差测量仪的探头、温度计与搅拌棒间应有一定空隙，防止搅拌时发生摩擦。

2. 调节冰水浴的温度

在冰浴槽中加入约 1/3 的自来水，然后加入适量碎冰，再加入粗盐，使冰水浴的温度为 $-3.5℃$ 左右。实验时，应经常搅拌冰水并间断地补充少量的碎冰，使冰水浴的温度基本保持不变。

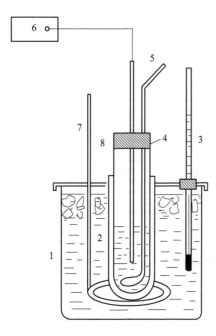

图 8-2　凝固点降低实验装置图

1—冰浴槽（最好用杜瓦瓶）；2—空气套管；
3—普通温度计；4—冷冻管；5—小
搅拌棒；6—精密温差测量仪；7—大搅拌

3. 纯溶剂水凝固点的测定

（1）定性分析　准确移取 25mL 蒸馏水，小心注入冷冻管中。

将盛有蒸馏水的冷冻管直接插入冰水浴中，上下移动小搅拌棒，使水逐步冷却。均匀搅拌（约每秒两次）。观察精密数字温差测量仪的读数，温度下降、回升直至温度稳定，此稳定的温度就是蒸馏水的凝固点，注意记录此凝固点。

取出冷冻管，用手温热，并不断搅拌，使管中的固体完全熔化。再将冷冻管直接插入冰水浴中，搅拌，观察精密数字温差测量仪的读数，温度下降、回升直至温度稳定，重复测定三次并记录，要求凝固点的绝对平均误差小于 $±0.03℃$。

（2）定量分析　若定量计算需要精确测定凝固点，用以上测定的凝固点作为近似凝固点。取出冷冻管，用手温热，并不断搅拌，使管中的固体完全熔化。再将冷冻管直接插入冰水浴中，缓慢搅拌，使水较快地冷却。当温度降至高于近似凝固点 0.5℃ 时，迅速取出冷冻管，擦干后插入空气套管中，继续搅拌（每秒两次），当固体析出时，温度开始上升，立即改为缓慢搅拌（每秒一次），注意观察精密温差测量仪的读数，下降、回升直至稳定，此稳定的温度为纯溶剂水的精确凝固点。重复测定三次并记录，要求纯溶剂水的凝固点的绝对平均误差小于 $±0.03℃$。

4. 溶液凝固点的测定

（1）定性分析　取出冷冻管，用手温热，并不断搅拌，使管中的冰完全熔化。

用分析天平称量二份约 0.2g 的尿素，先将一份尿素溶于 25mL 蒸馏水中，搅拌完全溶解，此时溶液浓度为 0.13kg/mol，用"步骤 3"中方法测定溶液的凝固点并记录，但溶液的凝固点是取过冷后温度回升所达到的最高温度。重复测定三次，要求其绝对平均误差小于 $±0.03℃$；再将另一份尿素继续倒入该溶液中，此时溶液的浓度为 0.26kg/mol，用上述同样的方法测定并记录溶液的凝固点。实验后倒掉残液，洗净冷冻管烘干备用。

再分别用分析天平称量两份约 0.18g 的氯化铵，按上述方法溶于 25mL 蒸馏水中，测其凝固点并记录，重复测定三次，倒掉残液，洗净冷冻管烘干备用；再取 0.5mL 乙醇滴入 25mL 蒸馏水中，测其凝固点并记录，重复测定三次。要求绝对平均误差小于 $±0.03℃$。

（2）定量分析　取出冷冻管，使管中的水熔化。用分析天平称量约 1.5g 的葡萄糖，放入冷冻管中搅拌，使葡萄糖全部溶解。用"步骤 3（2）定量分析"中方法测定溶液的凝固点，先测近似凝固点，再精确测定凝固点。重复测定三次，要求其绝对平均误差小于 $±0.03℃$。

五、数据记录和处理

凝固点测定实验报告

班级_____姓名_____学号_____日期_____
同组人_____

（一）定性分析

1. 实验数据记录

室温 $t=$ _____℃；水的体积 $V=25$mL，水的密度 $\rho=1$g/mL；乙醇的体积 $V=0.5$mL，乙醇的密度 $\rho=0.8$g/mL。

将实验数据填入下表。

物质		质量	溶液的质量摩尔浓度/(mol/kg)	凝固点/℃	
				近似值	平均值
溶剂	H_2O	25g			
溶质	$CO(NH_2)_2$	0.2g	0.13		
		0.4g	0.26		
	NH_4Cl	0.18g	0.13		
		0.36g	0.26		
	C_2H_5OH	0.4g(0.5mL)	0.35		

2. 由以上实验数据回答下列问题：

① 尿素是非电解质，尿素水溶液（即非电解质溶液）的凝固点_____纯水（即纯溶剂）的凝固点，且质量摩尔浓度越大，其凝固点_____。（选填：高于、低于、等于；越高、越低）

② 氯化铵是电解质，氯化铵水溶液（即电解质溶液）的凝固点_____纯水（即纯溶剂）的凝固点，且质量摩尔浓度越大，其凝固点_____。（选填：高于、低于、等于；越高、越低）

③ 乙醇是挥发性物质，乙醇水溶液的凝固点_____纯水（即纯溶剂）的凝固点。（选填：高于、低于、等于）

④ 以上三点说明：不论溶质是否挥发，是否是电解质，溶液的凝固点总是_____纯溶剂的凝固点，且溶液浓度越大，其凝固点_____。（选填：高于、低于、等于、越高、越低）

⑤ 在质量摩尔浓度相同的条件下，电解质溶液的凝固点_____非电解质溶液的凝固点。（选填：高于、低于、等于）

（二）定量分析

1. 水的密度，$\rho = 1\text{g/mL}$，然后算出所用水的质量 m_A。

2. 将实验数据填入下表中。已知水的 $k_f = 1.86\text{kg}\cdot\text{K/mol}$，由式（8-3）计算葡萄糖的摩尔质量 M_B。

室温 $t=$ ＿＿℃；水的体积 $V=$ ＿＿cm^3；水的密度 $\rho=$ ＿＿＿g/cm^3

| 物质 | 质量/g | 凝固点 T_f/℃ | | 凝固点降低值 ΔT_f/℃ | 摩尔质量 |
		测量值	平均值		
水					
葡萄糖					

六、思考题

1. 根据什么原则考虑加入溶质的量？多少影响如何？

2. 为什么要使用空气套管？

3. 溶剂的凝固点和溶液的凝固点的读取法有何不同？为什么？

4. 为什么测定纯溶剂的凝固点时，过冷程度大一些对测定结果影响不大，而测定溶液凝固点时却必须尽量减少过冷程度？

七、注意事项

1. 冰浴的温度不能过低，否则过冷程度太大，温度回升不上去，测得值偏低。

2. 准确称取溶质的质量。

3. 测定溶液凝固点时，析出的晶体越少越准确。

实验二　纯物质饱和蒸气压的测定

一、实验目的

1. 用平衡管测定乙醇在不同温度下的饱和蒸气压；

2. 学会作图并求算乙纯的平均摩尔汽化焓和正常沸点；

3. 理解纯物质饱和蒸气压与温度的关系。

二、实验原理

在一定温度下，液体纯物质与其气相达平衡时的压力，称为该温度下该纯物质的饱和蒸气压，简称蒸气压。若设蒸气为理想气体，实验温度范围内摩尔汽化焓 $\Delta_{vap}H_m$ 可视为常数，并略去液体的体积，纯物质的蒸气压 p 与温度 T 的关系可用克劳修斯-克拉佩龙方程来表示：

$$\ln p = -\frac{\Delta_{vap}H_m}{RT} + C \tag{8-4}$$

式中，R 为摩尔气体常数，C 为不定积分数。

　　实验测定不同温度下的蒸气压 p，以 $\ln p$ 对 $\dfrac{1}{T}$ 作图，得一直线，由此可求得直线的斜率 m 和截距 C。乙醇的平均摩尔汽化焓 $\Delta_{vap}H_m$ 为：

$$\Delta_{vap}H_m = -mR \tag{8-5}$$

　　由式（8-4）还可以求算乙醇的正常沸点。

　　本实验采用静态法直接测定乙醇在一定温度下的蒸气压，实验装置如图 8-3 所示，测定在平衡管中进行。

　　平衡管的构造如图 8-4 所示。它由液体储管 A、B 和 C 组成，管内装有被测液体。若在 A、C 管液面上方的空间内充满了该液体纯物质的饱和蒸气，而且当 B、C 两管的液面处于同一水平时，该液体纯物质的蒸气压 p（也就是作用于 C 管液面上的压力）正好与 B 管液面上的外压 $p_{外}$ 相等。所以，该液体纯物质的蒸气压可直接读。在上述测定中，必须保证在 A、C 管液面上方的封闭空间内完全是被测液体的蒸气。如果在这个封闭空间内同时有其他气体存在（例如在测定开始前就有空气存在），则压力计的示值将是被测液体的蒸气压与其他气体的分压之和。况且，液面上有其他气体存在对被测液体的蒸气压有微小的影响。所以，把 A、C 管液面上方封闭空间内的空气排除干净，是本实验的操作重点之一。

　　采用静态法测定蒸气压适用于蒸气压比较大的液体。

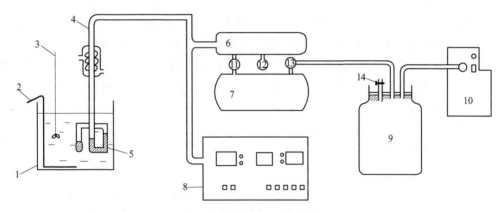

图 8-3　饱和蒸气压测定装置

1—恒温槽；2—电加热器；3—搅拌器；4—冷凝管；5—平衡管；6—小缓冲瓶；

7—大缓冲瓶；8—压力温度显示控制盘；9—缓冲瓶；10—真空泵；

11—抽气减压阀；12—进气加压阀；13—抽气阀；14—放空阀

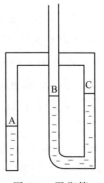

图 8-4　平衡管

三、仪器与药品

静态法测定蒸气压的装置 1 套；SHB-3 循环水多用真空泵 1 台；乙醇。

四、实验步骤

1. 读取当日室温与大气压。

2. 检查气密性

打开 11 抽气减压阀、13 抽气阀，关闭 12 加压进气阀（顺时针旋转关闭，逆时针旋转开启）。启动真空泵抽真空至压力为 −100kPa 左右（注意在此过程中沸腾速度不能过快），关闭 13 抽气阀及真空泵。观察压力显示窗口，若显示数值无上升，说明整体气密性良好。如果数值继续变化，则表示系统漏气，必须查出原因予以排除。

3. 打开电源开关，校正压差计

打开电源开关，预热 15min。打开 12 加压进气阀，使缓冲瓶与外界大气相通（此时压差计显示压差约为 ±0.1kPa），按"采零"键，使压差计显示为零。

4. 将恒温槽调到 25℃

打开电源开关，按"工作/置数"键至"置数灯"亮。依次按"×10""×1""×0.1"键，设置"设定温度"的十位、个位及小数位的数字，每按动一次，数码显示由 0～9 依次递增，直至调整到所需"设定温度"的数值。设置完毕，再按"工作/置数"键，转换到工作状态，"工作指示灯"亮，进入自动升温控温状态。恒温槽的温度达到 25℃ 后，恒温 5min。打开冷却水。

5. 测定 25℃ 时乙醇的饱和蒸气压

（1）抽净平衡管中的空气

① 打开真空泵开关，关闭 14 放空活塞阀，打开 13 抽气阀，关闭 12 进气加压阀。

② 打开 11 抽气减压阀（可看到压差计上显示的压差逐渐变大），抽气减压至 5 平衡管内的乙醇剧烈沸腾（此时压差计上显示 −95kPa 左右）时，应立刻关 13 抽气阀，调小 11 抽气减压阀，减小抽气速度，使平衡管中的乙醇平稳沸腾 3min，就可认为平衡管中的空气已被排除干净。

（2）调平平衡管液面读数　关闭 11 抽气减压阀，缓缓打开 12 进气加压阀，使压力计上显示的压差大约每 3s 降低 0.01kPa。进气加压至平衡管中 B 管液面和 C 管液面基本处于同一水平时，立即关闭 12 进气加压阀，记下压差值 Δp 和大气压力值 p。

重复步骤（1）中①和②，再测一次。两次测得压差值绝对平均误差应小于 0.01kPa。

（3）用上述方法测定 6 个不同温度时乙醇的饱和蒸气压，要求每个温度间隔 2℃。

测定过程中如不慎使空气倒灌入平衡管，则需重新沸腾抽气 3min 后才能继续测定。如升温过程中，平衡管内液体发生暴沸，可缓缓打开 12 进气加压阀，进入少量空气，防止平衡管内液体大量挥发而影响实验进行。

6. 实验结束，打开 14 放空阀，待真空泵上压差表指针几乎回到零时，关真空泵；慢慢打开 12 进气加压阀和 11 抽气减压阀，使压差显示值为零，关闭电源开关。关闭冷却水。

五、数据记录和处理

饱和蒸气压测定实验报告

班级____ 姓名____ 学号____日期____
同组人____

1. 数据记录

室温：_____；大气压力（实验前）：_____ 大气压力（实验后）：_____ ；
大气压力（平均值）：_____。

$t/℃$	大气压 p/kPa	压差计显示值 $\Delta p/kPa$	液体饱和蒸气压 p^*/kPa	T/K	$\dfrac{1}{T}\times10^3$	$\ln p$

上表中，p^* 为乙醇的饱和蒸气压，它是大气压力 p 与压差计显示值 Δp 的代数和，即

$$p^* = p + \Delta p \tag{8-6}$$

2. 数据处理

(1) 根据实验数据，以液体饱和蒸气压 p^*/kPa 对温度 t 作图。

(2) 以 $\ln p$ 对 $\dfrac{1}{T}$ 作图，求算直线的斜率 m、乙纯的摩尔汽化焓 $\Delta_{vap}H_m$ 以及正常沸点 T。

(3) 通过实验、实验数据及作图，可知：

① 温度升高，液体饱和蒸气压_____ 。（选填：增大、减少）

② 液体饱和蒸气压 p^* 与温度 T 的关系服从下列那个公式？

a. 拉乌尔定律 $p_A = p_A^* x_A$

b. 理想气体状态方程 $pV = nRT$

c. 克劳修斯－克拉佩龙方程 $\ln p^* = -\dfrac{\Delta_l^g H_m}{RT} + C$

③ 液体沸腾时的温度，称为_____（选填：熔点、沸点）；在沸腾时，液体的饱和蒸气压一定_____外压（选填：大于、等于、小于）。

六、注意事项

1. 平衡管中 A、C 管液面上方的空气必须排除。
2. 抽气的速度要适中，避免平衡管内液体沸腾过于剧烈，致使 B 管内待测液被抽尽。

七、思考题

1. 为什么在测定前必须把平衡管储管内的空气排除干净？如果在操作过程中发生空气倒灌，应如何处理？
2. 升温过程中如液体急剧汽化，应如何处理？

八、应用

蒸气压是液体纯物质的一个基本属性，蒸气压及其随温度的变化率的测定，可用于物质沸点、熔点、溶解度、汽化熔的讨论。

本实验使用了真空技术，包括真空的产生、真空的测量、真空的控制以及真空系统的检漏等。真空技术及超高真空技术被广泛地应用于生产和科研工作中。

实验三   两组分体系气液平衡相图的测绘

一、实验目的

1. 掌握用沸点仪测沸点的方法；
2. 绘制乙醇-丙醇体系的沸点-组成图；
3. 理解气液平衡，确定乙醇、丙醇的沸点；
4. 掌握阿贝折光仪的使用方法。

二、实验原理

常温下，两液体物质按任意比例互溶而形成的混合物，称为完全互溶双液系。对于纯液体，外压一定时，其沸点是一定的，而对于双液系，外压一定时，其沸点还与组成有关，并且在沸点时，平衡的气、液两相组成不同。在一定外压下，表示沸点与平衡时气、液两相组成之间的关系曲线，称为沸点–组成图，即 T-$x(y)$ 图。如果在定压下将液态混合物蒸馏，测定馏出物（气相）和蒸馏液（液相）的折射率，然后在折射率-组成图上查得相应的组成，就可得到平衡时气液两相的组成，并绘制出沸点-组成图。

完全互溶的双液系的沸点–组成图可分为三种情况：

① 沸点介于两纯组分沸点之间，见图 8-5（a），如乙醇–丙醇系统。

② 存在最高恒沸点，相应组成为最高恒沸组成，见图 8-5(b)，如丙酮–氯仿系统。

③ 存在最低恒沸点，相应组成为最低恒沸组成，见图 8-5(c)，如水–乙醇和苯–乙醇系统等属于此类。

本实验采用的乙醇（A）–丙醇（B）体系，其沸点–组成图属于沸点介于两纯组分之间的理想液态混合物类型。在 101.3kPa 下，丙醇的沸点为 96℃，乙醇的沸点为 78.37℃。

用沸点仪测定沸点。

平衡时，气、液两相组成的分析，可使用阿贝折光仪测定，因为折射率与浓度有关。利用附表中"乙醇-丙醇溶液折射率–组成对照表"即可查出对应于样品折射率的组成。

三、仪器和药品

阿贝折光仪（图 8-6）1 台；

沸点仪 1 套（图 8-7）；	调压器 1 台；
超级恒温槽 1 台；	长颈吸管 2 根；
小试管若干；	丙醇（A.R.）；
吸耳球 1 个；	无水乙醇（A.R.）；
试管架。	

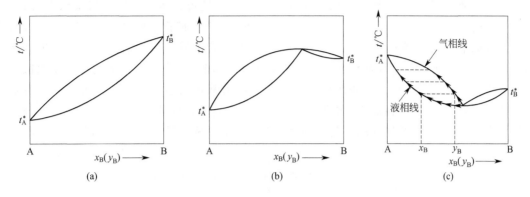

图 8-5　完全互溶双液系的沸点-组成图

四、实验步骤

1. 读取当日大气压力。

2. 开启恒温槽，调节恒温槽温度到 25℃，供阿贝折光仪使用。

3. 接通冷凝水。量取 25mL 纯丙醇，由图 8-7 中 3 支管加入蒸馏瓶中，并使传感器和加热丝浸入液体内。打开电源开关，调节调压器上的"加热电源调节"旋钮（电压为 12V 即可），将液体加热至缓慢沸腾，当温度稳定时记录纯丙醇的沸点。

4. 通过 3 支管往上述液体中继续加 2mL 乙醇于沸点仪中，加热至沸腾，因最初在冷凝管下端 2 小槽内的液体不能代表平衡时气相的组成，为加速达到平衡，当 2 小槽中接满液体时，须连同支架一起倾斜蒸馏瓶，使 2 小槽中气相冷凝液倾回蒸馏瓶内，以便气液充分混合，倾倒回流三次（注意：加热时间不宜太长，以免物质挥发），温度基本不变时，2 小槽中接满液体，记录沸点，关闭调压器停止加热，等待 3min，待温度降至室温时，分别用干燥的胶头滴管取出气相、液相样品，在阿贝折光仪上测其折射率。

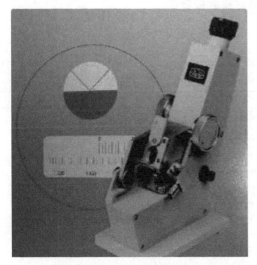

图 8-6　阿贝折光仪外形图

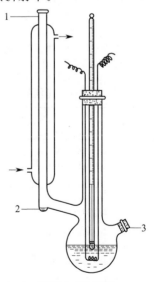

图 8-7　沸点仪

1—冷凝管；2—小槽

（气相）；3—支管

5. 测定折射率，首先加样，松开锁钮，开启辅助棱镜，两块棱镜用镜头纸轻轻揩干。滴加气相或液相样品于镜面上（滴管切勿触及镜面），合上棱镜，旋紧锁钮。调节目镜的焦距，使目镜中十字线清晰明亮。调节消色旋钮，至目镜中彩色光带消失，呈半明半暗状态（上明下暗），使明暗界面恰好落在十字线的交叉处，如图 8-8 所示。若此时呈现微色散，继续调节消色散旋钮，直到色散现象消失为止。这时可从读数望远镜中的标尺上读出折射率 n_D。为减少误差，每个样品需重复调节三次并且记录，三次读数的误差应不超过 0.002，再取其平均值。（注：在测量样品之前先测定纯乙醇的折射率用于相图的矫正误差。）

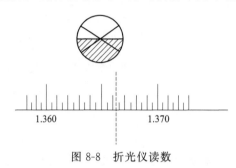

图 8-8　折光仪读数

6. 继续依次往沸点仪内加入 3mL、5mL、9mL 乙醇，同上述 4、5 方法取样并且测定溶液的沸点和平衡时气相和液相的折射率。

7. 废液倒入回收瓶中。烘干蒸馏瓶，由支管 3 加入 25mL 纯乙醇，按上述 3 的方法测纯乙醇沸点。

8. 再依次加入 4mL、5mL、6mL、7mL 丙醇，按上述 4、5 方法测其沸点和平衡时气相、液相的折射率。

9. 实验结束后，关闭仪器和冷凝水，将溶液倒入回收瓶中。

五、数据记录和处理

折射率测定实验报告

班级____ 姓名____ 学号____ 日期____

同组人____

室温：_____；大气压：_____；纯乙醇沸点_____；纯丙醇沸点_____

样品编号			沸点 T_b/℃	气相折射率		液相折射率	
				读数	平均值	读数	平均值
1		加入 2mL 乙醇					
2		再加入 3mL 乙醇					
3	25mL 丙醇	再加入 5mL 乙醇					
4		再加入 9mL 乙醇					

续表

样品编号			沸点 $T_b/℃$	气相折射率		液相折射率	
				读数	平均值	读数	平均值
5	25mL 乙醇	再加入 7mL 丙醇					
6		再加入 6mL 丙醇					
7		再加入 5mL 丙醇					
8		加入 4mL 丙醇					

然后根据气、液相的折射率平均值，在附表中查出相应的气、液组成（乙醇的摩尔分数），列于下表。

样品编号	溶液沸点 $T_b/℃$	气相组成 y（乙醇）	液相组成 x（乙醇）
1			
2			
3			
4			
5			
6			
7			
8			

绘制丙醇-乙醇系统在 101325Pa 下的 T-x 图。（请在坐标纸上绘制。）

六、注意事项

1．使用沸点仪时，电阻丝不能露出液面，一定要被液体所浸没，否则通电加热会引起有机液体的燃烧。

2．实验过程中，必须在冷凝管中通入冷却水，以使气相全部冷凝。

3．一定要使系统达到气、液平衡，即温度读数稳定后记录数据。

4．停止加热后，冷却 3min 后才可取样分析，否则温度太高，易挥发组分容易挥发，造成折射率测量的误差较大。

5．取样前，胶头滴管都要用吸耳球吹干。取样及分析样品时动作要迅速，以防止由于蒸发而改变成分。每份样品需读数 3 次，取其平均值。

6．阿贝折光仪使用时，棱镜上不能触及硬物（如滴管），加样之前先用镜头纸吸干，后用吸耳球吹，保证棱镜干燥。拭擦棱镜需用擦镜纸。

七、思考题

1. 测沸点时，蒸馏瓶是否需要洗净、烘干？为什么？

2. 实验结束后，绘制丙醇（A）-乙醇（B）的沸点-组成图。试根据本实验结果，分析产生实验误差的原因。

3. 如何判断气、液两相是否达到平衡？

4. 在常压下，用精馏的方法能否实现丙醇和乙醇的完全分离？

实验三附表

25℃时乙醇-丙醇溶液折射率-组成对照表

折射率有效数字前四位 \ 折射率小数点后第四位	0	1	2	3	4	5	6	7	8	9
1.360	—	1	0.997	0.993	0.99	0.986	0.983	0.98	0.976	0.973
1.361	0.969	0.966	0.963	0.959	0.956	0.952	0.949	0.945	0.942	0.938
1.362	0.935	0.932	0.928	0.925	0.921	0.918	0.914	0.911	0.907	0.904
1.363	0.9	0.897	0.893	0.889	0.886	0.882	0.879	0.875	0.872	0.868
1.364	0.865	0.861	0.857	0.854	0.85	0.847	0.843	0.84	0.836	0.832
1.365	0.829	0.825	0.821	0.818	0.814	0.811	0.807	0.803	0.8	0.796
1.366	0.792	0.789	0.785	0.781	0.777	0.774	0.77	0.766	0.763	0.759
1.367	0.755	0.751	0.748	0.744	0.74	0.736	0.733	0.729	0.725	0.721
1.368	0.717	0.714	0.71	0.706	0.702	0.698	0.695	0.691	0.687	0.683
1.369	0.679	0.675	0.671	0.668	0.664	0.66	0.656	0.652	0.648	0.644
1.370	0.64	0.636	0.632	0.628	0.624	0.62	0.616	0.612	0.608	0.604
1.371	0.6	0.596	0.592	0.588	0.584	0.58	0.576	0.572	0.568	0.564
1.372	0.56	0.556	0.552	0.548	0.544	0.54	0.535	0.531	0.527	0.523
1.373	0.519	0.515	0.51	0.506	0.502	0.498	0.494	0.489	0.485	0.481
1.374	0.477	0.472	0.468	0.464	0.46	0.455	0.451	0.447	0.442	0.438
1.375	0.434	0.429	0.425	0.421	0.416	0.412	0.408	0.403	0.399	0.394
1.376	0.39	0.385	0.381	0.377	0.372	0.368	0.363	0.359	0.354	0.35
1.377	0.345	0.34	0.336	0.331	0.327	0.322	0.317	0.313	0.308	0.304
1.378	0.299	0.294	0.29	0.285	0.28	0.276	0.271	0.266	0.261	0.257
1.379	0.252	0.247	0.242	0.237	0.233	0.228	0.223	0.218	0.213	0.208
1.380	0.203	0.198	0.193	0.189	0.184	0.179	0.174	0.169	0.164	0.159
1.381	0.153	0.148	0.143	0.138	0.133	0.128	0.123	0.118	0.113	0.107
1.382	0.102	0.097	0.092	0.086	0.081	0.076	0.071	0.065	0.06	0.055
1.383	0.049	0.044	0.038	0.033	0.027	0.022	0.017	0.011	0.005	0

注：表中数值为乙醇摩尔分数。

30℃时乙醇-丙醇溶液折射率-组成对照表

折射率有效数字前四位 ＼ 折射率小数点后第四位	0	1	2	3	4	5	6	7	8	9
1.357	—	—	—	—	—	—	—	—	1	0.997
1.358	0.993	0.99	0.986	0.983	0.98	0.976	0.973	0.969	0.966	0.963
1.359	0.959	0.956	0.952	0.949	0.945	0.942	0.938	0.935	0.932	0.928
1.360	0.925	0.921	0.918	0.914	0.911	0.907	0.904	0.9	0.897	0.893
1.361	0.889	0.886	0.882	0.879	0.875	0.872	0.868	0.865	0.861	0.857
1.362	0.854	0.85	0.847	0.843	0.839	0.836	0.832	0.829	0.825	0.821
1.363	0.818	0.814	0.81	0.807	0.803	0.799	0.796	0.792	0.788	0.785
1.364	0.781	0.777	0.773	0.77	0.766	0.762	0.759	0.755	0.751	0.747
1.365	0.743	0.74	0.736	0.732	0.728	0.725	0.721	0.717	0.713	0.709
1.366	0.705	0.702	0.698	0.694	0.69	0.686	0.682	0.678	0.675	0.671
1.367	0.667	0.663	0.659	0.655	0.651	0.647	0.643	0.639	0.635	0.631
1.368	0.627	0.623	0.619	0.615	0.611	0.607	0.603	0.599	0.595	0.591
1.369	0.587	0.583	0.579	0.575	0.571	0.567	0.563	0.559	0.554	0.55
1.370	0.546	0.542	0.538	0.534	0.53	0.525	0.521	0.517	0.513	0.509
1.371	0.504	0.5	0.496	0.492	0.487	0.483	0.479	0.475	0.47	0.466
1.372	0.462	0.457	0.453	0.449	0.444	0.44	0.436	0.431	0.427	0.422
1.373	0.418	0.414	0.409	0.405	0.4	0.396	0.391	0.387	0.382	0.378
1.374	0.373	0.369	0.364	0.36	0.355	0.35	0.346	0.341	0.337	0.332
1.375	0.327	0.323	0.318	0.313	0.309	0.304	0.299	0.295	0.29	0.285
1.376	0.28	0.276	0.271	0.266	0.261	0.256	0.251	0.247	0.242	0.237
1.377	0.232	0.227	0.222	0.217	0.212	0.207	0.202	0.197	0.192	0.187
1.378	0.182	0.177	0.172	0.167	0.162	0.157	0.152	0.146	0.141	0.136
1.379	0.131	0.126	0.12	0.115	0.11	0.104	0.099	0.094	0.088	0.083
1.380	0.078	0.072	0.067	0.061	0.056	0.051	0.045	0.039	0.034	0.028
1.381	0.023	0.017	0.012	0.006	0					

注：表中数值为乙醇摩尔分数。

实验四　蔗糖水解反应速率常数的测定

一、实验目的

1. 测定蔗糖在酸中水解的速率常数并确定其半衰期。
2. 了解旋光仪的基本原理，学会正确使用旋光仪。
3. 进一步理解温度对反应速率的影响。

二、实验原理

蔗糖水溶液在有氢离子存在时发生水解反应：

$$C_{12}H_{22}O_{11}+H_2O \longrightarrow C_6H_{12}O_6+C_6H_{12}O_6$$

蔗糖　　　　　　　　　　葡萄糖　　果糖

$[\alpha]_D^{20}$　　$+66.6°$　　$+52.5°$　　$-91.9°$

蔗糖水解反应为一级反应，其速率方程可写成：

$$\ln \frac{c_{A0}}{c_A}=kt \tag{8-7}$$

$$\ln c_A = -kt + \ln c_{A0} \tag{8-8}$$

式中 c_{A0} 为蔗糖的初浓度，c_A 为反应进行到 t 时刻蔗糖的浓度，$\ln c_A$-t 呈线性关系，其直线斜率为 $-k$。

蔗糖、葡萄糖、果糖都是旋光性物质，这里的 α 表示在 20℃ 时用钠光作光源测得的旋光度。正值表示右旋，负值表示左旋。由于蔗糖的水解是能进行到底的，又由于生成物中果糖的左旋程度远远大于葡萄糖的右旋程度，所以生成物呈左旋光性。随着反应的不断进行，系统的旋光性逐渐由右旋变为左旋，旋光度由正值逐渐变为负值，直至左旋最大。设反应开始测得的旋光度为 α_0，经时间 t 后测得的旋光度为 α_t，反应进行到底后测得的旋光度为 α_∞。当测定是在同一台仪器、同一光源、同一长度的旋光管中进行时，则浓度的改变正比于旋光度的改变，且比例常数相同。

$$(c_{A0}-c_\infty) \propto (\alpha_0-\alpha_\infty)$$

$$(c_A-c_\infty) \propto (\alpha_t-\alpha_\infty)$$

又　　$c_\infty=0$

所以　　　　　　　　$c_{A0}/c_A=(\alpha_0-\alpha_\infty)/(\alpha_t-\alpha_\infty) \tag{8-9}$

将式（8-9）代入式（8-7）得

$$\ln(\alpha_t-\alpha_\infty)=-kt+\ln(\alpha_0-\alpha_\infty) \tag{8-10}$$

式中 $(\alpha_0-\alpha_\infty)$ 为常数。用 $\ln(\alpha_t-\alpha_\infty)$ 对 t 作图，所得直线斜率的负值即为速率常数 k。

三、仪器与药品

旋光仪一台（两只旋光管）；恒温槽两个；天平或台秤一台；50mL 烧杯若干；50mL 容量瓶一个；25mL 移液管两只；锥形瓶若干；玻璃搅拌棒一只；蔗糖（A. R）；3mol/L HCl 溶液。

四、实验步骤

1. 旋光仪零点的校正

接通电源，开启钠光灯，约 5min 后，调节目镜焦距，使三分视野清晰［图 8-9（a）］。蒸馏水为非旋光性物质，可用其校正仪器的零点（$\alpha=0$ 时仪器对应的刻度）。先洗净样品管，将管一端加上盖子，并在管内灌满蒸馏水，使液体形成一凸面，在样品管另一端加上盖子，此时管内不应有气泡存在，旋上套盖，使玻璃片紧贴于水面，勿使漏水。旋盖时用力不能太猛，旋盖不宜太紧。用滤纸将样品管外擦干，用镜头纸擦净玻璃片（此时若有小气泡可赶到样品管鼓肚处）。

　　转动检偏镜，从目镜观察到明暗相等的三分视野［图 8-9（b）、（c）］，继续转动检偏镜（来回转动）三分视野消失，整个视野呈暗黄色［图 8-9（d）］，此时观察检偏镜的旋角 α 是否为零，读数（图 8-10），外圈为主尺，里圈为游标，先读主尺的整数位，再读游标的小数位，如为零则无零位误差；不为零，说明有零位误差，记下检偏镜的旋光度 α。重复三次，取其平均值。此平均值即为零点，用来校正仪器的系统误差。

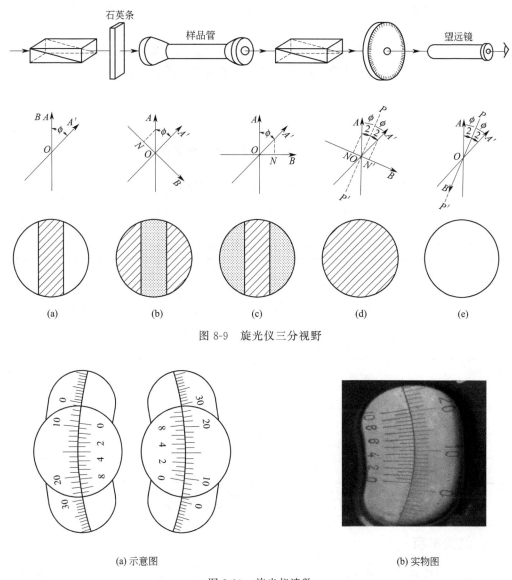

图 8-9　旋光仪三分视野

（a）示意图　　　　　　　　　　　　　　　　（b）实物图

图 8-10　旋光仪读数

　　2. 溶液的配制

　　用天平称取 10g 蔗糖倒入 50mL 的小烧杯中，加少量蒸馏水使其溶解，用玻璃棒引流转移到 50mL 容量瓶中，将小烧杯洗涤 3 次，将洗涤液依次转移到 50mL 容量瓶中，最后稀释至刻度，反复摇匀。如溶液不清需要过滤。

　　3. 旋光度的测定

　　用移液管量取上述配制好的蔗糖溶液 25mL 放入干燥的锥形瓶中，用移液管移取

25mL、3mol/L 的 HCl 溶液快速置入锥形瓶中，与蔗糖溶液混合，当盐酸加入一半时开始计时，以此标志反应的开始，震荡摇匀。用待测液荡洗旋光管 2～3 次后，立即装满两只旋光管，盖好旋盖并擦净，将一只旋光管置于 25℃恒温槽内，测量不同时刻的旋光度。将另一只旋光管置于 60℃恒温槽中，恒温 1h 以上。

从计时开始，（25℃恒温槽内的旋光管）间隔 5min 测四个数据。后间隔 10min 测三个数据，最后一个数据间隔 15min。

4. α_∞ 的测定

反应完毕后，取出 60℃恒温槽中的旋光管放至室温，放入旋光仪，测其旋光度 α_∞。

实验完毕后一定要洗净样品管并擦干，以免酸腐蚀样品管的金属旋盖。

五、数据记录及处理

蔗糖水解反应速率常数的测定实验报告

班级_____　姓名_____　学号_____　日期_____

同组人_____

1. 室温____；大气压_____；旋光仪零点校正值____；α_∞ _____

序号	t/min	α_t	$(\alpha_t - \alpha_\infty)$	$\ln(\alpha_t - \alpha_\infty)$
1				
2				
3				
4				
5				
6				
7				
8				

2. 以 $\ln(\alpha_t - \alpha_\infty)$ 对 t 作图，由直线斜率计算速率常数 k。

六、注意事项

1. 在进行反应终了液制备时，水浴温度不可过高，否则会发生副反应，使溶液颜色变黄。加热过程中应避免溶液蒸发，使糖的浓度改变，从而影响 α 的测定。

2. 仪器连续使用时间不宜过长，一般不超过 4h，如使用时间过长，中间应关闭电源开关 10～15min，待钠光灯冷却后再继续使用。

3. 观察者的个人习惯特点对零位调节及旋光度的读数均会有影响，每个学生都要作出自己的零位读数，不要用别人测量的数值，否则可能产生误差。

4. 样品管装填好溶液后，不应有气泡，不应漏液。

5. 样品管用后要及时将溶液倒出，用蒸馏水洗涤干净，揩干。所有镜片均不能用手直接擦拭，应用软绒布或擦镜纸擦拭。

七、思考题

1. 为什么蔗糖可用台式天平称量?

2. 混合蔗糖溶液和盐酸溶液时，应将盐酸溶液加到蔗糖溶液中却不可将蔗糖溶液加到盐酸溶液中去? 为什么?

3. 蔗糖水解速率与哪些因素有关? 速率常数与哪些因素有关?

4. 如在实验中，未进行旋光仪零点的校正，对实验结果有何影响? 为什么?

5. 分析本实验产生误差的主要原因，并提出减少误差的实验方案。

实验五　液相反应平衡常数的测定

一、实验目的

1. 利用分光光度计测定低浓度下铁离子与硫氰根离子生成硫氰合铁络离子的液相反应平衡常数。

2. 通过实验进一步明确热力学平衡常数的数值与反应物起始浓度无关。

3. 学会使用 722 型分光光度计。

二、实验原理

Fe^{3+} 与 SCN^- 在溶液中可生成一系列的配离子，并共存于同一平衡体系中。但当 Fe^{3+} 和 SCN^- 的浓度很低，且 $c(Fe^{3+}) \gg c(SCN^-)$ 时，反应主要生成 $Fe(SCN)^{2+}$:

$$Fe^{3+} + SCN^- \longrightarrow Fe(SCN)^{2+}$$

$$\text{黄色　　无色　　　　橙红色}$$

即反应被控制在仅仅生成最简单的 $Fe(SCN)^{2+}$ 配离子，其平衡常数表达式为

$$K_c = \frac{c[Fe(SCN)^{2+}]}{c(Fe^{2+})c(SCN^-)} \tag{8-11}$$

在此反应体系中，$Fe(SCN)^{2+}$ 配离子因吸收 475nm 波长的光而显橙红色；其他离子均无色，不吸收任何波长的光。所以，该反应体系的吸光度与 $Fe(SCN)^{2+}$ 配离子浓度的关系服从朗伯-比耳定律。用分光光度计测定该反应平衡体系的吸光度，即可计算出平衡时硫氰合铁配离子的浓度以及平衡时 Fe^{3+} 和 SCN^- 的浓度，进而求出该反应的平衡常数 K_c。若温度不变，改变铁离子（或硫氰酸根离子）浓度，溶液的颜色改变，平衡发生移动，但平衡常数 K_c 值保持不变。

三、仪器与药品

722 型分光光度计 1 台；50mL 烧杯 6 只；移液管（5mL、10mL、15mL）各三个；容量瓶（50mL、100mL、500mL）各一只；4×10^{-4}mol/L 的 NH_4SCN 溶液；0.1mol/L 的 $FeNH_4(SO_4)_2$ 溶液；0.04mol/L 的 $FeNH_4(SO_4)_2$ 溶液（此溶液可由 0.1mol/L 的 $FeNH_4(SO_4)_2$ 溶液取出 20mL，在 50mL 容量瓶中加蒸馏水稀释得到）。

四、实验步骤

1. 配制不同浓度的样品

取四个 50mL 的烧杯，洗净、烘干，编成 1、2、3、4 号，用 5mL 移液管向各烧杯中分别注入 $4×10^{-4}$ mol/L 的 NH_4SCN 溶液 5mL；

在 1 号烧杯中直接注入 0.1mol/L 的 $FeNH_4(SO_4)_2$ 溶液 5mL；

在 2 号烧杯中直接注入 0.04mol/L 的 $FeNH_4(SO_4)_2$ 溶液 5mL；

另取未编号的 50mL 烧杯一个，注入 0.04mol/L 的 $FeNH_4(SO_4)_2$ 溶液 10mL，加 15mL 蒸馏水稀释，取此溶液（即 Fe^{3+} 浓度为 0.016mol/L）5mL，注入 3 号烧杯中；

再取上述稀释液（即 Fe^{3+} 浓度为 0.016mol/L）10mL 加到另一个未编号的烧杯中，再加 15mL 蒸馏水稀释，取此溶液（即 Fe^{3+} 浓度为 $6.4×10^{-3}$ mol/L）5mL 加到 4 号烧杯中。

此时，1、2、3、4 号烧杯中，SCN^-、Fe^{3+} 的初始浓度达到下表所示数值（单位为 mol/L）。

烧杯号	1	2	3	4
SCN^- 浓度	$2×10^{-4}$	$2×10^{-4}$	$2×10^{-4}$	$2×10^{-4}$
Fe^{3+} 浓度	0.05	0.02	0.008	0.0032

2. 吸光度的测定。

722 型分光光度计见图 8-11。

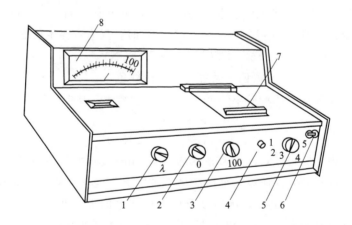

图8-11　722 型分光光度计

1—波长选择旋钮；2—调 0T 旋钮；3—调 100％T 旋钮；4—比色皿架拉杆；
5—灵敏度选择钮；6—电源开关；7—比色皿暗箱盖；8—显示电表

（1）测定方法　调整波长到 475nm 处；洗净比色皿，第一只盛蒸馏水作空白溶液，其余分别盛各样品溶液，测定各样品溶液的吸光度，各测定三次，取其平均值。（注意：比色皿必须用蒸馏水洗涤三次，然后再用所盛溶液洗涤三次。）

① 接通电源前，8 显示电表的指针应在 "0" 位，否则旋转校正螺丝加以调节。调节 1 波长选择旋钮，选定所需单色光波长。将 5 灵敏度选择钮拨到 "1" 挡。

5 灵敏度选择钮共有 5 挡，其中"1"挡灵敏度最低，依次逐渐提高。选择的原则是：当空白溶液置于光路能调节至 $T=100\%$ 的情况下，应尽量使用灵敏度较低的挡，以提高仪器的稳定性。在改变灵敏度挡后，应重新校正"0T"和"100％T"。

② 接通电源，打开 6 电源开关（指示灯亮），打开 7 比色皿暗箱盖，预热 10min。

③ 旋转 2 调 0T 旋钮使电表指针在 $T=0$（$A=\infty$）位置。

④ 将四个比色皿中一个装入空白溶液，其余三个装入待测溶液，依次放入比色皿架中。为了便于测定，盛放空白溶液的比色皿应放在比色皿架的第一个格内，并使空白溶液在光路中。

盖上比色皿暗箱盖，此时选定的单色光透过空白溶液照射到光电管上，旋转 3 调 100％T 旋钮，使电表指针在 $T=100\%$（$A=0$）位置。如电表指针达不到 $T=100\%$ 的位置，可适当增加灵敏度挡次。

按上述方法反复调节"0T"和"100％T"，直至稳定不变。

⑤将比色皿架拉杆轻轻地拉出一格，使第二个比色皿内的待测溶液进入光路，此时电表的读数即为该待测溶液的吸光度（或透光率），做好记录。然后依次测量第二、第三个待测溶液的吸光度（或透光率）并记录。

⑥测量完毕，关闭电源开关，拔下电源插头。取出比色皿，在暗箱中放入干燥剂袋，盖好暗箱盖。罩好仪器罩。

比色皿用蒸馏水洗净后，用镜头纸擦干，然后放回比色皿盒内。

（2）注意事项

①仪器连续使用时间不应超过 2h。如使用时间较长，则应中途间歇半小时后再继续使用。

②应轻轻地打开或关闭比色皿暗箱盖，防止损坏光闸门开关。

③不测量时应打开比色皿暗箱盖，让光路自动切断，避免光电管过度"疲劳"导致读数漂移。

④如果大幅度改变测定波长，在调 0T 和 100％T 后，需稍等片刻（钨丝灯在急剧改变亮度后需要一段热平衡时间），待指针稳定后重新调 0T 和 100％T。

⑤每台仪器所配套的比色皿不能与其他仪器的比色皿单个互换使用。取用比色皿时，应用手持比色皿毛玻璃面，不准直接用手触摸透光面。测量时，先用待测溶液冲洗比色皿 2～3 次，然后加入待测溶液（加入溶液量以三分之二比色皿高为宜）。要用镜头纸擦干比色皿外壁。

五、数据记录和处理

液相反应平衡常数的测定实验报告

班级_____ 姓名_____ 学号_____ 日期_____
同组人_____

室温____℃；大气压_____Pa；波长_____nm；比色皿厚度_____cm。
将所测得的数据填入下表，并计算平衡常数 K_c 值及其平均值：

序号	$c(Fe^{3+})_{始}$	$c(SCN^-)_{始}$	吸光度 A_i	吸光度比 $\dfrac{A_i}{A_1}$	$c[Fe(SCN)^{2+}]_{平}$	$c(Fe^{3+})_{平}$	$c(SCN^-)_{平}$	K_c

$\overline{K_c} =$

表中数据按下列方法计算：

1. 对 1 号溶液，Fe^{3+} 与 SCN^- 反应达到平衡时，可认为 SCN^- 全部生成硫氰合铁络离子，所以硫氰合铁络离子的平衡浓度即为反应开始时硫氰酸根离子的浓度，既有

$$c[Fe(SCN)^{2+}]_{平1} = c(SCN^-)_{始}$$

2. 对 2、3、4 号溶液，根据朗伯–比尔定律，溶液吸光度与溶液浓度成正比，以 1 号溶液的吸光度为基础，因此有

$$\frac{c[Fe(SCN)^{2+}]_{平i}}{c[Fe(SCN)^{2+}]_{平1}} = \frac{A_i}{A_1}$$

所以 $c[Fe(SCN)^{2+}]_{平i} = \dfrac{A_i}{A_1} \times c[Fe(SCN)^{2+}]_{平1} = \dfrac{A_i}{A_1} \times c(SCN^-)_{始}$

$$c(Fe^{3+})_{平i} = c(Fe^{3+})_{始i} - c[Fe(SCN)^{2+}]_{平i}$$

$$c(SCN^-)_{平i} = c(SCN^-)_{始i} - c[Fe(SCN)^{2+}]_{平i}$$

则

$$K_c = \frac{c[Fe(SCN)^{2+}]_{平}}{c(Fe^{2+})_{平} c(SCN^-)_{平}}$$

六、实验注意事项

1. 本实验必须严格控制 SCN^- 浓度为 $4 \times 10^{-4} mol/L$，以保证仅有 $Fe(SCN)^{2+}$ 络离子生成。这是做好本实验的关键。所以 NH_4SCN 溶液可以一组学生配 $500mL$，供多组学生使用，这样便于准确称量，否则 $c(SCN^-)$ 不准确，影响测量结果。

2. 实验中配制各号样品溶液要体积准确，混合均匀。

七、文献值

$Fe^{3+} + SCN^- \longrightarrow Fe(SCN)^{2+}$，　　$K_c(298.15K) = 140$　　，$\Delta_r H_m^{\ominus} = -6.276kJ/mol$

八、思考题

1. 在什么情况下，才可用分光光度计测定溶液浓度？
2. 实验中 $c[Fe(SCN)^{2+}]_{平}$ 是如何计算出来的？

实验六　电导法乙酸的电离常数的测定

一、实验目的

1. 用电导法测定乙酸的电离平衡常数。

2. 理解电导及电导率的基本概念。

3. 掌握 DDS—11A 型电导率仪的使用方法。

二、实验原理

乙酸是弱酸，在水中部分电离，达到电离平衡时，其电离平衡常数 $K_c^{\ominus}$ 与浓度 c 及电离度 α 有如下关系：

$$HAc \longrightarrow H^+ + Ac^-$$

反应前 c 0 0

平衡时 $c(1-\alpha)$ $c\alpha$ $c\alpha$

$$K_c^{\ominus} = \frac{\alpha^2}{1-\alpha} \cdot \frac{c}{c^{\ominus}} \tag{8-12}$$

式中，c 的单位为 mol/L，$c^{\ominus} = 1\text{mol/L}$。在一定温度下，$K_c^{\ominus}$ 是一个常数，与浓度无关。在稀溶液范围内，乙酸在浓度为 c 时的电离度 α 等于它的摩尔电导率 Λ_m 与其无限稀释摩尔电导率 $\Lambda_\text{m}^{\infty}$ 之比，即

$$\alpha = \frac{\Lambda_\text{m}}{\Lambda_\text{m}^{\infty}} \tag{8-13}$$

不同温度下乙酸溶液无限稀释摩尔电导率 $\Lambda_\text{m}^{\infty}$ 见"文献值1"。将式（8-13）代入式（8-12）得

$$K_c^{\ominus} = \frac{\Lambda_\text{m}^2}{\Lambda_\text{m}^{\infty}(\Lambda_\text{m}^{\infty} - \Lambda_\text{m})} \times \frac{c}{c^{\ominus}} \tag{8-14}$$

由上式可知，只要测得浓度为 c 的乙酸溶液的摩尔电导率 Λ_m，就可由上式计算出 $K_c^{\ominus}$。Λ_m 与溶液浓度 c 及电导率 κ 之间的关系为

$$\Lambda_\text{m} = \frac{\kappa}{c} \tag{8-15}$$

上式中的 c 的单位为 mol/m^3，κ 的单位为 S/m。本实验采用电导率仪测定浓度为 c 的乙酸溶液的电导率 κ，然后由上式求出 Λ_m，再代入式（8-13）求出 α，再利用式（8-14）求得 $K_c^{\ominus}$。

三、仪器与药品

恒温槽 1 套；100mL 容量瓶 2 个；DDS-11A 型电导率仪 1 台；100mL 锥形瓶 4 个；铂黑电导电极 1 支；小滴管 1 支；50mL 移液管 2 支；0.01000mol/L KCl 标准溶液；0.1000mol/L 乙酸溶液。

四、实验步骤

1. 调节恒温槽温度 25℃。

2. 电导率仪的使用方法。

（1）测量范围 $0\sim10^5$ μS/cm，分 12 个量程。

（2）配套电极   DJS-1 型光亮铂电极；DJS-1 型铂黑电极；DJS-10 型铂黑电极。量程范

围与配套电极列在表 8-1 中。

表 8-1　量程范围与配套电极

量程	电导率/(μS/cm)	测量频率	配套电极
1	$0\sim0.1$	低周	DJS-1 型光亮铂电极
2	$0\sim0.3$	低周	DJS-1 型光亮铂电极
3	$0\sim1$	低周	DJS-1 型光亮铂电极
4	$0\sim3$	低周	DJS-1 型光亮铂电极
5	$0\sim10$	低周	DJS-1 型光亮铂电极
6	$0\sim30$	低周	DJS-1 型铂黑电极
7	$0\sim100$	低周	DJS-1 型铂黑电极
8	$0\sim300$	低周	DJS-1 型铂黑电极
9	$0\sim1000$	高周	DJS-1 型铂黑电极
10	$0\sim3000$	高周	DJS-1 型铂黑电极
11	$0\sim10^4$	高周	DJS-1 型铂黑电极
12	$0\sim10^5$	高周	DJS-10 型铂黑电极

（3）使用方法　DDS-11A 型电导率仪的面板图如图 8-12 所示。

① 接通电源前，观察表头指针是否指零，若不指零，则应调节表头螺丝，使其指零。

② 将 4 校正测量开关拨到"校正"位置，将 5 量程选择开关拨到最大测量挡（$\times10^5$）。

③ 打开电源开关，预热几分钟，调节 9 校正调节器使表针满度指示。

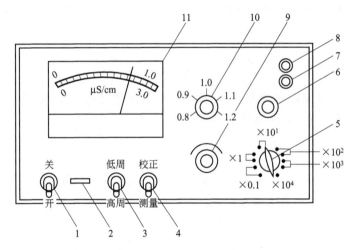

图 8-12　DDS-11A 型电导率仪的面板图

1—电源开关；2—指示灯；3—高低周开关；4—校正测量开关；
5—量程选择开关；6—电容补偿旋钮；7—电极插口；
8—10mV 输出插口；9—校正调节器；10—电极常数调节旋钮；11—表头

④ 根据待测液体电导率的大小选用不同电极。将电极插头插入 7 电极插口，旋紧插口上的紧固螺丝，再将电极浸入待测溶液中。

⑤ 根据所用电极的电极常数（电极上已表明），调节 10 电极常数调节旋钮到相应位置。例如，所用电极的电极常数为 0.93，则应将电极常数调节旋钮调到"0.93"处。

⑥ 量程选择。若已知待测液体电导率范围，将 5 量程选择开关拨到相应的测量挡位。

若预先不知道待测液体电导率范围，应先将 4 校正测量开关拨到"测量"位置，然后将 5 量程选择开关由最大测量挡（$\times10^5$），逐挡下拨，同时注意观察表针变化。当表针从左向右转动到表盘正中偏右位置即略大于待测电导率，则此时 5 量程选择开关所处的挡即为待测液体所需的测量挡。注意，将 5 量程选择开关逐挡下拨时，动作应缓慢，并密切注视表针变化，以防选择的测量挡偏小使表针打弯。

⑦ 测量频率选择。若待测液体的电导率小于 $300\mu S/cm$（即 5 量程选择开关在 1～8 挡）时，将 3 高低周开关拨到"低周"位置，即选用"低周"测量；若待测液体的电导率大于 $300\mu S/cm$（即 5 量程选择开关在 9～12 挡）时，将 3 高低周开关拨到"高周"位置。

⑧校正。将 4 校正测量开关拨到"校正"位置，调节 9 校正调节器使表针满度指示。

⑨测量。将 4 校正测量开关拨到"测量"位置，这时表针所指示的读数乘以 5 量程选择开关的倍率，即为待测液体的实际电导率。当 5 量程选择开关在黑点挡时，读表头上面的黑色刻度（0～1）；当 5 量程选择开关在红点挡时，读表头下面的红色刻度（0～3）。例如，量程开关在黑点挡（$\times 10^3$），表头指针在 0.4，则被测液体的电导率为 $0.4\times 1000\mu S/cm=400\mu S/cm$。

每次测量之前，都要校正。改变测量挡或测量频率后，要重新校正，然后测量。

注意：

① 每次测量之前，用待测溶液淋洗电极三次后，再将电极完全浸入待测溶液中进行测量。

② 因为电导率不仅与溶液组成有关，还与温度有关。所以测量电导率时，应保持待测系统温度的恒定。

③ 电极插头和引线不能潮湿，否则测不准。

④ 电极常数应定期进行复查和标定。

3. 电导电极常数的校正

① 用少量 0.01000mol/L 的 KCl 标准溶液洗涤锥形瓶和电导电极三次后，往该锥形瓶中加入 0.01000mol/L 的 KCl 标准溶液约 80mL，然后插入电导电极，并使电极铂片浸入液面下 2cm 左右，这就组成了电导池。将电导池置于 25℃的恒温槽中，恒温 8min。

② 25℃时，0.01000mol/L 的 KCl 标准溶液的电导率为 0.1413S/m。所以，将电导率仪的量程选择开关拨到"$\times 10^3$"红点挡；将高低周开关拨到"高周"位置；将校正测量开关拨到"校正"位置。接通电导率仪的电源，预热 5min。

③ 将电极常数调节旋钮调节到所用电极上标明的电极常数值处，调节校正调节器使表头指针满刻度指示。将校正测量开关拨到"测量"位置，测定 0.01000mol/L 的 KCl 标准溶液的电导率。若测得的电导率数值不等于 0.1413S/m，则说明所用电极上标出的电极常数不准确，需要执行下一步骤④，校正电极常数。

④ 将校正测量开关拨到"校正"位置，微调电极常数旋钮的位置，然后调节"校正"调节器使表头指针满度指示。将"校正"测量开关扳到"测量"位置，测溶液的电导率。若测得的电导率仍不等于 0.1413S/m，重复步骤④，直到测量值等于 0.1413S/m 为止。

电极常数旋钮的位置一旦确定，在以后测量过程中不得变动。

4. 测定乙酸溶液的电导率

① 用少量 0.1000mol/L 乙酸溶液洗涤锥形瓶和电导电极三次后，往该锥形瓶中加入 0.1000mol/L 乙酸溶液约 80mL，然后插入电导电极，并使电极铂片浸入液面下 2cm 左右。将电导池置于 25℃的恒温槽中，恒温 8min，测量其电导率，重复测定三次。

② 用移液管从电导池中移取 0.1000mol/L 乙酸溶液 50mL，放入 100mL 容量瓶中，加

蒸馏水稀释至刻度线，即得 0.0500mol/L 乙酸溶液。按上述方法测定该乙酸溶液的电导率。

③ 用同样方法用移液管从电导池中移取 0.0500mol/L 乙酸溶液 50mL，放入 100mL 容量瓶中，加蒸馏水稀释至刻度线即得 0.0250mol/L，然后测其电导率。

5. 实验结束后，关闭电源。拆下电极，用蒸馏水冲洗电极，然后将电极浸在蒸馏水中。将锥形瓶中溶液倒掉，洗净所用的玻璃仪器。

五、数据记录和处理

计算各浓度乙酸的摩尔电导率 A_m、电离度 α 和标准电离常数 $K_c^{\ominus}$，将原始数据和处理结果填入下表。

电导法乙酸的电离常数的测定实验报告

班级＿＿＿＿＿ 姓名＿＿＿＿ 学号＿＿＿＿＿＿ 日期＿＿＿＿＿
同组人＿＿＿＿＿＿＿＿＿＿＿＿＿＿＿＿＿

恒温槽温度 $t=$＿＿＿＿℃，恒温槽温度下 Λ_m^{∞}（HAc）＝＿＿＿＿ S·m²/mol。

$c/(mol/L)$	$\kappa/(S/m)$	$\Lambda_m/(S \cdot m^2/mol)$	α	$K_c^{\ominus}$
0.1000				
0.0500				
0.0250				

六、注意事项

1. 电极要轻拿轻放。冲洗电极时，切忌触碰铂黑，以免铂黑脱落，引起电极常数的改变。

2. 由 DDS-11A 型电导率仪测得电导率的单位是 $\mu S/cm$，所以在处理实验数据时必须将其换算到 SI 制 S/m。

七、思考题

为什么测定溶液的电导率是要在恒温槽中进行？

八、文献值

1. 不同温度下乙酸溶液的 Λ_m^{∞} 见下表。

$t/℃$	$\Lambda_m^{\infty} \times 10^2/$ $(S \cdot m^2/mol)$	$t/℃$	$\Lambda_m^{\infty} \times 10^2/$ $(S \cdot m^2/mol)$	$t/℃$	$\Lambda_m^{\infty} \times 10^2/$ $(S \cdot m^2/mol)$
0	2.603	23	3.784	28	4.079
18	3.486	24	3.841	29	4.125
20	3.615	25	3.908	30	4.182
21	3.669	26	3.960	50	5.32
22	3.738	27	4.009		

其他不同温度下乙酸的无限稀释摩尔电导率 Λ_m^{∞} 可由下列公式近似计算得出：

$$\Lambda_m^{\infty}(HAc) = \Lambda_m^{\infty}(H^+) + \Lambda_m^{\infty}(Ac^-)$$

$$\Lambda_m^{\infty}(H^+) = 350 \times 10^{-4} \times [1 + 0.0139(t-25)]$$

$$\Lambda_m^{\infty}(Ac^-) = 40.8 \times 10^{-4} \times [1 + 0.0238(t-25)]$$

2. 不同温度下乙酸的标准电离平衡常数如下。

$t/℃$	5	15	25	35	50
$K_c^{\ominus} \times 10^5$	1.698	1.746	1.754	1.73	1.63

习题答案

第一章

一、1. (b) 2. (b) 3. (c) 4. (d) 5. (b) 6. (b)

二、1. × 2. × 3. × 4. √ 5. × 6. × 7. √

三、1. 4.46kg/m³ 2. 1.294kg/m³ 3. 8.08×10³kg 4. 1.01×10⁵m³ 5. 54.45kg

6. $y(CO)=0.333$，$y(H_2)=0.667$ 7. $y(CO_2)=0.030$，$y(O_2)=0.010$，$y(C_2H_4)=0.330$，$y(H_2)=0.630$，$p(CO_2)=3.040kPa$，$p(O_2)=1.013kPa$，$p(C_2H_4)=33.437kPa$，$p(H_2)=63.835kPa$ 8. $p(C_2H_4)=2.23kPa$，$p(C_2H_3Cl)=99.07kPa$ 9. 5.13MPa，3.55MPa 10. $V=0.174m^3$，$Z<1$，易压缩 11. $\rho=132kg/m^3$ 12. $p=44019.51kPa$，相对误差8.61%；$p=40680kPa$，相对误差0.37%

第二章

一、选择题

1. (a) 2. (b) 3. (c) 4. (b) 5. (d) 6. (b)

二、判断题

1. × 2. √ 3. × 4. × 5. × 6. √ 7. √ 8. × 9. ×

三、计算题

1. (1) −9000J；(2) −8.314J；(3) 0

2. 160J，18kJ

3. $\Delta H=Q=-285.9kJ$；$W=3.718kJ$；$\Delta U=-282.18kJ$

4. $Qp=51100J$

5. (1) −2.33kJ；(2) −3.10kJ；(3) −4.30kJ

6. $Q=-11.50kJ$；$W=11.50kJ$；$\Delta U=\Delta H=0$

7. $\Delta H=Q=27kJ$；$W=-7.5kJ$；$\Delta U=19.5kJ$

8. $T_2=562K$；$p_2=937.3kPa$；$W=5.49kJ$

9. $n=5.042mol$

10. (1) $\Delta H=Q=40.64kJ$；$W=-3059J$；$\Delta U=37.58kJ$ (2) $\Delta H=Q=40.64kJ$；$W=-3101J$；$\Delta U=37.54kJ$

11. $\Delta H=Q=35.3kJ$

12. $\Delta H = Q = 108.412kJ$；$W = -6.202kJ$；$\Delta U = 102.21kJ$

13. (1) $\Delta_r H_m^{\ominus}$ (298.15K) $= -851.8$ kJ/mol

(2) $\Delta_r H_m^{\ominus}$ (298.15K) $= -1530.54$ kJ/mol

(3) $\Delta_r H_m^{\ominus}$ (298.15K) $= -178.2$ kJ/mol

14. $\Delta_r H_m^{\ominus}$ (298.15K) $= 81.41$ kJ/mol

15. (1) $\Delta_r H_m - \Delta_r U_m = -4.96$ kJ/mol　(2) $\Delta_r H_m - \Delta_r U_m = 0$

(3) $\Delta_r H_m - \Delta_r U_m = 2.48$ kJ/mol　(4) $\Delta_r H_m - \Delta_r U_m = 0$

16. (1) -286 kJ/mol　　(2) -764.2 kJ/mol　　(3) -90.2 kJ/mol

(4) -85.24 kJ/mol　　(5) -105.675 kJ/mol

17. (1) $Q_r = 3987J$，$\Delta S = 13.38J/K$；(2) $Q_r = 9910J$，$\Delta S = 13.38J/K$；

(3) $Q_r = 2940J$，$\Delta S = 13.38J/K$

18. (1) $\Delta S = 5.76J/K$；(2) $\Delta S = 5.76J/K$；(3) $\Delta S = 0J/K$；

(4) $\Delta S = 20.17J/K$

19. $\Delta S = 2.349J/K$

20. (1) $\Delta_r S_m^{\ominus}$ (298.15K) $= -163.16J/(K \cdot mol)$；

(2) $\Delta_r S_m^{\ominus}$ (298.15K) $= 19.82J/(K \cdot mol)$；

(3) $\Delta_r S_m^{\ominus}$ (298.15K) $= -161.9J/(K \cdot mol)$

21. $\Delta U = \Delta H = 0$；$\Delta S = 19.14$ J/K；$\Delta A = \Delta G = -5743J$

22. (1) $Q = 30.81$ kJ；$W = -2.94$ kJ；$\Delta U = 27.90$ kJ；$\Delta H = 30.81$ kJ；$\Delta S = 87.24$ J/K；$\Delta A = -2.937$ kJ；$\Delta G = 0$

(2) ΔU、ΔH、ΔS、ΔA 及 ΔG 同 (1)；$Q = 27.90$ kJ；$W = 0$

23. 173 kJ/mol

24. $\Delta_r H_m^{\ominus}$ (298.15K) $= -92.22$ kJ/mol；$\Delta_r S_m^{\ominus}$ (298.15K) $= -198.73J/(K \cdot mol)$；$\Delta_r G_m^{\ominus}$ (298.15K) $= -32.9$ kJ/mol

第三章

一、选择题

1. (d)　2. (d)　3. (b)　4. (c)　5. (a)　6. (d)

二、判断题

1. ×　2. ×　3. ×　4. √　5. √　6. √　7. √　8. √

三、计算题

1. (1) $Q_p = 0.1kJ/mol$，正向；(2) $Q_p = 100kJ/mol$，逆向；(3) $Q_p = 1.333kJ/mol$，逆向

2. (1) $Q_p = 0.1542$，不能生成 CH_4；(2) $p > 161.08kPa$

3. $K^{\ominus} = 2.409$

4. (1) 0.3673；(2) 0.2681

5. (1) $p = 77.736kPa$；(2) $p(H_2S) > 166.65kPa$

6. (1) $K^{\ominus} = 4$；(2) $n_c = 0.8453mol$；(3) $n_c = 1.0959mol$；(4) $n_c = 0.5426mol$

7. $K^{\ominus} = 2.643 \times 10^{12} > Q_p$，能生成 SO_3

8. (1) $\Delta_r H_m^{\ominus} = 174.752 \text{kJ/mol}$；(2) $K^{\ominus} = 5.903 \times 10^{-15}$；(3) $\Delta_r G_m^{\ominus} = 81.718 \text{kJ/mol}$

9. $K^{\ominus} = 0.4363$

10. (1) $\Delta_r H_m^{\ominus} = -41.178 \text{kJ/mol}$；(2) $K^{\ominus} = 24.176$

11. (1) 6.364×10^{-5}；(2) $\Delta_r H_m^{\ominus} = 104.669 \text{kJ/mol}$

12. (1) 0.7756；(2) 0.9684；(3) 0.9494

13. (1) 0.5；(2) 0.6667；(3) 0.3333；(4) **转化率同（1）**；(5) **转化率同（1）**

第四章

1. (1) 3.952g；(2) $V(Cl_2) = 1.551 \text{L}$

2. $t = 31807 \text{s} = 530.1 \text{min}$

3. $m = 103572 \text{g} = 103.572 \text{kg}$

4. (1) $\dfrac{l}{A} = 125.39/\text{m}$；(2) $\kappa(CaCl_2) = 0.1194 \text{S/m}$；

(3) $\Lambda_m(CaCl_2) = 0.02388 \text{S} \cdot \text{m}^2/\text{mol}$

5. $0.01209 \text{S} \cdot \text{m}^2/\text{mol}$

6. (1) 0.1232；(2) $K^{\ominus} = 1.7806 \times 10^{-5}$

7. $\kappa(H_2O) = 5.497 \times 10^{-6} \text{S/m}$

8. 2.74×10^{-3} (7.53×10^{-8})

9. $c(CaF_2) = 0.1893 \text{mol/m}^3 = 1.893 \times 10^{-4} \text{mol/L}$

10. 略

11. $E^{\ominus} = 0.9378 \text{V}$，$\Delta_r G_m^{\ominus} = -180.968 \text{kJ/mol}$，$K^{\ominus} = 5.057 \times 10^{31}$，$E = 0.9378 \text{V}$

12. $E^{\ominus} = 0.535 \text{V}$，$\Delta_r G_m^{\ominus} = -103.239 \text{kJ/mol}$，$K^{\ominus} = 1.221 \times 10^{18}$，正向自发

13. $E = 1.4459 \text{V}$，$\Delta_r G_m = -279.015 \text{kJ/mol}$，$K^{\ominus} = 7.603 \times 10^{43}$

14. $E = 1.17104 \text{V}$，$\Delta_r G_m = -225.976 \text{kJ/mol}$，$K^{\ominus} = 7.759 \times 10^{41}$

15. (1) (2) 略；(3) $e(H^+/H_2) = -0.11696 \text{V}$，$E(Cu^{+2}/Cu) = 0.31042 \text{V}$，$E = -0.42738 \text{V}$；(4) $\Delta_r G_m = 82.472 \text{kJ/mol}$；(5) 逆向自发

16. pH = 1.077

17. $E = 0.01586 \text{V}$

第五章

1. $T = 398.47 \text{K} = 125.32 ℃$

2. $p = 1241 \text{Pa}$

3. $\Delta_l^g H_m^{\ominus} = 30.782 \text{kJ/mol}$；$T_b = 349.53 \text{K} = 76.38 ℃$

4. (1) $T_b = 357.61 \text{K} = 84.46 ℃$；(2) $\Delta_l^g H_m^{\ominus} = 41.77 \text{kJ/mol}$；(3) 略

5. 151.99kPa

6. (1) 0.09091　(2) 1.667mol/kg；(3) 0.02913；(4) 1.534mol/L

7. $m(HCl) = 1.872 \text{g}$

8. $m(CO_2) = 4.831 \text{g}$

9. $m = 0.014 \text{g/kg}$

10. $y_{\text{乙醇}} = 0.2816$

11. $x_{\text{苯}} = 0.1423$

12. $p = 1.254 \times 10^5 \text{Pa}$

13. （1）$p = 98.54 \text{kPa}$，$y_{\text{苯}} = 0.2525$；（2）$p = 80.4 \text{kPa}$，$x''_{\text{苯}} = 0.6804$；

（3）$x'''_{\text{苯}} = 0.5387$，$y'''_{\text{苯}} = 0.3175$，$n(\text{g}) = 1.7114 \text{mol}$，$n(\text{l}) = 3.0266 \text{mol}$

14. $x_{\text{溴苯}} = 0.99$、$x_{\text{氯苯}} = 0.01$；$y_{\text{溴苯}} = 0.88$、$y_{\text{氯苯}} = 0.12$

15. （1）$M_\text{B} = 177.35$；（2）$C_{14}H_{10}$

16. $M_\text{B} = 164.506$

17. $m = 1.005 \text{kg}$

18. $p = 3.161 \text{kPa}$

19. $M_\text{B} = 61939$

20. （1）$p = 2.331 \text{kPa}$；（2）$\pi = 435.08 \text{kPa}$

21. （1）略；（2）$x_\text{B} = 0.19$，$y_\text{B} = 0.421$；（3）$n(\text{g}) = 2.381 \text{mol}$，$n(\text{l}) = 2.619 \text{mol}$；$n_\text{B}^\text{g} = 1.0024 \text{mol}$，$n_\text{A}^\text{g} = 1.379 \text{mol}$

22. （1）略；（2）泡点为 383.3K；（3）露点为 386K；（4）$x_\text{B} = 0.548$，$y_\text{B} = 0.42$

第六章

1. $v(\text{CO}) = 2.44 \times 10^3 \text{mol/(m}^3 \cdot \text{h)}$，$v(\text{H}_2) = 4.88 \times 10^3 \text{mol/(m}^3 \cdot \text{h)}$

2. $y = 0.1237$

3. $t_{\text{有效期}} = 40.91$ 月，$t_{1/2} = 79.51$ 月

4. $k = 0.0231/\text{min}$，$t_{1/2} = 30 \text{min}$，$c_\text{A0} = 0.04328 \text{mol/L}$

5. $k = 6.799 \times 10^{-5}/\text{s}$，$t_{1/2} = 10195 \text{s} = 169.917 \text{min}$

6. $t = 100 \text{s}$

7. $k = 2.778 \times 10^{-4} \text{L/(mol} \cdot \text{s)}$

8. $k = 0.08333 \text{L/(mol} \cdot \text{s)}$

9. $t = 263.3 \text{min}$

10. $k = 1.218 \times 10^{-4}/(\text{kPa} \cdot \text{s})$

11. $E_\text{a} = 104.063 \text{kJ/mol}$；$k_3 = 4.772 \times 10^{-4} \text{s}^{-1}$

12. $t = 14.992 \text{min} = 899.5 \text{s}$

13. $E_\text{a} = 91.096 \text{kJ/mol}$

14. （1）一级；（2）$E_\text{a} = 79.997 \text{kJ/mol}$，$A = 2.6489 \times 10^{10} \text{s}^{-1}$；（3）$T = 333.29 \text{K} = 60.14 \text{℃}$

15. $c_\text{B} = 0.0413 \text{mol/L}$

16. （1）$t_{\text{max}} = 6.932 \text{min}$；（2）$c_\text{A} = 0.5 \text{mol/L}$，$c_\text{B} = 0.25 \text{mol/L}$，$c_\text{D} = 0.25 \text{mol/L}$

17. A 的转化率 $= 0.4949$，$c_\text{B} = 4.824 \times 10^{-3} \text{mol/L}$，$c_\text{D} = 6.954 \times 10^{-3} \text{mol/L}$

第七章

1. $\Delta G = 5.906 \text{J}$

2. $\Delta G = 7.428 \times 10^{-6} J$

3. $p_r = 6.857 kPa$

4. $r = 1.2 \times 10^{-8} m$

5. $c(Cr) = 1.556 \times 10^{-3} mol/L$

6. $n = 0.382$，$k = 2.525 mol/kg \cdot [c]^{-0.382}$

7. (1) $b = 0.5459 \ (kPa)^{-1}$；(2) $\Gamma = 73.58 dm^3/kg$

8. $p = 82.81 kPa$

9. $A_s = 5.618 \times 10^5 m^2/kg$

10. $\sigma = 0.06127 N/m$

11. 略

12. （1）略

　　（2）胶粒带正电，向负极迁移

　　（3）聚沉能力顺序：$Na_2SO_4 > MgSO_4 > CaCl_2$

13. K_2SO_4 聚沉能力最强

14. 聚沉值由大到小的顺序：$K_3Fe(CN)_6$、$MgSO_4$、$Al(NO_3)_3$

15. 溶胶带负电

16. $CaCl_2$ 的浓度略大于 $40 mmol/L$

17. 胶粒带正电

附　录

附录一　某些气体的范德华参数

气　体		$10^3 \times a$ /(Pa·m⁶/mol²)	$10^6 \times b$ /(m³/mol)	气　体		$10^3 \times a$ /(Pa·m⁶/mol²)	$10^6 \times b$ /(m³/mol)
Ar	氩	136.3	32.19	C_2H_6	乙烷	556.2	63.80
H_2	氢	24.76	26.61	C_3H_8	丙烷	877.9	84.45
N_2	氮	140.8	39.13	C_2H_4	乙烯	453.0	57.14
O_2	氧	137.8	31.83	C_3H_6	丙烯	849.0	82.72
Cl_2	氯	657.9	56.22	C_2H_2	乙炔	444.8	51.36
H_2O	水	553.6	30.49	$CHCl_3$	氯仿	1537	102.2
NH_3	氨	422.5	37.07	CCl_4	四氯化碳	2066	138.3
HCl	氯化氢	371.6	40.81	CH_3OH	甲醇	964.9	67.02
H_2S	硫化氢	449.0	42.87	C_2H_5OH	乙醇	1218	84.07
CO	一氧化碳	150.5	39.85	$(C_2H_5)_2O$	乙醚	1761	134.4
CO_2	二氧化碳	364.0	42.67	$(CH_3)_2CO$	丙酮	1409	99.4
SO_2	二氧化硫	680.3	56.36	C_6H_6	苯	1824	115.4
CH_4	甲烷	228.3	42.78				

附录二　某些物质的临界参数

物　质		临界温度 T_c/K	临界压力 p_c/MPa	临界密度 ρ/(kg/m³)	临界压缩因子 Z_c
He	氦	5.26	0.227	69.8	0.301
Ar	氩	151.2	4.87	533	0.291
H_2	氢	33.3	1.297	31.0	0.305
N_2	氮	179.2	3.39	313	0.290
O_2	氧	154.4	5.043	436	0.288
F_2	氟	−128.84	5.215	574	0.288
Cl_2	氯	417.0	7.7	573	0.275
Br_2	溴	583.0	10.3	1260	0.270
H_2O	水	647.4	22.05	320	0.23
NH_3	氨	405.5	11.313	236	0.242
HCl	氯化氢	324.6	8.31	450	0.25

物 质		临界温度 T_c/K	临界压力 p_c/MPa	临界密度 ρ/(kg/m³)	临界压缩因子 Z_c
H_2S	硫化氢	273.6	8.94	346	0.284
CO	一氧化碳	133.0	3.499	301	0.295
CO_2	二氧化碳	304.2	7.375	468	0.275
SO_2	二氧化硫	430.7	7.884	525	0.268
CH_4	甲烷	190.7	4.596	163	0.286
C_2H_6	乙烷	305.4	4.872	204	0.283
C_3H_8	丙烷	369.9	4.254	214	0.285
C_2H_4	乙烯	283.1	5.039	215	0.281
C_3H_6	丙烯	365.1	4.62	233	0.275
C_2H_2	乙炔	309.5	6.139	231	0.271
$CHCl_3$	氯仿	536.6	5.329	491	0.201
CCl_4	四氯化碳	556.4	4.558	557	0.272
CH_3OH	甲醇	513.2	8.10	272	0.224
C_2H_5OH	乙醇	516.3	6.148	276	0.240
C_6H_6	苯	562.6	4.898	306	0.268
$C_6H_5CH_3$	甲苯	592.0	4.109	290	0.266

附录三　某些气体的摩尔定压热容与温度的关系

$$C_{p,m} = a + bT + cT^2$$

物 质		a/[J/(mol·K)]	$b \times 10^3$/[J/(mol·K²)]	$c \times 10^6$/[J/(mol·K³)]	温度范围/K
H_2	氢	26.88	4.347	−0.3265	273~3800
Cl_2	氯	31.696	10.144	−4.038	300~1500
Br_2	溴	35.241	4.075	−1.487	300~1500
O_2	氧	28.17	6.297	−0.7494	273~3800
N_2	氮	27.32	6.226	−0.9502	273~3800
HCl	氯化氢	28.17	1.810	1.547	300~1500
H_2O	水	29.16	14.49	−2.022	273~3800
CO	一氧化碳	26.537	7.6831	−1.172	300~1500
CO_2	二氧化碳	26.75	42.258	−14.25	300~1500
CH_4	甲烷	14.15	75.496	−17.99	298~1500
C_2H_6	乙烷	9.401	159.83	−46.229	298~1500
C_2H_4	乙烯	11.84	119.67	−36.51	298~1500
C_3H_6	丙烯	9.427	188.77	−57.488	298~1500
C_2H_2	乙炔	30.67	52.810	−16.27	298~1500
C_3H_4	丙炔	26.50	120.66	−39.57	298~1500
C_6H_6	苯	−1.71	324.77	−110.58	298~1500
$C_6H_5CH_3$	甲苯	2.41	391.17	−130.65	298~1500
CH_3OH	甲醇	18.40	101.56	−28.68	273~1000
C_2H_5OH	乙醇	29.25	166.28	−48.898	298~1500
$(C_2H_5)_2O$	乙醚	−103.9	1417	−248	300~400
HCHO	甲醛	18.82	58.379	−15.61	291~1500
CH_3CHO	乙醛	31.05	121.46	−36.58	298~1500

物　　质		$a/[J/(mol \cdot K)]$	$b \times 10^3/[J/(mol \cdot K^2)]$	$c \times 10^6/[J/(mol \cdot K^3)]$	温度范围/K
$(CH_3)_2CO$	丙酮	22.47	205.97	−63.521	298~1500
HCOOH	甲酸	30.7	89.20	−34.54	300~700
$CHCl_3$	氯仿	29.51	148.94	−90.734	273~773

附录四　某些物质的标准摩尔生成焓、标准摩尔生成吉布斯函数、标准摩尔熵及摩尔定压热容　(298.15K)

（标准压力 $p^{\ominus} = 100kPa$）

物　　质	$\Delta_f H_m^{\ominus}/(kJ/mol)$	$\Delta_f G_m^{\ominus}/(kJ/mol)$	$S_m^{\ominus}/[J/(mol \cdot K)]$	$C_{p,m}/[J/(mol \cdot K)]$
Ag(s)	0	0	42.55	25.351
AgCl(s)	−127.068	−109.789	96.2	50.79
$Ag_2O(s)$	−31.05	−11.20	121.3	65.86
Al(s)	0	0	28.33	24.35
Al_2O_3(α,刚玉)	−1675.7	−1582.3	50.92	79.04
$Br_2(l)$	0	0	152.231	75.689
$Br_2(g)$	30.907	3.110	245.463	36.02
HBr(g)	−36.40	−53.45	198.695	29.142
Ca(s)	0	0	41.42	25.31
$CaC_2(s)$	−59.8	−64.9	69.96	62.72
$CaCO_3$(方解石)	−1206.92	−1128.79	92.9	81.88
CaO(s)	−635.09	−604.03	39.75	42.80
$Ca(OH)_2(s)$	−986.09	−898.49	83.39	87.49
C(石墨)	0	0	5.740	8.527
C(金刚石)	1.895	2.900	2.377	6.113
CO(g)	−110.525	−137.168	197.674	29.142
$CO_2(g)$	−393.509	−394.359	213.74	37.11
$CS_2(l)$	89.70	65.27	151.34	75.7
$CS_2(g)$	117.36	67.12	237.84	45.40
$CCl_4(l)$	−135.44	−65.21	216.40	131.75
$CCl_4(g)$	−102.9	−60.59	309.85	83.30
HCN(l)	108.87	124.97	112.84	70.63
HCN(g)	135.1	124.7	201.78	35.86
$Cl_2(g)$	0	0	223.066	33.907
Cl(g)	121.679	105.680	165.198	21.840
HCl(g)	−92.307	−95.299	186.908	29.12
Cu(s)	0	0	33.150	24.435
CuO(s)	−157.3	−129.7	42.63	42.30
$Cu_2O(s)$	−168.6	−146.0	93.14	63.64
$F_2(g)$	0	0	202.78	31.30
HF(g)	−271.1	−273.2	173.779	29.133

物　　质	$\Delta_f H_m^\ominus/(\text{kJ/mol})$	$\Delta_f G_m^\ominus/(\text{kJ/mol})$	$S_m^\ominus/[\text{J/(mol·K)}]$	$C_{p,m}/[\text{J/(mol·K)}]$
Fe(s)	0	0	27.28	25.10
FeCl$_2$(s)	−341.79	−302.30	117.95	76.65
FeCl$_3$(s)	−399.49	−334.00	142.3	96.65
Fe$_2$O$_3$(赤铁矿)	−824.2	−742.2	87.40	103.85
Fe$_3$O$_4$(磁铁矿)	−1118.4	−1015.4	146.4	143.43
FeSO$_4$(s)	−928.4	−820.8	107.5	100.58
H$_2$(g)	0	0	130.684	28.824
H(g)	217.965	203.247	114.713	20.784
H$_2$O(l)	−285.830	−237.129	69.91	75.291
H$_2$O(g)	−241.818	−228.572	188.825	33.577
I$_2$(s)	0	0	116.135	54.438
I$_2$(g)	62.438	19.327	260.69	36.90
I(g)	106.838	70.250	180.791	20.786
HI(g)	26.48	1.70	206.594	29.158
Mg(s)	0	0	32.68	24.89
MgCl$_2$(s)	−641.32	−591.79	89.62	71.38
MgO(s)	−601.70	−569.43	26.94	37.15
Mg(OH)$_2$(s)	−924.54	−833.51	63.18	77.03
Na(s)	0	0	51.21	28.24
Na$_2$CO$_3$(s)	−1130.68	1044.44	134.98	112.30
NaHCO$_3$(s)	−950.81	−851.0	101.7	87.61
NaCl(s)	−411.153	−384.138	72.13	50.50
NaNO$_3$(s)	−467.85	−367.00	116.52	92.88
NaOH(s)	−425.609	−379.494	64.455	59.54
Na$_2$SO$_4$(s)	−1387.08	−1270.16	149.58	128.20
N$_2$(g)	0	0	191.61	29.125
NH$_3$(g)	−46.11	−16.45	192.45	35.06
NO(g)	90.25	86.55	210.761	29.844
NO$_2$(g)	33.18	51.31	240.06	37.20
N$_2$O(g)	82.05	104.20	219.85	38.45
N$_2$O$_3$(g)	83.72	139.46	312.28	65.61
N$_2$O$_4$(g)	9.16	97.89	304.29	77.28
N$_2$O$_5$(g)	11.3	115.1	355.7	84.5
HNO$_3$(l)	−174.10	−80.71	155.60	109.87
HNO$_3$(g)	−135.06	−74.72	266.38	53.35
NH$_4$NO$_3$(s)	−365.56	−183.87	151.08	139.3
O$_2$(g)	0	0	205.138	29.355
O(g)	249.170	231.731	161.055	21.912
O$_3$(g)	142.7	163.2	238.93	39.20
P(α-白磷)	0	0	41.09	23.840
P(红磷,三斜晶系)	−17.6	−12.1	22.80	21.21
P$_4$(g)	58.91	24.44	279.98	67.15
PCl$_3$(g)	−287.0	−267.8	311.78	71.84
PCl$_5$(g)	−374.9	−305.0	364.58	112.80
H$_3$PO$_4$(s)	−1279.0	−1119.1	110.50	106.06
S(正交晶系)	0	0	31.80	22.64
S(g)	278.805	238.250	167.821	23.673
S$_8$(g)	102.30	49.63	430.98	156.44

物　　质	$\Delta_f H_m^{\ominus}/(kJ/mol)$	$\Delta_f G_m^{\ominus}/(kJ/mol)$	$S_m^{\ominus}/[J/(mol \cdot K)]$	$C_{p,m}/[J/(mol \cdot K)]$
$H_2S(g)$	-20.63	-33.56	205.79	34.23
$SO_2(g)$	-296.830	-300.194	248.22	39.87
$SO_3(g)$	-395.72	-371.06	256.76	50.67
$H_2SO_4(l)$	-813.989	-690.003	156.904	138.91
$Si(s)$	0	0	18.83	20.00
$SiCl_4(l)$	-687.0	-619.84	239.7	145.31
$SiCl_4(g)$	-657.01	-616.98	330.73	90.25
$SiH_4(g)$	34.3	56.9	204.62	42.84
$SiO_2(\alpha\,石英)$	-910.94	-856.64	41.84	44.43
$SiO_2(s,无定形)$	-903.49	-850.70	46.9	44.4
$Zn(s)$	0	0	41.63	25.40
$ZnCO_3(s)$	-812.78	-731.52	82.4	79.71
$ZnCl_2(s)$	-415.05	-369.398	111.46	71.34
$ZnO(s)$	-348.28	-318.30	43.64	40.25
$CH_4(g)$ 甲烷	-74.81	-50.72	186.264	35.309
$C_2H_6(g)$ 乙烷	-84.68	-32.82	229.60	52.63
$C_2H_4(g)$ 乙烯	52.26	68.15	219.56	43.56
$C_2H_2(g)$ 乙炔	226.73	209.20	200.94	43.93
$CH_3OH(l)$ 甲醇	-238.66	-166.27	126.8	81.6
$CH_3OH(g)$ 甲醇	-200.66	-161.96	239.81	43.89
$C_2H_5OH(l)$ 乙醇	-277.69	-174.78	160.7	111.46
$C_2H_5OH(g)$ 乙醇	-235.10	-168.49	282.70	65.44
$(CH_2OH)_2(l)$ 乙二醇	-454.80	-323.08	166.9	149.8
$(CH_3)_2O(g)$ 甲醚	-184.05	-112.59	266.38	64.39
$HCHO(g)$ 甲醛	-108.57	-102.53	218.77	35.40
$CH_3CHO(g)$ 乙醛	-166.19	-128.86	250.3	57.3
$HCOOH(l)$ 甲酸	-424.72	-361.35	128.95	99.04
$CH_3COOH(l)$ 乙酸	-484.5	-389.9	159.8	124.3
$CH_3COOH(g)$ 乙酸	-432.25	-374.0	282.5	66.5
$(CH_2)_2O(l)$ 环氧乙烷	-77.82	-11.76	153.85	87.95
$(CH_2)_2O(g)$ 环氧乙烷	-52.63	-13.01	242.53	47.91
$CHCl_3(l)$ 氯仿	-134.47	-73.66	201.7	113.8
$CHCl_3(g)$ 氯仿	-103.14	-70.34	295.71	65.69
$C_2H_5Cl(l)$ 氯乙烷	-136.52	-59.31	190.79	104.35
$C_2H_5Cl(g)$ 氯乙烷	-112.17	-60.39	276.00	62.8
$C_2H_5Br(l)$ 溴乙烷	-92.01	-27.70	198.7	100.8
$C_2H_5Br(g)$ 溴乙烷	-64.52	-26.48	286.71	64.52
$CH_2CHCl(g)$ 氯乙烯	35.6	51.9	263.99	53.72
$CH_3COCl(l)$ 乙酰氯	-273.80	-207.99	200.8	117
$CH_3COCl(g)$ 乙酰氯	-243.51	-205.80	295.1	67.8
$CH_3NH_2(g)$ 甲胺	-22.97	32.16	243.41	53.1
$(NH_2)_2CO(s)$ 尿素	-333.51	-197.33	104.60	93.14

附录五　某些有机化合物的标准摩尔燃烧焓 (298.15K)

（标准压力 $p^{\ominus} = 100\text{kPa}$）

物　　质		$-\Delta_c H_m^{\ominus}/(\text{kJ/mol})$	物　　质		$-\Delta_c H_m^{\ominus}/(\text{kJ/mol})$
$CH_4(g)$	甲烷	890.31	$C_2H_5CHO(l)$	丙醛	1816.3
$C_2H_6(g)$	乙烷	1559.8	$(CH_3)_2CO(l)$	丙酮	1790.4
$C_3H_8(g)$	丙烷	2219.9	$CH_3COC_2H_5(l)$	甲乙酮	2444.2
$C_5H_{12}(l)$	正戊烷	3509.5	$HCOOH(l)$	甲酸	254.6
$C_5H_{12}(g)$	正戊烷	3536.1	$CH_3COOH(l)$	乙酸	874.54
$C_6H_{14}(l)$	正己烷	4163.1	$C_2H_5COOH(l)$	丙酸	1527.3
$C_2H_4(g)$	乙烯	1411.0	$C_3H_7COOH(l)$	正丁酸	2183.5
$C_2H_2(g)$	乙炔	1299.6	$CH_2(COOH)_2(s)$	丙二酸	861.15
$C_3H_6(g)$	环丙烷	2091.5	$(CH_2COOH)_2(s)$	丁二酸	1491.0
$C_4H_8(l)$	环丁烷	2720.5	$(CH_3CO)_2O(l)$	乙酸酐	1806.2
$C_5H_{10}(l)$	环戊烷	3290.9	$HCOOCH_3(l)$	甲酸甲酯	979.5
$C_6H_{12}(l)$	环己烷	3919.9	$C_6H_5OH(s)$	苯酚	3053.5
$C_6H_6(l)$	苯	3267.5	$C_6H_5CHO(l)$	苯甲醛	3527.9
$C_{10}H_8(s)$	萘	5153.9	$C_6H_5COCH_3(l)$	苯乙酮	4148.9
$CH_3OH(l)$	甲醇	726.51	$C_6H_5COOH(s)$	苯甲酸	3226.9
$C_2H_5OH(l)$	乙醇	1366.8	$C_6H_4(COOH)_2(s)$	邻苯二甲酸	3223.5
$C_3H_7OH(l)$	正丙醇	2019.8	$C_6H_5COOCH_3(l)$	苯甲酸甲酯	3957.6
$C_4H_9OH(l)$	正丁醇	2675.8	$C_{12}H_{22}O_{11}(s)$	蔗糖	5640.9
$CH_3OC_2H_5(g)$	甲乙醚	2107.4	$CH_3NH_2(l)$	甲胺	1060.6
$(C_2H_5)_2O(l)$	乙醚	2751.1	$C_2H_5NH_2(l)$	乙胺	1713.3
$HCHO(g)$	甲醛	570.78	$(NH_2)_2CO(s)$	尿素	631.66
$CH_3CHO(l)$	乙醛	1166.4	$C_5H_5N(l)$	吡啶	2782.4

附录六　一些电极的标准电极电势 (298.15K)

电　极	电　极　反　应	$E^{\ominus}/V$
第一类电极		
$Li^+ \mid Li$	$Li^+ + e^- \rightleftharpoons Li$	-3.045
$K^+ \mid K$	$K^+ + e^- \rightleftharpoons K$	-2.924
$Ba^{2+} \mid Ba$	$Ba^{2+} + 2e^- \rightleftharpoons Ba$	-2.90
$Ca^{2+} \mid Ca$	$Ca^{2+} + 2e^- \rightleftharpoons Ca$	-2.76
$Na^+ \mid Na$	$Na^+ + e^- \rightleftharpoons Na$	-2.7111

续表

电 极	电 极 反 应	$E^{\ominus}/V$
$Mg^{2+}\mid Mg$	$Mg^{2+}+2e^{-}\Longrightarrow Mg$	-2.375
$Mn^{2+}\mid Mn$	$Mn^{2+}+2e^{-}\Longrightarrow Mn$	-1.029
$OH^{-},H_2O\mid H_2(g)\mid Pt$	$2H_2O+2e^{-}\Longrightarrow H_2(g)+2OH^{-}$	-0.8277
$Zn^{2+}\mid Zn$	$Zn^{2+}+2e^{-}\Longrightarrow Zn$	-0.7630
$Cr^{3+}\mid Cr$	$Cr^{3+}+3e^{-}\Longrightarrow Cr$	-0.74
$Fe^{2+}\mid Fe$	$Fe^{2+}+2e^{-}\Longrightarrow Fe$	-0.439
$Cd^{2+}\mid Cd$	$Cd^{2+}+2e^{-}\Longrightarrow Cd$	-0.4028
$Co^{2+}\mid Co$	$Co^{2+}+2e^{-}\Longrightarrow Co$	-0.28
$Ni^{2+}\mid Ni$	$Ni^{2+}+2e^{-}\Longrightarrow Ni$	-0.23
$Sn^{2+}\mid Sn$	$Sn^{2+}+2e^{-}\Longrightarrow Sn$	-0.1366
$Pb^{2+}\mid Pb$	$Pb^{2+}+2e^{-}\Longrightarrow Pb$	-0.1265
$Fe^{3+}\mid Fe$	$Fe^{3+}+3e^{-}\Longrightarrow Fe$	-0.036
$H^{+}\mid H_2(g)\mid Pt$	$2H^{+}+2e^{-}\Longrightarrow H_2(g)$	-0.0000
$Cu^{2+}\mid Cu$	$Cu^{2+}+2e^{-}\Longrightarrow Cu$	$+0.3400$
$OH^{-},H_2O\mid O_2(g)\mid Pt$	$O_2(g)+2H_2O+4e^{-}\Longrightarrow 4OH^{-}$	$+0.401$
$Cu^{+}\mid Cu$	$Cu^{+}+e^{-}\Longrightarrow Cu$	$+0.522$
$I^{-}\mid I_2(s)\mid Pt$	$I_2(s)+2e^{-}\Longrightarrow 2I^{-}$	$+0.535$
$Hg_2^{2+}\mid Hg$	$Hg_2^{2+}+2e^{-}\Longrightarrow 2Hg$	$+0.7959$
$Ag^{+}\mid Ag$	$Ag^{+}+e^{-}\Longrightarrow Ag$	$+0.7994$
$Hg^{2+}\mid Hg$	$Hg^{2+}+2e^{-}\Longrightarrow Hg$	$+0.851$
$Br^{-}\mid Br_2(l)\mid Pt$	$Br_2(l)+2e^{-}\Longrightarrow 2Br^{-}$	$+1.065$
$H^{+},H_2O\mid O_2(g)Pt$	$O_2(g)+4H^{+}+4e^{-}\Longrightarrow 2H_2O$	$+1.229$
$Cl^{-}\mid Cl_2(g)\mid Pt$	$Cl_2+2e^{-}\Longrightarrow 2Cl^{-}$	$+1.3580$
$Au^{+}\mid Au$	$Au^{+}+e^{-}\Longrightarrow Au$	$+1.68$
$F^{-}\mid F_2(g)\mid Pt$	$F_2(g)+2e^{-}\Longrightarrow 2F^{-}$	$+2.87$
第 二 类 电 极		
$SO_4^{2-}\mid PbSO_4(s)\mid Pb$	$PbSO_4(s)+2e^{-}\Longrightarrow Pb+SO_4^{2-}$	-0.356
$I^{-}\mid AgI(s)\mid Ag$	$AgI(s)+e^{-}\Longrightarrow Ag+I^{-}$	-0.1521
$Br^{-}\mid AgBr(s)\mid Ag$	$AgBr(s)+e^{-}\Longrightarrow Ag+Br^{-}$	$+0.0711$
$Cl^{-}\mid AgCl(s)\mid Ag$	$AgCl(s)+e^{-}\Longrightarrow Ag+Cl^{-}$	$+0.2221$
$Cl^{-}\mid Hg_2Cl_2(s)\mid Hg$	$Hg_2Cl_2(s)+2e^{-}\Longrightarrow 2Hg+2Cl^{-}$	$+0.2672$
$SO_4^{2-}\mid Hg_2SO_4(s)\mid Hg$	$Hg_2SO_4(s)+2e^{-}\Longrightarrow 2Hg+SO_4^{2-}$	$+0.6154$
氧 化 还 原 电 极		
$Cr^{3+},Cr^{2+}\mid Pt$	$Cr^{3+}+e^{-}\Longrightarrow Cr^{2+}$	-0.41
$Sn^{4+},Sn^{2+}\mid Pt$	$Sn^{4+}+2e^{-}\Longrightarrow Sn^{2+}$	$+0.15$
$Cu^{2+},Cu^{+}\mid Pt$	$Cu^{2+}+e^{-}\Longrightarrow Cu^{+}$	$+0.158$
$MnO_4^{-},MnO_4^{2-}\mid Pt$	$MnO_4^{-}+e^{-}\Longrightarrow MnO_4^{2-}$	$+0.564$
$H^{+},醌,氢醌\mid Pt$	$C_6H_4O_2+2H^{+}+2e^{-}\Longrightarrow C_6H_4(OH)_2$	$+0.6993$
$Fe^{3+},Fe^{2+}\mid Pt$	$Fe^{3+}+e^{-}\Longrightarrow Fe^{2+}$	$+0.770$
$Tl^{3+},Tl^{+}\mid Pt$	$Tl^{3+}+2e^{-}\Longrightarrow Tl^{+}$	$+1.247$
$H^{+},MnO_4^{-},Mn^{2+},H_2O\mid Pt$	$MnO_4^{-}+8H^{+}+5e^{-}\Longrightarrow Mn^{2+}+4H_2O$	$+1.491$
$Ce^{4+},Ce^{3+}\mid Pt$	$Ce^{4+}+e^{-}\Longrightarrow Ce^{3+}$	$+1.61$
$Co^{3+},Co^{2+}\mid Pt$	$Co^{3+}+e^{-}\Longrightarrow Co^{2+}$	$+1.808$

附录七　元素的原子量

（以 $^{12}C＝12$ 原子量为标准）

序数	名称	符号	相对原子质量	序数	名称	符号	相对原子质量	序数	名称	符号	相对原子质量
1	氢	H	1.008	37	铷	Rb	85.47	73	钽	Ta	180.9
2	氦	He	4.003	38	锶	Sr	87.62	74	钨	W	183.9
3	锂	Li	6.941±2	39	钇	Y	88.91	75	铼	Re	186.2
4	铍	Be	9.012	40	锆	Zr	91.22	76	锇	Os	190.2
5	硼	B	10.81	41	铌	Nb	92.91	77	铱	Ir	192.2
6	碳	C	12.01	42	钼	Mo	95.94	78	铂	Pt	195.1
7	氮	N	14.01	43	锝	^{99}Te	98.91	79	金	Au	197.0
8	氧	O	16.00	44	钌	Ru	101.1	80	汞	Hg	200.6
9	氟	F	19.00	45	铑	Rh	102.9	81	铊	Tl	204.4
10	氖	Ne	20.18	46	钯	Pd	106.4	82	铅	Pb	207.2
11	钠	Na	22.99	47	银	Ag	107.9	83	铋	Bi	209.0
12	镁	Mg	24.31	48	镉	Cd	112.4	84	钋	^{210}Po	210.0
13	铝	Al	26.98	49	铟	In	114.8	85	砹	^{210}At	210.0
14	硅	Si	28.09	50	锡	Sn	118.7	86	氡	^{222}Rn	222.0
15	磷	P	30.97	51	锑	Sb	121.8	87	钫	^{223}Fr	223.0
16	硫	S	32.07	52	碲	Te	127.6	88	镭	^{226}Ra	226.0
17	氯	Cl	35.45	53	碘	I	126.9	89	锕	^{227}Ac	227.0
18	氩	Ar	39.95	54	氙	Xe	131.3	90	钍	Th	232.0
19	钾	K	39.10	55	铯	Cs	132.9	91	镤	^{231}Pa	231.0
20	钙	Ca	40.08	56	钡	Ba	137.3	92	铀	U	238.0
21	钪	Sc	44.96	57	镧	La	138.9	93	镎	^{237}Np	237.0
22	钛	Ti	47.88±3	58	铈	Ce	140.1	94	钚	^{239}Pu	239.1
23	钒	V	50.94	59	镨	Pr	140.9	95	镅	^{243}Am	243.1
24	铬	Cr	52.00	60	钕	Nd	144.2	96	锔	^{247}Cm	247.1
25	锰	Mn	54.94	61	钷	^{145}Pm	144.9	97	锫	^{247}Bk	247.1
26	铁	Fe	55.85	62	钐	Sm	150.4	98	锎	^{252}Ct	252.1
27	钴	Co	58.93	63	铕	Eu	152.0	99	锿	^{252}Es	252.1
28	镍	Ni	58.69	64	钆	Gd	157.3	100	镄	^{257}Fm	257.1
29	铜	Cu	63.55	65	铽	Td	158.9	101	钔	^{256}Md	256.1
30	锌	Zn	65.39±2	66	镝	Dy	162.5	102	锘	^{259}No	259.1
31	镓	Ga	69.72	67	钬	Ho	164.9	103	铹	^{260}Lr	260.1
32	锗	Ge	72.61±3	68	铒	Er	167.3	104	𬬻	^{261}Rf	261.1
33	砷	As	74.92	69	铥	Tm	168.9	105	𬭊	^{262}Db	262.1
34	硒	Se	78.96±3	70	镱	Yb	173.0	106	𬭳	^{263}Sg	263.1
35	溴	Br	79.90	71	镥	Lu	175.0	107	𬭛	^{262}Bh	262.1
36	氪	Kr	83.80	72	铪	Hf	178.5	109	𫟼	^{266}Mt	266.1

◆参考文献◆

[1] 天津大学物理化学教研室.物理化学（上、下册）.3版.北京：高等教育出版社，1993.

[2] 王正烈.物理化学.2版.北京：化学工业出版社，2006.

[3] 薛方渝,陈如彪.物理化学:下册.北京：中央广播电视大学出版社，1990.

[4] 廖雨郊.物理化学.北京：高等教育出版社，1994.

[5] 傅献彩,沈文霞,姚天扬.物理化学:下册.4版.北京：高等教育出版社，1990.

[6] 梁玉华,白守礼,王世权,等.物理化学.北京：化学工业出版社，1996.

[7] 徐彬,邬宪伟.物理化学.2版.北京：化学工业出版社，2005.

[8] 肖衍繁,李文斌.物理化学.天津：天津大学出版社，1997.

[9] 傅玉普.多媒体物理化学.3版.大连：大连理工大学出版社，2001.

[10] 李文斌.物理化学解题指南.天津：天津大学出版社，1993.

[11] 邓景发,等.物理化学.北京：高等教育出版社，1993.

[12] 李国珍.物理化学练习500例.北京：高等教育出版社，1985.

[13] 朱珬瑶,等.界面化学基础.北京：化学工业出版社，1996.

[14] 沈钟,等.胶体与表面化学.北京：化学工业出版社，1997.

[15] 上海师范大学.物理化学:下册.3版.北京：高等教育出版社，1991.

[16] 朱文涛.物理化学:下册.北京：清华大学出版社，1995.

[17] 朱传征,许海涵.物理化学.北京：科学出版社，2000.

[18] 高月英,戴乐蓉,程虎民.物理化学.北京：北京大学出版社，2000.

[19] 印永嘉,奚正楷,李大珍.物理化学简明教程.北京：高等教育出版社，1992.

[20] 王光信,等.物理化学.3版.北京：化学工业出版社，2007.

[21] 高职高专化学教材编写组.物理化学.2版.北京：高等教育出版社，2000.

[22] 傅献彩.大学化学.上册.北京：高等教育出版社，1999.

[23] 张澄镜.超临界流体萃取.北京：化学工业出版社，2000.

[24] 王佛松.展望21世纪的化学.北京：化学工业出版社，2000.

[25] 童景山.化工热力学.北京：清华大学出版社，1995.

[26] 陈洪钫,刘家祺.化工分离过程.北京：化学工业出版社，1995.

[27] 叶婴齐.工业用水处理技术.上海：上海科学普及出版社，1995.

[28] 朱裕贞,顾达,黑恩成.现代基础化学.2版.北京：化学工业出版社，2004.

[29] 陈宗淇,戴闽光.胶体化学.北京：高等教育出版社，1985.

[30] 闵恩泽,吴巍.绿色化学与化工.北京：化学工业出版社，2000.

[31] 侯万国,等.应用胶体化学.北京：科学出版社，1998.

[32] 傅玉普.物理化学简明教程.大连：大连理工大学出版社，2003.

[33] 张坤玲.物理化学.大连：大连理工大学出版社，2007.

[34] 李素婷.物理化学.北京：化学工业出版社，2007.

[35] 侯新朴.物理化学.6版.北京：人民卫生出版社，2010.

[36] 杨一平,吴晓明,王振琪.物理化学.3版.北京：化学工业出版社，2015.

[37] 汤瑞湖,李莉.物理化学.北京：化学工业出版社，2008.

[38] 沈文霞.物理化学核心教程.2版.北京：科学出版社，2009.